电力行业"十四五"规划教材　新形态教材

火电厂金属材料

主　编　杨　莹　丁梦野

副主编　刘邦利　张中华

参　编　李昭鸿　李建庆　张光玉

主　审　路书芬

中国电力出版社
CHINA ELECTRIC POWER PRESS

内 容 提 要

本书详细论述了金属材料的基本知识、铁碳相图和钢的热处理的理论知识；介绍了铁碳合金、合金钢、耐热钢及有色金属的性能和应用，并列举了电厂常用金属材料。在此基础上，针对电厂热力设备的运行，本书阐述了高温金属材料的原理、性能和应用，以及常见金属材料在火电厂的应用等内容。

本书可作为高等职业教育专科热能与发电工程类热能动力工程技术、发电运行技术专业电厂金属材料课程的教材，也可作为高等职业教育本科热能动力工程专业的教材，还可作为发电企业运行、检修等专业领域的培训教材。

图书在版编目（CIP）数据

火电厂金属材料/杨莹，丁梦野主编.—北京：中国电力出版社，2023.3（2025.7重印）
ISBN 978-7-5198-5748-6

Ⅰ.①火…　Ⅱ.①杨…　②丁…　Ⅲ.①火电厂-金属材料　Ⅳ.①TM621

中国版本图书馆 CIP 数据核字（2022）第 221269 号

出版发行：中国电力出版社
地　　址：北京市东城区北京站西街 19 号（邮政编码 100005）
网　　址：http://www.cepp.sgcc.com.cn
责任编辑：吴玉贤
责任校对：黄　蓓　于　维
装帧设计：赵姗姗
责任印制：吴　迪

印　　刷：三河市航远印刷有限公司
版　　次：2023 年 3 月第一版
印　　次：2025 年 7 月北京第三次印刷
开　　本：787 毫米×1092 毫米　16 开本
印　　张：10.75
字　　数：267 千字
定　　价：36.00 元

前　言

　　本书从教学要求出发，突出理论性和实用性，符合职业教育的性质、任务和培养目标，具有先进性和科学性。本书满足集控运行、锅炉检修等岗位资格和技术等级基本要求，适合电厂热能动力装置与发电运行技术等相关专业的培养需求。本书既可以作为学历教育教学用书，也可作为职业资格和岗位技能培训教材。

　　本书详细论述了金属材料的基本知识、铁碳相图和钢的热处理的理论知识；介绍了碳钢、合金钢、铸铁及有色金属的性能和应用。在此基础上，针对电厂热力设备的运行，本书阐述了高温金属材料的原理、性能和应用，以及常见金属材料在火电厂的应用等内容。

　　本书难度适宜，知识结构合理。书中对金属材料的牌号和相关技术术语、符号和单位均按照国家标准进行更新。随着电厂机组容量和参数的不断扩大，大容量、高参数机组所使用的金属材料的新技术、新工艺要求也在不断更新，本书增加了不锈钢、耐热钢等新型合金材料的相关知识。

　　为了丰富教师的教学手段，提高学生的学习效果，针对重点和难点，本书配备了视频、动画、微课、PPT 课件、复习思考题答案等资源，如：典型合金的结晶过程、奥氏体的形成过程、冷变形对金属组织的影响等，请扫描二维码获取。

　　本书由哈尔滨电力职业技术学院杨莹和武汉电力职业技术学院丁梦野主编，哈尔滨电力职业技术学院刘邦利和保定电力职业技术学院张中华副主编。其中绪论由张中华编写；第一章由刘邦利编写；第二～四章由杨莹编写；第五～七章由丁梦野编写。本书由郑州电力高等专科学校路书芬老师主审，路老师对本书提出了许多建议和意见，在此深表感谢。

　　由于编者水平所限，书中可能存在不妥之处，恳请读者批评指正。

编者

2023 年 2 月

目　　录

绪　　论

一、材料的发展史

世界是由物质构成的，材料就是人们用来制成各种机器、器件、结构等具有某种特性的物质实体。材料是人类生活和生产的物质基础，是人类认识自然和改造自然的工具。材料的发展导致时代的变迁，推动人类的物质文明和社会进步。在人类即将进入知识经济的新时代，材料与能源、信息并列为现代科学技术的三大支柱，其作用和意义尤为重要。

人类对材料的认识和利用的能力，决定着社会的形态和人类生活的质量，因此人类从来没有中断过追求更好的材料，让材料具有更优异的性质或者前所未有的功能来满足人类世世代代发展中层出不穷的新的需要和追求。人类文明曾被划分为旧石器时代、新石器时代、青铜器时代、铁器时代等，由此可见，材料的发展对人类社会的影响——没有材料就是没有发展。每一种新材料的发现，每一项新材料技术的应用，都会给社会生产和人类的生活带来巨大改变，把人类社会推向前进。

在人类文明的进程中，材料大致经历了以下5个发展阶段，它们是：

（1）使用纯天然材料的初级阶段。旧石器时代，人类只能使用天然材料（如兽皮、甲骨、羽毛、树木、草叶、石块、泥土等），之后也只是对纯天然材料的简单加工。

（2）人类单纯利用火制造材料的阶段。新石器时代、铜器时代和铁器时代是人类利用火来对天然材料进行煅烧、冶炼和加工的时代，主要材料有陶、铜和铁。

人类在大约公元前五千年由石器时代进入铜器时代，而后又在公元前一千二百年步入了所谓的铁器时代。此时出现的金属材料表明当时的社会生产力达到了一个新的高度，人们发现陶器能够承受高温，掌握了用火在陶质容器内把金属熔化，然后将液态的金属倒进模腔内，以铸成所需的工具。金属铜的应用早于金属铁，这是因为天然铜在自然界中存在而铁则被氧化，同时金属铜的熔点比金属铁的要低。在炼铜技术逐步提升时，我们的祖先已经不知不觉地发现了"合金"，最早的合金可能是青铜，它大约由百分之十的锡及百分之九十的铜构成。随着青铜技术的不断发展，人们意识到增大锡的比例会使合金变硬，换句话说，"合金"比单一的金属拥有更好的性能。此后，更延伸出黄铜等适用于不同场合的合金。不久，人类社会从青铜时代进入铁器时代。铁器时代已经能运用很复杂的金属加工来生产铁器。铁的高硬度、高熔点与铁矿的高蕴含量，使得铁相对青铜来说价格便宜，因此其需求很快便远超青铜。而在几百年后的欧洲，资本主义萌芽带来的社会化大生产也促使金属的冶炼和材料的制造向着工厂化、规模化发展。一些效率更高的大型炼铁炉被建造起来。英国在18世纪初已经出现了"高炉"的原型，日产铁以吨计。一开始工人们使用木炭等天然燃料，后来改用焦炭，并安装上鼓风机，从此慢慢演变为近代的高炉，这是炼铁工业的起点。由于铁的大规模生产，人类物质文明的进一步提高，铁轨等应运而生。19世纪，一个英国人找到了将铁炼成钢的方法。他把空气直接鼓入铁水中，使杂质烧掉。后来人们知道，铁水中含有C、S、P等杂质，将影响铁的强度和脆性等。为提高铁的性能，需要对铁水进行再冶炼，以去除上述杂质。对铁水进行重新冶炼以调整其成分的过程称为炼钢。在之后的一些由于铁的性能不足而引发的事故中，人类意识到钢是更适合的工程材料，于是代替铁轨的钢轨等钢材在人类社会中蔓延开来。由于金属材料的优良导电性，第二次工业革命的迅速开展并使人类步入电气时代。近代以来，合金钢以及其他金属材料飞速发展。高速钢、不锈钢、耐热钢、耐磨钢、电工用钢等特种钢如雨后春笋般地相继出现，其他合金如铝合金、铜合金、钛合金、钨合金、钼合金、镍合金等及各种稀有合金也不断发展，金属材料在全社会的经济发展中具有了不可替代的地位。

（3）利用物理与化学原理合成材料的阶段。20世纪初，由于物理和化学等科学理论在材料技术中的应用，从而出现了材料科学。在此基础上，人类开始了人工合成材料的新阶段，主要材料——人工合成塑料、合成纤维及合成橡胶等合成高分子材料的出现，加上已有的金属材料和陶瓷材料（无机非金属材料）构成了现代材料（除合成高分子材料以外，人类也合成了一系列的合金材料和无机非金属材料。超导材料、半导体材料、光纤等材料都是这一阶段的杰出代表）。

（4）材料的复合化阶段。20世纪50年代金属陶瓷的出现标志着复合材料时代的到来。人类已经可以利用新的物理、化学方法，根据实际需要设计独特性能的复合材料。只要是由两种不同的相组成的材料都可以称为复合材料。

（5）材料的智能化阶段。智能材料就是指具有感知环境（包括内环境和外环境）刺激，对之进行分析、处理、判断，并采取一定的措施进行适度响应的智能特征的材料。如形状记忆合金、光致变色玻璃等。智能具有感知功能、驱动功能，能够按照设定的方式选择和控制响应，当外部刺激消除后，能够迅速恢复到原始状态。

二、金属材料的现状

金属材料是指金属元素或以金属元素为主构成的具有金属特性的材料的统称，包括纯金属、合金、金属材料金属间化合物和特种金属材料等。当前，金属材料通常分为黑色金属、有色金属和特种金属材料。黑色金属材料又称钢铁材料，包括工业纯铁、铸铁、碳钢材料以及各种用途的结构钢、不锈钢、耐热钢、高温合金不锈钢等钢材。广义的黑色金属还包括铬、锰及其合金材料。有色金属材料是指除铁、铬、锰以外的所有金属及其合金材料，通常分为轻金属、重金属、贵金属、半金属、稀有金属和稀土金属材料等，有色合金材料的强度和硬度一般比纯金属材料高，并且具有电阻大、电阻温度系数小的特点。特种金属材料包括不同用途的结构金属材料和功能金属材料。其中有通过快速冷凝工艺获得的非晶态金属材料以及准晶、微晶、纳米晶金属材料等；还有隐身、抗氢、超导、形状记忆、耐磨、减振阻尼等特殊功能合金以及金属基复合材料等。同时，我们也形成了对金属材料研究的一系列系统方法。把金属的表面抛光，然后放在酸中浸蚀，在显微镜下即可观察不同的花样即显微组织结构，从而研究金属的性能，形成了金相学。金相学的出现帮助人们揭示金属材料微观的奥秘。X射线的出现及应用于观察金属中原子的排列促使人们了解各种金属中原子在空间分布的规律，加深了人们对金属的微观结构的认识，通过金相和X光衍射等手段，人们对金属材料的成分、显微组织结构和性能间的关系进行了大量研究，发现了许多规律，解释了大量过去不可思议的现象，奠定了金属材料科学的基础，并大大推动了合金钢及热处理等科学技术的发展。

　　本书是能源与动力工程和火电厂集控运行专业技术基础课教材。本书详细论述了金属材料的基本知识、热处理、钢铁材料的合金化原理。介绍了碳钢、合金钢、铸铁及有色金属的性能和应用。在此处基础上，针对电厂热力设备的运行，阐述了高温金属材料的原理、性能和应用，以及电厂常见金属材料的失效、设备事故分析等内容。

第一章　金属材料的基础知识

第一节　金属材料的性能

要正确、合理地选择和使用金属材料，必须先了解其性能。金属材料的性能主要包括使用性能和工艺性能。使用性能是指金属材料在使用过程中所表现出来的性能，主要有物理性能、化学性能和力学性能；工艺性能是指金属材料在加工过程中所表现出来的性能，主要有铸造、锻造、焊接、切削加工和热处理性能。

一、金属材料的使用性能

（一）金属材料的物理性能

金属材料的物理性能是指材料在各种物理条件下所表现出的性能，主要包括密度、熔点、导热性、导电性、热膨胀性和磁性等。

1. 密度

密度是指单位体积物质的质量，用符号 ρ 表示，其计算式为

$$\rho = \frac{m}{V}$$

式中　　ρ——物体的密度，g/cm^3；

m——物质的质量，g；

V——物质的体积，cm^3。

根据密度的大小不同，材料可分为轻金属和重金属两大类。密度小于 $5g/cm^3$ 的金属称为轻金属，如铝、镁、钛及它们的合金；密度大于 $5g/cm^3$ 的金属称为重金属，如铁、铅、钨等。

金属材料的密度直接关系到由它们所制造的零件的质量。因此，密度是零件选材的依据之一。例如，航空航天器上多采用轻金属。为了降低有效载重量，飞机的很多零件都是用密度小、强度高的铝合金制造的。本书将在第六章介绍有色金属及其合金。另外，通过测量金属材料的密度可以鉴别材料的材质，计算物体的成分，或判断物体是空心的还是实心的等。

2. 熔点

熔点是指金属从固态向液态转变时的温度，是金属和合金冶炼、铸造、焊接过程中的重要工艺参数。根据熔点的不同，金属一般可分为难熔金属和易熔金属。将熔点高于 1650℃ 的金属（如钨、钼、钒等）称为难熔金属，多用来制造耐高温零件，在火箭、导弹、燃气轮机和喷气飞机等方面应用广泛；将熔点低的金属（如锡和铅等）称为易熔金属，多用于制造保险丝和防火安全阀等零件。

3. 导热性

导热性是指材料传导热量的能力，通常用热导率 λ 来衡量。热导率越大，导热性就越好。大多数金属材料都具有良好的导热性，其中，银、铜、金、铝的导热性最好。纯金属的

导热性比合金好，合金的导热性比非金属好。

导热性会影响金属的焊接、锻造和热处理等工艺的性能。导热性好的金属散热也好，在制造散热器、热交换器和活塞等零件时，一般选用导热性好的材料，如铜、铝等。此外，在热加工和热处理时，必须考虑金属材料的导热性，防止材料在加热或冷却过程中形成大的内应力，导致工件变形或开裂。

4. 导电性

导电性是指金属材料传导电流的能力，通常用电导率来衡量。电导率越大，金属材料的导电性就越好。所有金属材料都具有导电性，其中以银最好，铜、金、铝次之。纯金属的导电性比合金好。工业上，常用导电性好的金属（纯铜和纯铝）制造导电零件和电线，用导电性差的金属或合金（如钨、钼、铁、铬等）制造加热炉的电阻丝和仪表零件等。

5. 磁性

磁性是指能吸引铁、钴、镍等物质的性质。金属材料可分为铁磁性材料、顺磁性材料和抗磁性材料三类。其中，铁磁性材料在外磁场中能强烈地被磁化，如铁、钴等；顺磁性材料在外磁场中只能微弱地被磁化，如锰、铬等；抗磁性材料能抗拒或削弱外磁场对材料本身的磁化作用，如铜、锌等。

铁磁性材料可用于制造变压器、电动机和测量仪表等；抗磁性材料可用于制造要求避免电磁场干扰的零件，如航海罗盘等。

温度升高到一定数值时，铁磁性材料的磁畴会被破坏，变为顺磁性材料，这个转变温度称为居里点。例如，铁的居里点为 $770℃$。

（二）金属材料的化学性能

金属材料的化学性能是指金属材料在常温或高温下，抵抗外界介质侵蚀的能力，一般包括耐腐蚀性和抗氧化性。

1. 耐腐蚀性

耐腐蚀性是指金属材料在常温下抵抗氧气、水蒸气及其他化学介质腐蚀的能力。常见的钢铁生锈、铜生铜绿等就是腐蚀现象。碳钢、铸铁的耐腐蚀性较差，钛及其合金、不锈钢的耐腐蚀性好，铝合金和铜合金也有较好的耐腐蚀性。金属腐蚀的原理将在第四章第五节中介绍。

2. 抗氧化性

抗氧化性是指金属材料在加热时抵抗氧化作用的能力。金属材料的氧化过程会随其温度的提高而加速。例如，钢铁在铸造、焊接和热处理时都会发生明显的氧化和脱碳，使金属损耗和造成缺陷。因此，对工业锅炉、加热设备和汽轮机等设备上高温下工作的零件，要求所用零件材料具有良好的抗氧化性。本书将在第五章第三节耐热钢的化学稳定性中介绍电厂常见的氧化腐蚀损坏类型。

（三）金属材料的力学性能

金属材料的力学性能是指金属材料在外力作用下所表现出来的抵抗变形和破坏的能力。机械设备能否安全运行，在很大程度上取决于金属材料的力学性能。金属在常温时的力学性能指标有强度、塑性、硬度、韧性等。这些性能指标均是通过一定的试验方法测试出来的。

1. 强度

强度是指材料在静载荷作用下抵抗塑性变形和破坏的能力。根据载荷性质的不同，强度可分为屈服强度、抗拉强度、疲劳强度、抗压强度、扭转强度、剪切强度和抗弯强度等。在此主要介绍生产上常用屈服强度、抗拉强度和疲劳强度。由于电厂设备在几百摄氏度的高温下运行，金属还有持久强度等指标，这些内容将在第五章第二节中叙述。

（1）抗拉强度。抗拉强度可以通过拉伸试验进行测定。GB/T 228.1—2021《金属材料拉伸试验　第1部分：室温试验方法》中规定了拉伸试验的方法和拉伸试样的制作标准。如图1-1（a）所示为拉伸试验标准试样，在拉伸试验机上施加一个缓缓增加的拉力F。试样随着拉力的增加而变形，直至断裂。如图1-1（b）所示为被拉断后的试样。拉伸试验常用的试样截面为圆形，图1-1中d_0为标准试样原始直径，L_0为原始标距，S_0为原始横截面积，L_1为断后标距，S_1为圆形横截面试样断后最小横截面积。

将制成的标准试样在拉伸试验机上加力F，试样所受外力与伸长的关系，可用应力-伸长关系曲线表示出来，低碳钢的应力-伸长曲线如图1-2所示。应力$R=F/S_0$，$S_0=\pi d_0^2/4$；伸长率用相对伸长表示，又称为延伸率。

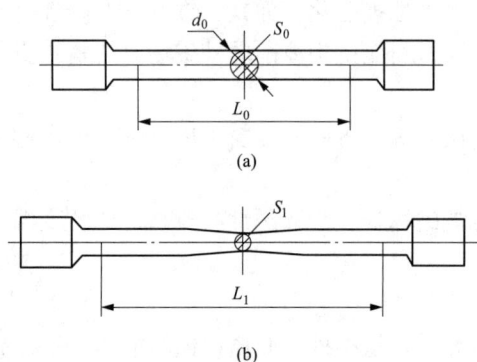

图1-1　拉伸试验
（a）标准试样；（b）被拉断后的试样

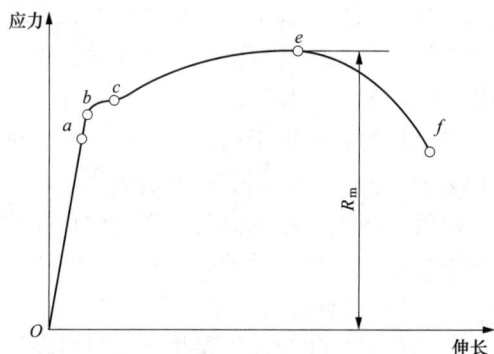

图1-2　低碳钢的应力-伸长曲线

从图1-2中可以看出：①oa段是直线，表示材料处于弹性变形阶段。在这个阶段中，试样变形完全是弹性的，变形量与外加载荷成正比，去掉载荷后，变形完全消失，试样恢复到原来的形状和尺寸，这种变形称为弹性变形。②abc段为屈服阶段。在这个阶段中，试样不仅发生弹性变形，还发生塑性变形，即去掉载荷后，一部分变形恢复，还有一部分保留微小的塑性变形量，这种不能随载荷的去除而消失的变形称为塑性变形。当载荷增大到b点时，载荷保持不变而试样的变形继续增加，这种现象称为屈服。c点所对应的应力值称为屈服强度，所谓屈服强度是指当金属材料呈现屈服现象时，在试验期间达到塑性变形而外力并不增加的应力点（用符号R_e表示）。③ce段为强化阶段。在这个阶段中，为使试样继续发生塑性变形，载荷必须不断增加。e点所对应的应力值称为抗拉强度，用R_m表示（以前用σ_b表示）。④ef段为缩颈阶段。当载荷达到R_m后，试样开始发生局部收缩，称为缩颈。此时，变形所需的载荷逐渐降低。当变形达到f点时，试样在缩颈处断裂。

有的材料（如高碳钢、弹簧钢等）在拉伸时没有明显的屈服现象，需要用作图法来求得屈服强度，规定非比例延伸强度拉伸图如图1-3所示。根据国家标准材料在受拉时，发生微小塑性变形（残留变形量$\varepsilon_p=0.002=0.2\%$）时的应力值称为材料的规定非比例延伸强度，用$R_{p0.2}$表示（以前称为条件屈服强度，用$\sigma_{0.2}$表示），图1-3中$T$点表示所对应的应力。

绝大多数机械零件和工程结构都不允许在使用中产生塑性变形，否则会因失效而发生事故，因此屈服强度是机械设计和工程设计中的重要依据。

R_m越大，材料抵抗断裂的能力就越大，即强度越高。金属材料绝不能在承受超过其抗拉强度的载荷下工作，因为这样会很快导致破坏。R_m也是设计零件的重要依据，其大小是设备运转时零件安全的保证。

在工程上使用的金属材料，不仅要求高的抗拉强度，同时还要求具有一定的屈强比，即R_e/R_m。屈强比越小，零件的可靠性就越高，在万一超载的情况下，也能由于塑性变形使材料的强度提高而不至立刻断裂；但屈强比太小，则材料的强度利用率太低，造成浪费。不同的用途要求材料的屈强比不同，如对于弹簧钢来说，要求有高的屈强比。

（2）疲劳强度。在实际工作中，许多机器设备的零部件所承受的外力不仅大小可能改变，同时方向也会改变。这种交变的外力将在零件内部引起交变的应力。显然，金属材料所承受的交变载荷越大，材料的寿命就越短；反之，则越长。当应力值降至某一值时，材料可经受无数次的应力循环而不断裂。金属材料在长期（无数次）经受交变载荷作用下，不致引起断裂的最大应力，称为疲劳强度。金属材料在交变应力作用下发生断裂的现象，称为金属的疲劳失效。汽轮机的轴及叶片等零部件的损坏，多数是由疲劳失效引起的。

疲劳失效的特点：疲劳失效的断口有其特殊性，一般是由两个明显的部分组成，疲劳断口示意如图1-4所示。一部分是疲劳裂纹扩展的部分，称为疲劳破断区（D区），其特征是经过摩擦而较为光滑，晶粒较细，有时呈瓷状，甚至可观察到若干弧形或放射形的特征，有时能发现疲劳源中心及疲劳源数目；另一部分是突然断裂部分，称为瞬时脆性破断区（G区），其特征是断口呈光亮的结晶状或纤维状，晶粒较粗。两个区域之间有一明显的分界线，称为疲劳前沿线，即acb线。

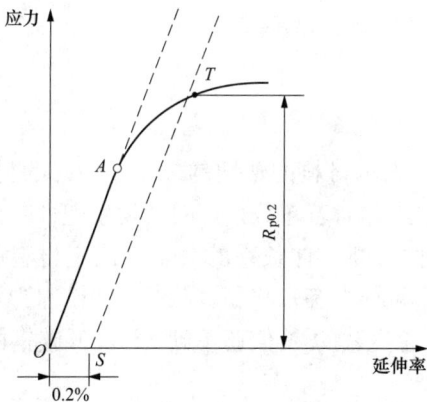

图1-3 规定非比例延伸强度拉伸图

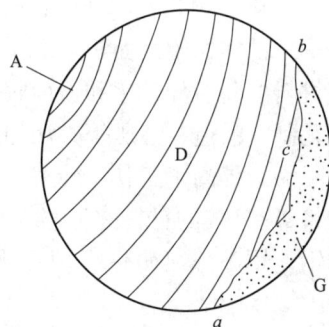

图1-4 疲劳断口示意
A—疲劳源；D—疲劳破断区；G—瞬时脆性破断区；
acb—疲劳前沿线

从疲劳断口的特征可以看出，疲劳裂纹的产生和发展与金属材料内部组织结构的变化有关。一般认为，在交变应力的作用下，金属表面或断面内部的某一缺陷处由于应力集中开始产生微裂纹，这种微裂纹又在交变应力的继续作用下逐渐扩大，当剩余的断面（G区）已不能承受所加的外力时，即发生了脆性断裂。

疲劳断口中两个区域的大小，与材质、交变应力的大小和有无应力集中现象密切相关。

影响金属材料疲劳强度的因素：影响疲劳强度的因素很多，内在的因素有金属材料本身的强度、塑性、组织结构和材质等；外界的因素有金属材料制成零部件的几何形状、表面粗糙度和工作环境等。

金属材料本身的强度和塑性越好，抗疲劳失效的能力也就越高。大量实践证明，经过淬火及回火后所得到的组织结构，疲劳强度可以进一步提高。但是，假如金属材料中存在着夹杂物等缺陷时，容易成为疲劳源而降低疲劳强度；若表面粗糙度大或结构上有应力集中的现象，也会使疲劳强度下降。金属材料的零部件若在腐蚀性介质中工作，腐蚀性介质侵入微裂纹后，会促使零部件产生疲劳失效。

由于疲劳失效的微裂纹绝大多数是先从表面产生和发展的，因此采用表面强化处理可以提高疲劳强度。

2. 塑性

金属的塑性是指材料产生塑性变形而不破坏的能力。在拉伸试验中，材料的塑性用断后伸长率 A（以前用 δ）和断面收缩率 Z（以前用 ϕ）表示。拉伸试验的试样被拉断后，其标距部分所增加的长度与原标距比值的百分率称为断后伸长率或延伸率，其计算式为

$$A = \frac{L_1 - L_0}{L_0} \times 100\%$$

式中　L_1——试样被拉断后的长度，mm；

　　　L_0——试样原始长度，mm（见图 1-1）。

拉伸试样被拉断后，其横截面积的缩减量与试验前试样的截面积之比的百分率，称为断面收缩率，其计算式为

$$Z = \frac{S_0 - S_1}{S_0} \times 100\%$$

式中　S_1——试样颈缩处的截面积，mm^2；

　　　S_0——试样原始截面积，mm^2（见图 1-1）。

金属材料的断后伸长率和断面收缩率数值越大，表示材料的塑性越好。塑性好的材料，不仅可用轧制、锻造、冲压等方法加工成形，而且在工作时若超载，可因其发生塑性变形而避免突然断裂，提高了工作安全性。通常工程上以材料断后伸长率的大小来确定材料的塑性。一般将 $A<5\%$ 的材料称为脆性材料，如铸铁、混凝土等；将 $A>5\%$ 的材料称为塑性材料，如钢、铜等。纯铁的 A 值可达到 50%，而普通生铁的 A 值还不到 1%，低碳钢的 A 值为 $20\%\sim30\%$。

3. 硬度

硬度是金属表面局部体积内抵抗外物压入的能力。金属材料的硬度越高，其表面抵抗塑性变形的能力就越强，塑性变形则越困难。它可以作为衡量材料软硬程度的指标。

硬度试验与拉伸试验相比有许多特点。首先，不必像拉伸试验那样将材料制成试样再做破坏性试验，只在工件表面试验即可；其次，硬度试验特别适合于脆性材料，如淬火钢、硬质合金和表面硬化处理的材料；再次，硬度试验方法简便，对工件的试验条件要求不高，而且大多数金属材料的硬度与其他的力学性能（如强度、耐磨性）及工艺性能（如可加工性、

焊接性等）存在一定的对应关系，因此在工程上常被用来检验原材料和热处理件的质量、鉴定热处理工艺的合理性以及作为评定工艺性能的参考。

硬度的测定方法很多，常用的有布氏硬度测定法（主要用于检验原材料）、洛氏硬度测定法（主要用于检验热处理后的产品）、维氏硬度测定法（主要用于检验薄板材料及材料表层的硬度）、显微硬度（主要用于检验金属材料的显微组织及各组成相的硬度）等。在此主要介绍生产上常用的布氏硬度、洛氏硬度和维氏硬度。

（1）布氏硬度。布氏硬度值是由布氏硬度试验法测定的。该试验是用一定直径（D，mm）的钢球或硬质合金球为压头，施以一定的试验力（F，kgf 或 N），将其压入试样表面，经规定的保持时间（t，s），卸除试验力后试样表面将留下压痕。布氏硬度试验示意如图 1-5 所示。布氏硬度值与试验力除以压痕表面积所得的商成正比，一般以符号 HB 表示，单位通常忽略不计，即

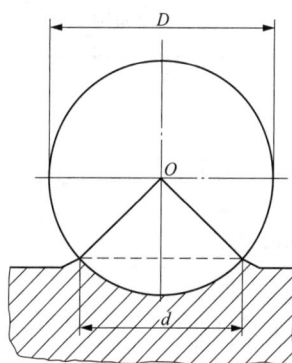

图 1-5　布氏硬度试验示意

$$HB = 0.102 \times \frac{2F}{\pi D(D - \sqrt{D^2 - d^2})}$$

式中　F——试验力，N；

　　　D——压头直径，mm；

　　　d——压痕平均直径，mm。

由此可以看出，当 F 和 D 一定时，布氏硬度仅与 d 有关。d 越小，布氏硬度值就越大，材料的硬度就越高；反之，材料的硬度越低。在实际测定时，应根据被测金属材料的种类和试件厚度，按规范正确选择压头直径、试验力和保持时间，测定布氏硬度应遵循的条件如表 1-1 所示。测定布氏硬度时，只要先测出压痕直径 d，即可根据压头直径 D 或试验力 F 查表得出布氏硬度值，不需进行计算，且习惯上不标注单位。布氏硬度值的书写表示方法应包含下列几个部分：①硬度数据；②布氏硬度符号；③压头直径；④试验力；⑤试验力保持时间（10～15s 不标注）。当压头为钢球时（用于硬度不大于 450HB 的材料），布氏硬度符号为 HBS；当压头为硬质合金球时（用于硬度在 450～650HB 的材料），布氏硬度符号为 HBW。例如，120HBS10/1000/30 表示直径为 10mm 的钢球在 9.807kN（1000kgf）的试验力的作用下，保持了 30s 测得的布氏硬度值为 120；350HBS 5/750 表示用直径为 5mm 的硬质合金球在 7.355kN（750kgf）的试验力下保持 10～15s 测定的布氏硬度值为 350。

表 1-1　　　　　　　　　　　测定布氏硬度应遵循的条件

金属种类	布氏硬度值范围	试样厚度（mm）	试验力 F 与压头直径 D 的相互关系	压头直径 D（mm）	试验力 F（N）	试验力保持时间 t（s）
钢铁	140～450	6～3	$F = 30D^2$	10.0	29 420	10
		4～2		5.0	7355	
		<2		2.5	1839	
	<140	>6	$F = 10D^2$	10.0	9807	10
		6～3		5.0	2452	
		<3		2.5	613	

续表

金属种类	布氏硬度值范围	试样厚度（mm）	试验力 F 与压头直径 D 的相互关系	压头直径 D（mm）	试验力 F（N）	试验力保持时间 t（s）
非铁金属	>120	6~3	$F=30D^2$	10.0	29 420	30
		4~2		5.0	7355	
		<2		2.5	1839	
	36~130	9~3	$F=10D^2$	10.0	9807	30
		6~3		5.0	2452	
		<3		2.5	613	
	8~35	>6	$F=2.5D^2$	10.0	2452	60
		6~3		5.0	613	
		<3		2.5	153	

对于碳钢与一般合金钢，HB 值与 R_m 值间可用近似公式进行换算，即

当硬度小于 175HB 时，$R_m=3.6HB$（MPa）；

当硬度不小于 175HB 时，$R_m=3.5HB$（MPa）。

布氏硬度值的测量稳定、准确，常用于各种退火状态下的钢材、铸铁及有色金属等，也可用于调质处理的机械零件。但由于布氏硬度试验的压痕面积较大，不适合测量成品零件，特别是有较高精度要求的配合面的零件、小件和薄件，也不适合测量太硬的材料。因此布氏硬度能反映较大范围内的平均硬度，有很高的测量精确度和测量数据稳定性，但试验操作比较费时，不宜用于大批逐件检验以及某些不允许表面有较大伤痕的零件。

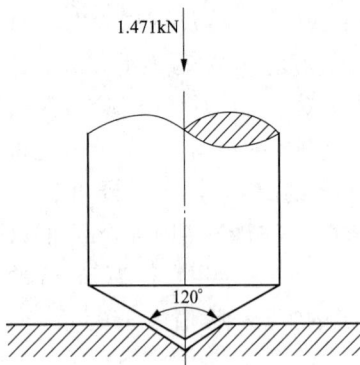

图 1-6 洛氏硬度试验示意

（2）洛氏硬度。洛氏硬度值由洛氏硬度试验测定。其原理与布氏硬度基本相同，是用一个锥角 120°的金刚石圆锥体或一定直径的钢球为压头，在规定试验力的作用下，压入被测金属表层，一定时间后卸除试验力，由留下的压痕深度来确定其硬度值，记为 HR。压痕越深，硬度就越小，洛氏硬度试验示意如图 1-6 所示。由于试验机运用了杠杆原理并进行了数据处理，操作者可直接在试验机表盘上读出其硬度值，而不必像布氏硬度那样查表和计算。

如果用 120°圆锥金刚石压头和 1.471kN（150kgf）的试验力进行试验，应以 HRC 表示。HRC 硬度值为两位数，常用测量范围为 20~70HRC。

由于采用了金刚石压头和较小的试验力，HRC 适合于硬度较大的材料。若用洛氏硬度测量退火钢、有色金属等较软的材料（硬度低于 20HRC），则需用压头是直径为 1.587 5mm 的淬火钢球及 980N（1kgf＝9.8N）的试验力，以 HRB 表示；对于薄小工件，则需用 120°的圆锥金刚石压头和 588N 的试验力，以 HRA 表示。根据压头和主载荷的不同，构成了 A、B、C 三种硬度标尺，三种常用洛氏硬度的试验范围见表 1-2。

表 1-2　　　　　　　　　　　　三种常用洛氏硬度的试验范围

洛氏硬度标尺	硬度符号	压头类型	初试验力 F_0（N）	主试验力 F_1（N）	总试验力 F（N）	硬度适用范围	应用举例
A	HRA	金刚石圆锥	98.07	490.3	588.4	20～88	硬质合金、表面淬火层、渗碳层等
B	HRB	直径为 1.587 5mm 的球	98.07	882.6	980.7	20～100	有色金属、退火、正火钢等
C	HRC	金刚石圆锥	98.07	1373	1471	20～70	淬火钢、调质钢等

　　洛氏硬度的优点是测量时操作简便，直接读数，在工件上留下的压痕较小，对工件的表面破坏程度小。但当被测材料的组织不均匀时，测量的结果不够精确，最好多测几个点，取其平均值。洛氏硬度适合测量较硬材料的硬度，如淬火钢等。

　　（3）维氏硬度。工程上常用的布氏硬度和洛氏硬度（HB 和 HRC）分别适宜测量较软和较硬的材料，而维氏硬度却可测量从极软到极硬的材料。维氏硬度的测定原理基本上和布氏硬度相同，也是以压痕面积和力的比值表示硬度值，所不同的是维氏硬度压头不是钢球，而是一个锥角为 136°的金刚石四棱锥体，维氏硬度试验示意如图 1-7 所示。试验时以压力为 F 的试验力将压头压入工件表面，经一定时间后卸力，然后测量出压痕对角线长度 d，计算出压痕面积 S，以单位面积上的压力值表示维氏硬度。维氏硬度值不需计算，可根据压痕对角线长度查表得出。

　　维氏硬度用符号 HV 表示。例如，640HV30/20 表示用 294.2N（30kgf）试验力保持 20s 测定的维氏硬度值为 640。维氏硬度的适用范围宽，具有连续性，因此可测量从极软到极硬的材料。所用试验力小，压入深度浅，压痕轮廓清晰，数值准确可靠，误差小，故广泛应用于测量金属镀层、薄片材料和化学热处理后的渗层硬度等。但维氏硬度试验不如洛氏硬度试验简便、迅速，不适于成批生产的常规试验。

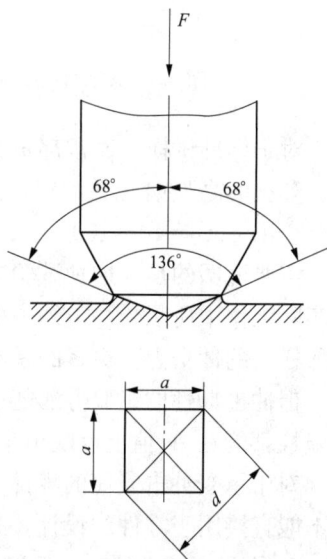

图 1-7　维氏硬度试验示意

　　4. 韧性

　　金属材料的韧性包括冲击韧性和断裂韧性。

　　（1）冲击韧性。机械零件在工作中除受静外力的作用之外，有时还承受动外力（有一定速度的冲击外力）的作用，用强度、硬度、塑性等静外力的指标不能满足要求，需要用冲击韧性来表示。冲击韧性是金属材料在冲击载荷作用下表现出来的抵抗破坏的能力。所谓冲击载荷，就是在极短的时间内有很大幅度变化的载荷。

　　冲击韧性试验是在冲击试验机上做的。一般是把试样制成带缺口的形状，如图 1-8 所示的梅氏冲击试样。测量一次冲断时的冲击功，用来作为材料冲击韧性的值。冲击试验原理如

图 1-9 所示。试验时，将缺口背对摆锤冲击方向，将重量为 G 的摆锤提起至一定的高度 h_1 落下，将试样冲断后又升到 h_2 的高度。摆锤在冲断试样时所消耗的功可直接从试验机的刻度盘上读出来，称为冲击功，以 A_k 表示，单位为 J，其计算式为

$$A_k = G(h_1 - h_2)$$

据此还可求出单位面积上消耗的功，称为冲击韧性 α_k，单位为 J/cm^2。

$$\alpha_k = \frac{A_k}{S}$$

式中　S——试样缺口处的截面积，cm^2。

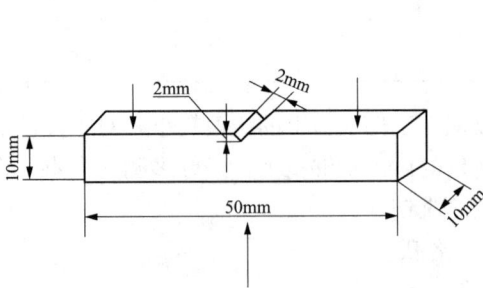

图 1-8　梅式冲击试样　　　　　　　　图 1-9　冲击试验原理

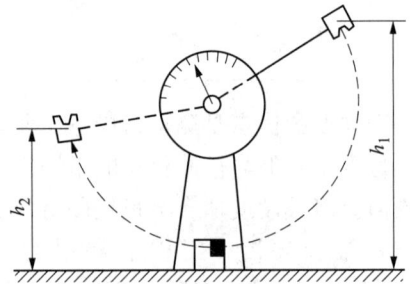

对于标准试样，通常都直接用 A_k 表示其韧性。一般金属材料的 A_k 值大致如下：灰铸铁、淬火的高强钢，$A_k < 8J$；未淬火、回火的中碳钢，$A_k = 24 \sim 40J$；淬火、回火后的碳钢及合金钢，$A_k = 40 \sim 120J$。

需要说明的是，这种试验方法作为衡量金属材料的韧性指标是不严格的，因为它与零件在实际工作中所承受冲击外力的情况不相符合。在实际工况中，零件往往不可能受到一次冲断那样大的冲击力，更多的是小能量多次冲击，为此，现在已有了小能量多次冲击的试验方法。但冲击韧性的试验方法能够灵敏地反映出金属的破断趋势和韧性。如钢的回火脆性、过热脆性都能在 A_k 值上反映出来，因此这种方法在生产上仍被广泛用于检验产品的质量。

对于承受冲击载荷的零件，要求具有一定的冲击韧性值，以保证零件使用时的安全，但 α_k 不能直接用于零件的设计，α_k 取值范围以 $29 \sim 49J/cm^2$ 为宜。在火电厂设备中，有些零件的 α_k 取值范围要求较高，如调速汽门螺栓，当 $\alpha_k < 58.8J/cm^2$ 时，就规定必须更换。温度对材料冲击韧性的影响很大，实践证明，某些结构钢在一定的温度范围内会发生 α_k 值急剧下降的现象，这种现象称为冷脆现象，温度对钢冲击韧性值的影响如图 1-10 所示。在图 1-10 中，t_Q 为脆性转变温度范围。它表明材料在这一温度范围从韧性状态向脆性状态转变。显然，t_Q 越低，该材料在低温工作条件下的冲击韧性就越好，这对于寒冷地区和低温下工作的零件是必须的。即使某些零件的工作温度较高，如汽轮机低压转子，因安装、试验、冷态启动等工作的需要，也要求材料具有较低的 t_Q。因此，在火电厂设备中，发电机转子、汽轮机转子和叶轮，除了要求材料具有良好的综合性能外，还要求材料具有较低的脆性转变温度范围。从 20 世纪 70 年代后期起，还专门把断口上韧、脆性断面各占 50% 的温度定义为 $FATT_{50}$，并作为转子的验收项目。研究发现，它受多种因素的影响。低碳钢的 $FATT_{50}$ 较低，随着含碳量的增加，$FATT_{50}$ 依次增高；磷的影响是负面的，0.025% 的磷可使 $FATT_{50}$ 提高 $60℃$；而铬、镍、钼、锰均能适当地降低 $FATT_{50}$；钢的晶粒越细，$FATT_{50}$ 就越低。

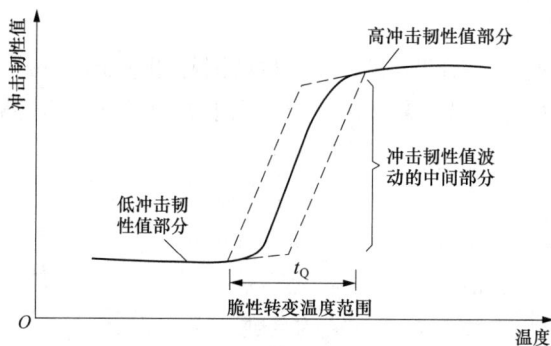

图 1-10　温度对钢冲击韧性值的影响

（2）断裂韧性。近几十年来，在世界各地相继发生了许多低应力（小于屈服强度）断裂的工程事故，例如船舶的突然折断、输油管道和高压容器的崩裂等。这类事故的特点往往是大型、重要零件的塑性材料发生脆性断裂。经过长期的分析研究，用断裂力学的观点来看，就是在实际构件中总难免有裂纹存在，由于这些裂纹在工作应力作用下失稳扩展，导致了构件的破坏。

断裂力学：在工程上选择金属材料的传统方法，是根据零部件的工作条件，对塑性和韧性提出一定的要求，并根据该材料的屈服强度 R_e 或抗拉强度 R_m 来计算许用应力值，即

$$[R] = \frac{R_e^T}{n}$$

式中　　$[R]$——许用应力，即该材料的最大工作应力，N/mm^2；

R_e^T——工作温度为 T 时材料的屈服强度，N/mm^2；

n——安全系数。

安全系数 n 是根据各种条件规定的或为经验数据。它考虑了降低材料强度的诸因素，如材料的缺陷、应力计算中的近似程度等。但是，传统的设计原则只适用于塑性破坏的零部件。

工程上有许多是属于脆性破坏的事故，通过对大量脆性破坏事例的分析，可将裂纹在外力作用下扩展的形式分为三类，如图 1-11 所示。这三种类型的脆性破坏，张开型（又称为 I 型）最容易引起脆性断裂，也最危险。

材料的脆断总是由裂纹的扩展所引起的，而金属材料的裂纹在材料的生产、加工以及使用过程中总是

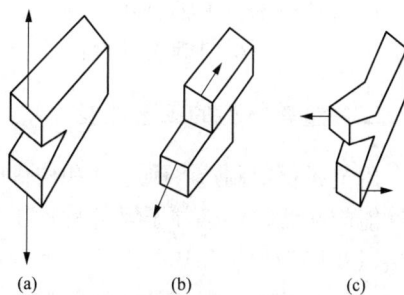

图 1-11　脆性破坏的类型

（a）张开型（I型）；（b）滑开型（II型）；
（c）撕开型（III型）

不可避免地产生和扩展。研究带有裂纹的材料强度及其抵抗脆性断裂能力的学科称为断裂力学。

断裂力学上认为，材料是连续与不连续的矛盾统一体，有裂纹的材料是否断裂取决于裂线失稳扩展的能力。如果材料的裂纹不能保持稳定状态，即失稳扩展，其结果就导致脆性断裂；反之，即使有裂纹，若能保持稳定状态，材料也不会发生脆性断裂。所以，金属材料对

裂纹失稳扩展的抗力，就反映了抵抗脆性断裂的强度。这种标志金属材料抵抗脆性断裂性能的指标，称为金属材料的断裂韧性。

断裂韧性的评定：金属材料的断裂韧性是材料固有的性能，也是通过一定的试验方法测定出来的。由于试验的方法不同，裂纹在外力作用下失稳扩展、脆性断裂的形式也不同，目前常用的断裂韧性计算公式为

$$K_{1C} = \sigma_C \sqrt{Y\alpha}$$

式中　　K_{1C}——断裂韧性，N/mm³/²；

　　　　σ_C——断裂时的应力值，N/mm²；

　　　　Y——与裂纹形状及加力方式有关的系数；

　　　　α——裂纹长度，mm。

试验表明，构件中的裂纹越长（α 越大），则裂纹前端应力集中就越大，使裂纹扩展的外加应力，即脆断应力 σ_C 就会越小，即

$$\sigma_C \propto \frac{1}{\sqrt{\alpha}}$$

试验还表明，脆断应力也和裂纹形状及加力方式有关，即

$$\sigma_C \propto \frac{1}{\sqrt{\alpha Y}}$$

当 α 和 Y 已知时，可根据一定的试验方法测出脆断应力 σ_C 并代入上式，即可计算出 K_{1C} 值。显然，材料的 K_{1C} 值越高，材料阻止裂纹扩展的能力就越强。因此，K_{1C} 是材料抵抗裂纹失稳扩展能力的指标，是材料抵抗低应力脆断的韧性参数。对于大型、厚、重和重要的结构件、运输工具和容器，提高材料的断裂韧性是近代金属材料研究工作中一个重要的课题。

断裂韧性在电厂金属材料中有相当重要的作用。由于电厂的大型、重要构件，如锅炉汽包，汽轮机转子、主轴、叶片等，是在高温及复杂的应力状态下运行的，对于这些在特殊状态下工作的金属材料断裂韧性的研究，就显得更加重要。

二、金属材料的工艺性能

用金属材料制造各种零件和构件时，要对其进行各种加工。因此，在掌握金属材料的力学性能的同时，还必须了解各种加工工艺性能。金属材料在加工过程中要经过铸造、锻造、焊接以及切削加工和热处理等一系列的工艺过程。金属材料对各种冷、热加工过程的适应能力称为工艺性能。工艺性能好的材料易于加工，生产成本低；工艺性能差的材料在加工时工艺复杂、困难，不易达到预期的效果，加工成本也高。

1. 铸造性能

将液态金属浇铸到铸型型腔中，待其冷却凝固后，获得一定形状的毛坯或零件的方法称为铸造。铸造是现代机器制造业的基础之一，各种机械设备的底座，汽轮机的高、中压缸，发电机的机壳，阀门，磨煤机的耐磨件等都是通过熔炼、铸造而得到的。铸造性能是金属材料铸造成型，获得优良铸件的能力。它包括流动性、收缩率和偏析等。

流动性是指金属对铸型填充的能力。流动性好的金属容易充满铸型，从而获得外形完整、尺寸精确、轮廓清晰的铸件。流动性的好坏主要与金属材料的化学成分、浇注温度和熔

点有关。同一种金属材料，浇注温度越高，流动性就越好。在常见的金属材料中，铸铁的流动性优于钢，青铜的流动性比黄铜好。

收缩性是指铸件冷凝过程中体积和尺寸减小的现象。铸件收缩不仅会影响铸件的尺寸精度，还会使铸件形成缩孔、疏松、内应力等缺陷，使材料的性能下降，甚至在冷却过程中产生变形和开裂。收缩率大的金属，形成缩孔和疏松的倾向大。因此，铸造用金属材料的收缩率越小越好。

偏析是指金属凝固后，铸件化学成分和组织不均匀的现象。偏析会使铸件各部分的组织和性能不一致，从而引起强度、塑性和抗蚀性等下降，降低铸件质量。

缩孔、疏松和偏析等铸造缺陷都是不允许产生的，在生产过程中应予以消除。

2. 锻造性能

锻造性能是指金属材料在压力加工时，能承受一定程度变形而不产生裂纹的能力。重要零件的毛坯往往要经过锻造工序，如汽轮机和发电机的主轴、轮毂、叶片，大型水泵和磨煤机的主轴、齿轮等。锻造性能主要取决于金属材料的塑性和变形抗力。塑性越好，变形抗力就越小，金属的锻造性能也就越好。金属材料的化学成分与加工条件对锻造性能的影响很大。例如，铜合金和铝合金在室温下就具有良好的锻造性能，碳钢在加热状态下锻造性能较好，合金钢的锻造性能比碳钢差，铸铁不能锻造。

3. 焊接性能

焊接性能是指金属材料获得优质焊接接头的能力。电厂中有大量金属结构件是用焊接方法连接的，如锅炉管道、支架、蒸汽导管、输粉管道、风管、汽包、联箱等。影响钢焊接性能的主要因素是钢的含碳量。随着含碳量的增加，焊后产生裂纹的倾向增大。钢中其他合金元素的影响相应小些。一般来说，低碳非合金钢的焊接性能优良，合金钢的焊接性能比非合金钢差，铸铁的焊接性能很差。

4. 切削性能

金属零件往往要经过机械加工成型，如车、铣、刨、磨、钻、镗等。金属材料承受切削加工的难易程度，称为切削性能。切削性能不但包括能否得到高的切削速度、是否容易断屑，还包括能否获得较小的粗糙度、表面质量如何等。影响切削性能的因素主要有工件的化学成分、组织状态、硬度和塑性等。改变钢的化学成分（如加入少量铅、磷等元素）和进行适当的热处理（如低碳钢进行正火、高碳钢进行球化退火等）可提高钢的切削性能。通常，材料硬度低时切削性能较好，但是对于碳钢来说，硬度如果太低时，容易出现"粘刀"现象，粗糙度也较高。一般情况下，金属承受切削加工时的硬度在170～230HB 为宜。

金属材料的工艺性能还包括热处理性能，如淬透性、淬硬性等，将在本书第三章第三节钢的普通热处理中叙述。

第二节　金属的晶体结构与结晶

一、金属键与晶体结构

在自然界中，金属元素占四分之三，金属原子的结构特点是价电子数目较少（1～3

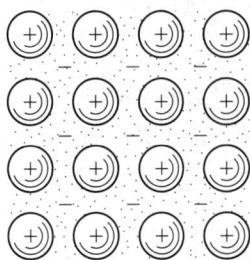

图 1-12　金属原子结合模型

个），电子层数较多，原子核对价电子的引力较弱，价电子极易脱离原子核形成自由电子，金属原子则成为正离子，金属原子结合模型如图 1-12 所示。自由电子在正离子之间做高速运动，形成带负电的电子气。金属原子间这种正离子与自由电子的电性引力结合，称为金属键。

金属键与非金属原子间的结合键（离子键和共价键）不同。金属离子间的键合力很大，且由大量原子结合成整体金属，故金属的强度高；自由电子在电场力作用下做定向运动，使金属具有导电性；金属离子周围的键是等价、对称的，因而金属原子在空间的位置必须有规则地排列且势能最低，即呈晶体结构。金属离子在平衡位置上高速振动，温度越高，振幅就越大。金属的这种结构决定了其具有优良的导热性。

总之，金属键不仅决定了金属为晶体结构，也决定了金属的物理、化学性能。为研究方便，以后称金属离子为金属原子。

绝大部分固态金属都是晶体结构。晶体与非晶体的区别在于晶体原子排列是有规则的，符合晶体学规律。

金属的晶格如图 1-13 所示。为了便于研究各种晶体中原子排列的规律，通常把原子看成一个个处于静止状态的刚性小球，然后用假想的线条把各原子的中心连接起来，便构成了空间格架，称为结晶格子，简称晶格。晶格中取出一个能代表晶格特征的最基本的单元，称为晶胞，晶胞的表示法如图 1-14 所示。晶胞各边的长度 a、b、c 称为晶格常数。简单立方晶格的晶格常数为 $a(a=b=c)$，三个邻边夹角 $\alpha=\beta=\gamma=90°$。晶体是由晶胞周期性地重复堆砌而成的。晶格常数的单位，通常用 Å（埃）表示，$1Å=0.1nm$。金属的晶格常数很小，通常在纳米数量级。

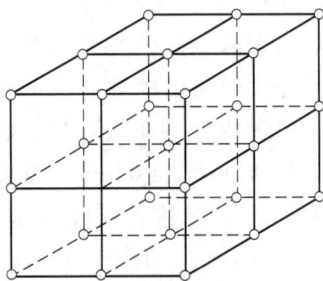

图 1-13　金属的晶格

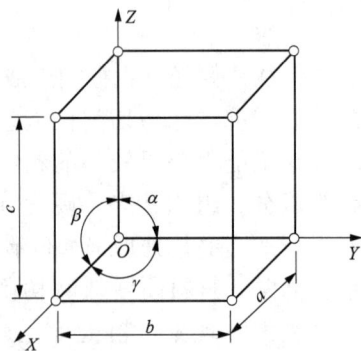

图 1-14　晶胞的表示法

在已知的金属元素中，除了少数金属具有复杂的晶体结构外，90%以上的金属晶体都属于以下三种晶格类型，即体心立方晶格、面心立方晶格和密排六方晶格。

1. 体心立方晶格

体心立方晶格如图 1-15 所示，体心立方晶格的晶胞是棱长为 a 的立方体，它的 8 个顶角和中心位置各占据着 1 个原子。由于每个顶点的原子为相邻的 8 个晶胞所共有，因此每个晶胞内实际上只含有 $\frac{1}{8}\times8+1=2$ 个原子。

具有体心立方晶格的金属有 α-Fe、Cr、Mo、W、V、Nb 及 δ-Fe 等。

2. 面心立方晶格

面心立方晶格如图 1-16 所示，面心立方晶格的晶胞仍为棱长为 a 的立方体，但在 8 个顶角和 6 个面的中心各有 1 个原子，它们分别为 8 个和 2 个晶胞所共有，这类晶格每个晶胞实际上只含有 $\frac{1}{8} \times 8 + \frac{1}{2} \times 6 = 4$ 个原子。

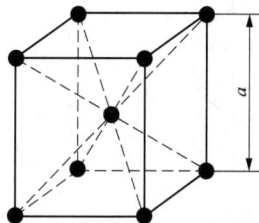

图 1-15　体心立方晶格

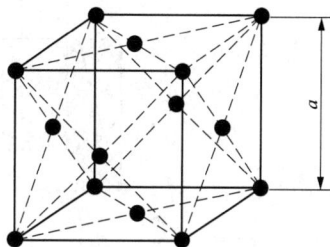

图 1-16　面心立方晶格

具有面心立方晶格的金属有 γ-Fe、Au、Ag、Cu、Al 等。

3. 密排六方晶格

密排六方晶格如图 1-17 所示，密排六方晶格的晶胞是一个棱长为 a、高为 c，且 $c/a = 1.633$ 的正六棱柱体，除在其 12 个顶角及上下两个面的中心各占据一个原子外，晶胞内对称位置上还有 3 个原子，它们分别为 6 个、2 个及 1 个晶胞所共有。因此，每个密排六方晶胞实际只包含 $\frac{1}{6} \times 12 + \frac{1}{2} \times 2 + 3 = 6$ 个原子。具有这种晶体结构的金属有 Mg、Zn、Be 等。

二、晶面、晶向与晶格致密度

由于可以把晶格中的原子看成是刚性小球，且人为规定与邻近的原子是相切的，并将球的半径规定为原子半径。图 1-18 为体心立方晶格中的原子半径与晶格常数的关系。可以很容易计算出体心立方晶格中原子半径 r 与晶格常数 a 的关系，$r = \sqrt{3}a/4$；面心立方晶格中原子半径 r 与晶格常数 a 的关系为 $r = \sqrt{2}a/4$。

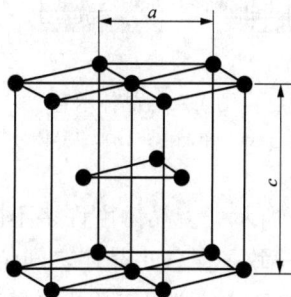

图 1-17　密排六方晶格

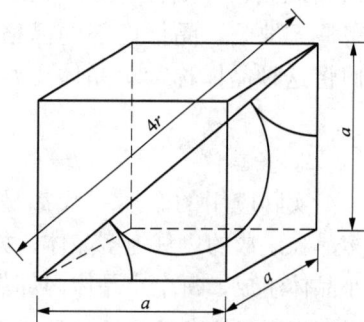

图 1-18　体心立方晶格中的原子半径
与晶格常数的关系

晶体中任意 3 个原子的中心可以决定一个平面，称为晶面。显然每个晶面上的原子排列是不同的。同样，任意 2 个原子的中心可以决定一条直线，称为晶向。不同晶向上的原子排列也是不同的。这就决定了单晶体具有理化性能和力学性能的各向异性。立方系晶体的晶面和晶向如图 1-19 所示。

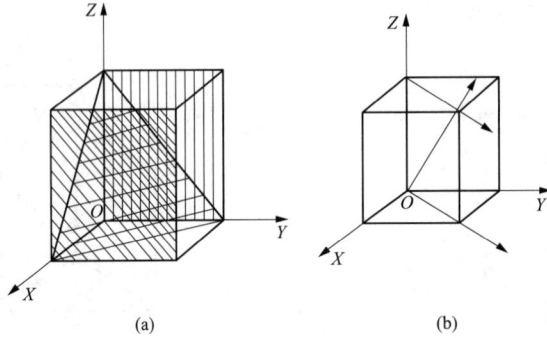

图 1-19　立方系晶体的晶面和晶向
（a）立方晶格中的三个重要晶面；（b）立方晶格中的几个重要晶向

不同晶格的原子排列的疏密程度是不同的。根据原子半径 r 与晶格常数 a 的关系，可以计算出三种常见晶格的原子致密程度。致密程度常用致密度表示。致密度是晶胞中的原子体积所占晶胞体积的百分数。体心立方晶格致密度计算如下：

$$致密度 = \frac{2 \times \frac{4\pi r^3}{3}}{a^3} = \frac{2 \times \frac{4}{3}\pi \left(\frac{\sqrt{3}}{4}a\right)^3}{a^3} = 68\%$$

面心立方晶格和密排六方晶格的致密度计算结果均为 74%。由此可以看出，面心立方晶格和密排六方晶格都是较为密排的结构，它们的原子致密度都比体心立方晶格高。

三、单晶体与多晶体

1. 单晶体

为了便于研究，通常把晶体理想化，理想化的晶体原子排列呈规则、周期性，原子在平衡位置静止不动，完整无缺陷，晶体内部的晶格位向完全一致，我们将这种晶体称为单晶体，如图 1-20（a）所示。

图 1-20　晶体示意
（a）单晶体；（b）多晶体

2. 多晶体

实际应用的金属一般都是由许多晶粒组成的，称为多晶体，如图 1-20（b）所示。多晶体由许多不同位向的小晶体组成，每个小晶体内部晶格位向基本一致，但各小晶体之间位向不同，一般将这种外形不规则、呈颗粒状的小晶体称为晶粒，相邻晶粒的交界面称为晶界。由于多晶体中每个晶粒在空间分布的位向不同，因此实际金属在宏观上各个方向的性能趋于相同，晶体的各向异性显示不出来。

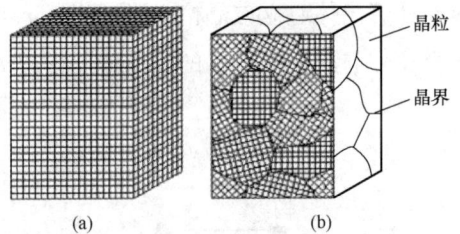

如图 1-21 所示为工业纯铁的显微组织。从图 1-21 中可以看出，它是属于多晶体组织，由大量位向各异的单晶体组成，这些小的单晶体称为晶粒。各种金属和合金的晶粒都与工业铁相似，它们的形状都是不规则的。这种不规则的多晶体组织是金属自液态结晶时所形成的。

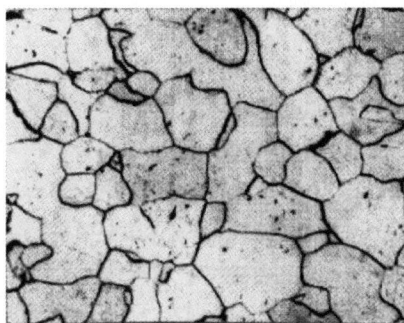

图 1-21　工业纯铁的显微组织

四、晶体的缺陷

实际的金属与上面所讲的理想金属是不一样的。由于在工业生产中的凝固和加工条件等因素的影响，在晶粒内部和晶界上原子排列不像理想晶体那样规则、完整，都存在着大量缺陷，这些缺陷对金属的物理、化学性能，特别是力学性能有很大影响。金属晶体的缺陷依照其几何形状分为点缺陷、线缺陷和面缺陷。

1. 点缺陷

点缺陷是指晶格中三维尺寸都很小的点状缺陷，如晶格空位、间隙原子和异类原子等。由于结晶、加工及原子热运动等种种原因，在晶格中原子的位置出现空缺，致使该点周围产生小的拉应力场，晶格点阵产生局部畸变，晶格畸变导致了金属强度和硬度的增加，这种缺陷称为晶格空位，简称空位，如图 1-22 所示。

和空位相反，在晶格中原子的位置已排满的情况下，多余的原子存在于晶格的空隙处，称为间隙原子，如图 1-23 示。在间隙原子周围局部地方产生小的压应力场，引起晶格畸变。

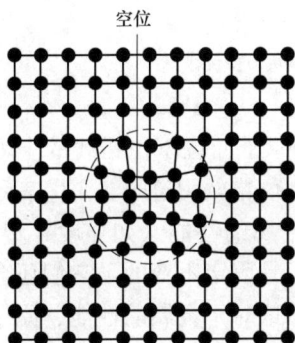

图 1-22　空位

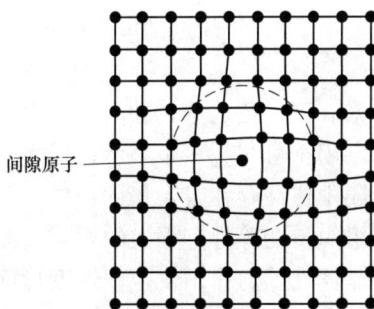

图 1-23　间隙原子

在实际金属（如合金）中往往有其他金属或非金属的原子存在，称为异类原子（或置换原子）。异类原子可以取代晶格中的原子，也可以存在于点阵间隙中。由于异类原子的半径与金属原子半径不同，会产生微小的晶格畸变，点阵间隙中的间隙异类原子所引起的晶格畸变更大些，异类原子如图 1-24 所示。这些晶格畸变都能导致金属的强度和硬度增加。

2. 线缺陷

在晶体中还存在着大量一维尺寸较大、二维尺寸较小的缺陷，它们在晶体中呈线状分布，称为线缺陷，具体表现形式是位错。位错是指晶体中的某处有一列或若干列原子发

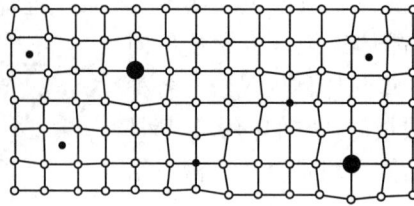

图 1-24　异类原子

生了有规律的错排现象。位错的基本类型有刃型位错和螺型位错两种，这里只介绍刃型位错。

如图 1-25 所示为刃型位错示意图。如图 1-25（a）所示，在一个完整晶体的晶面 *ABC* 上 *E* 处沿 *EF* 被垂直插入一个"多余"的原子面。由于多余的原子面像刀刃一样插入，使 *ABC* 晶面的上下两部分晶体间产生了错排现象，因而称为刃型位错。多余原子面的边缘 *EF* 称为位错线。

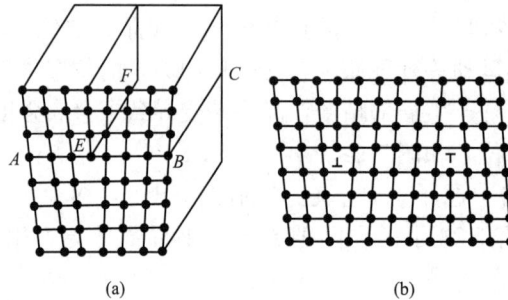

图 1-25　刃型位错示意

（a）刃型位错立体图；（b）正刃型位错和负刃型位错

刃型位错有正、负之分，如图 1-25（b）所示。多余原子面位于位错线的上方时，称为正刃型位错，用符号"⊥"来表示；反之，则称为负刃型位错，用符号"丅"表示。

实际金属中往往存在着大量的位错，位错的存在对金属的性能（如强度、塑性、疲劳、蠕变等）和组织转变等都有很大的影响。晶体中的位错不是固定不变的，它们还会由于原子的热运动或晶体受外力作用发生塑性变形而运动或变化，这对于金属的性能、原子的扩散以及组织结构转变等都会产生很大的影响。在一般金属中，少量位错会显著降低其强度，但随着位错密度（单位体积内位错线的总长度）的增加，金属的强度随之增高。例如，金属材料处于退火状态时，位错密度较低，强度较差；经冷塑性变形后，材料的位错密度增加，因此强度提高。

3. 面缺陷

面缺陷是晶体中二维尺寸较大、一维尺寸较小的呈面状分布的缺陷，如晶界、亚晶界等。在多晶体中相邻晶粒的位向不同，在交界的地方原子排列不可能很规则，于是产生一层过渡层，晶界如图 1-26（a）所示。处于晶界处的过渡层，由于原子排列的规则性很差，因此晶格畸变较大，其原子能量也较高，因此晶界对金属性能的影响远比晶内大。例如，晶界是发生相变时优先形核的地方；晶界的原子扩散速度比晶内快；晶界原子近似于液态结构，因而其熔点比晶内低；晶界原子比晶内原子易于发生化学反应，因而晶界更容易被腐蚀；常温下，晶界强度高于晶内强度；高温下，晶界强度低于晶内强度。

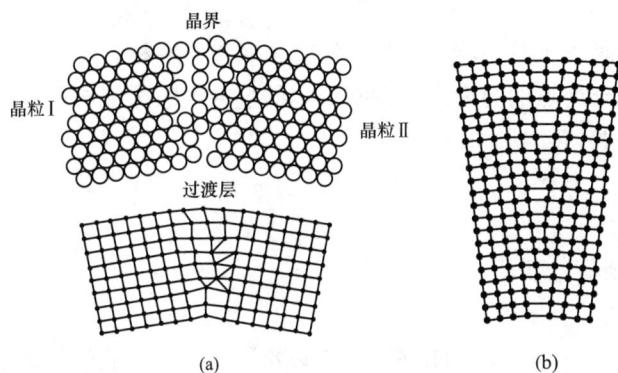

图 1-26　晶界与亚晶界
（a）晶界；（b）亚晶界

实际上，在每一个晶粒内原子排列位向也不可能像理想晶体那样完全一致，而是存在许多尺寸更小、位向差更小的小晶粒，常称为亚晶粒（也称嵌镶块或亚结构）。亚晶粒之间的边界称为亚晶界，亚晶界实际上是一系列刃型位错重叠而成的，如图 1-26（b）所示。亚晶界结构的存在及其尺寸大小对金属的性能同样有较大的影响。在晶粒度一定时，亚结构越细，相邻亚结构之间的位向差越大，则金属的屈服强度越高。

五、纯金属的结晶

金属材料在生产过程中除少数粉末冶金材料外，一般都要经过熔炼、浇注、轧、锻，或者经过熔炼或熔化，浇注成铸件后，再经冷、热加工后使用。因此金属的结晶过程及铸态组织对金属材料的质量有着重要影响。

金属材料自液态冷却转变成晶体固态的过程，称为结晶。在结晶过程中，金属的结构从无规则的液态转变为有规则的晶体，同时，有些金属在结晶后还会有结构的变化（固态相变），因此对结晶过程的研究也有助于了解金属结晶后的相变规律。这里先讨论纯金属的结晶，在以后的章节里，再讨论合金的结晶。

（一）结晶的条件

纯金属的结晶是在一个恒定的温度下进行的，这个恒定的温度称为熔点（或理论结晶温度），用 T_0 表示。金属的温度高于熔点时，金属以液体状态存在；低于熔点时，金属则以固体状态存在。在平衡结晶温度时，液体与固体同时存在，这时液体的结晶速度与固体的熔化速度相同，是动态平衡状态，就像 0℃时水与冰同时平衡共存一样。

金属的熔点可用热分析法来测定，其步骤如下：先将金属熔化，然后以极缓慢的速度冷却，并在冷却过程中每隔一定的时间测量一次温度，直至室温。将记录下来的数据绘制在温度-时间坐标系中，便得到如图 1-27（a）所示的理论结晶冷却曲线。

由于金属在结晶时要释放结晶潜热，补偿冷却过程中向外界散失的热量，而使结晶过程处于恒温状态，因此在冷却曲线上出现了一水平线段。水平线段所对应的温度就是金属的结

晶温度，说明金属在结晶过程中温度是恒定的。曲线上水平线段的长度代表结晶过程的时间。当结晶过程结束时，即液态金属都已转变为晶体后，金属的温度又随着散热而降低，直至室温。

当温度冷到零度时，水是不能结冰的。液态金属也是一样，冷却到熔点时是不能结晶成晶体的，只有冷到低于熔点的温度时，即有一定的过冷度时才能结晶，实际结晶冷却曲线如图 1-27（b）所示。过冷度计算如下：

$$\Delta T = T_0 - T_n$$

式中　　ΔT——过冷度；

　　　　T_0——理论结晶温度，℃；

　　　　T_n——实际结晶温度，℃。

具有一定的过冷度是液态金属能够结晶的必要条件，即结晶的热力学条件。显然，过冷度越大时，即实际的结晶温度 T_n 越低时，结晶的条件就越好，其结晶倾向就越大。实际上当液态金属的冷却速度越大时，过冷度就越大。不同金属结晶时所需的最小过冷度不同，可由热力学计算得出。

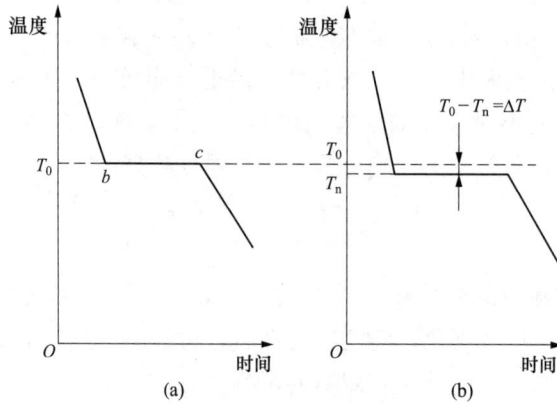

图 1-27　纯金属结晶时的冷却曲线
（a）理论结晶冷却曲线；（b）实际结晶冷却曲线

（二）结晶的过程

在结晶过程中，晶体结构是如何得到的呢？由于多数金属的熔点高、又不透明，难以用实验的方法直接观察结晶过程中的变化。通过 X 射线或中子衍射实验，可以知道结晶过程是无数晶核的形成及晶核长大成为晶体的过程，即形核-生长过程。

研究表明，液态金属在降温过程中，当温度接近熔点时，就已开始向晶体结构过渡，不断出现类似晶体结构的小集团。这些小集团时聚时散，称为短程有序。温度越低，有序排列的范围就越大。当其尺寸大到一个临界值时，小集团就不再熔化，这就是最初形成的小晶体，称为晶核。随后，晶核长大成一个单晶体晶粒。

在液态金属中，由上述的小集团而形成晶核的过程称为自发形核，也称均匀形核。此外，还有一种形成晶核的方式，称为非自发形核，也称非均匀形核。实际生产中，金属的成分并非十分纯净，当液态金属中有不熔的杂质或高熔点的金属颗粒时，液态金属便附着于这些固态颗粒的表面上形核或者附着铸模的模壁上形核。通过热力学分析可知，非自发形核所需的能量是自发形核的三分之一左右，可见非自发形核比自发形核容易得多，在较小的过冷度时即可形核。

　　无论是自发形核还是非自发形核，都是在一定的过冷度情况下发生的，晶核形成后，随着长大同时放出结晶潜热，以补偿液态金属向周围散失的热量。晶核长大可以看作是液体原子不断地附着在晶核的表面，使晶核的体积不断增加，直至碰到其他小晶体为止的过程，这时液态金属的原子已经完全附着在各个小晶体上，这些小晶体就是固态晶体的晶粒。晶粒与晶粒交界的地方最后形成晶界，结晶过程结束。结晶过程示意如图 1-28 所示。

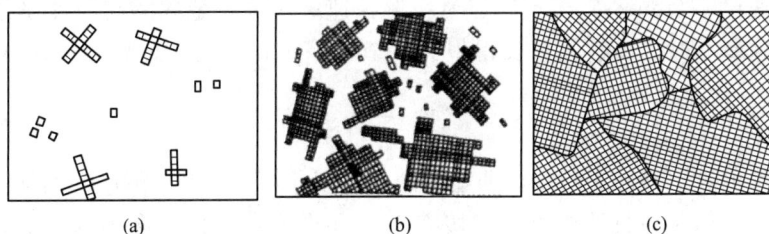

图 1-28　结晶过程示意
（a）形成晶核；（b）晶核长大；（c）形成晶体

　　需要指出的是，在晶核刚刚形成的时候，其外形是规则的多面体形状，但由于在长大过程中结晶潜热的散失在各个方向不均匀，根据尖端放热的原理，小晶体棱角处的散热要快些，这里的过冷度要稍大些，液体金属优先附着在棱角处，致使棱角处优先向着液体深处生长，晶体长大示意如图 1-29 所示。这样，小晶体不再是规则的外形，而是所谓树枝状长大，即在小晶体棱角处长出树枝状的枝干来。随后又长出二次、三次分枝，最后将枝间填满，形成了多晶体的金属组织。这些具有树枝状的晶体，被称为枝晶。

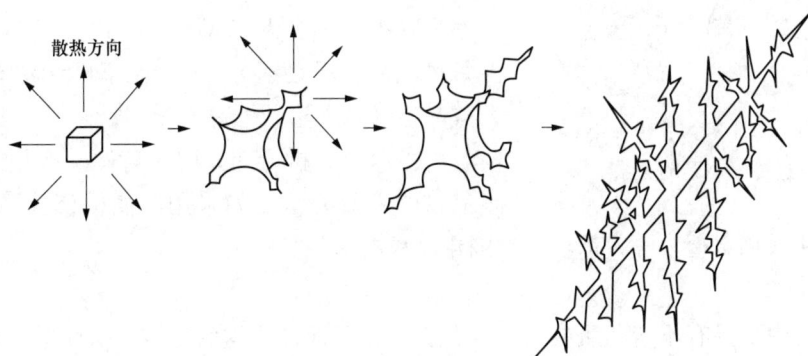

图 1-29　晶体长大示意

　　金属晶体树枝状长大的结晶过程，决定了晶体会产生点、线、面缺陷。在枝晶间填充原子时，在原子的平衡位置上难免有多余原子或缺少原子，于是形成间隙原子或空位。枝晶向液体深处伸展时发生弯曲，则会产生位错和亚晶界。晶界是最后形成的，由于相邻两晶粒间位向的差别，晶界上的原子排列是无规律的，形成一层无规则的过渡层。

（三）影响晶粒大小的因素

金属的晶粒大小是影响金属性能的重要因素。在常温下的一般规律是：晶粒越细小，金属的强度、塑性、韧性、抗疲劳的能力就越高。晶粒粗大的金属，其力学性能很差，在生产中应尽量避免，电力工业的一些重要机械产品对金属晶粒的大小都有一定的要求。

由于结晶的过程是由形核和晶核生长两个基本过程所组成的，因此，结晶后晶粒的大小取决于形核速率和长大速率。形核速率称为形核率，用单位时间内单位体积中所产生的晶核数 N 表示，单位为晶核数/$(s \cdot mm^3)$。晶核长大速率称为生长率，用单位时间内晶体表面向前推进的线速度 G(mm/s) 表示。显然，形核速率越高，金属的晶粒就越细小；当形核速率低而长大速率高时，少数晶粒长得很大，金属晶粒就粗大。影响形核率 N 和生长率 G 的因素有三个。

1. 过冷度

由结晶条件可知，增加过冷度，即增加冷却速度，可以使结晶的倾向增加。这时形核率和生长率都增大，但一般只希望增大形核率 N，即形成的晶核越多越好。实验表明，当增加过冷度时，形核率和生长率的增大趋势是不同的，形核率 N、生长率 G 与过冷度 ΔT 的关系如图 1-30 所示。从图 1-30 可知，随着过冷度的增大，形核率增大的趋势比生长率增大的趋势大（图 1-30 中实线部分）。当过冷度较小时，生长率增大较快，易于得到粗大的金属晶粒；当过冷度增大时，形核率急剧增大，结晶后的金属晶粒细小。当达到极大的过冷度（生产上很难达到）时，由于温度降得过低，金属原子扩散运动能力减弱，使形核率和生长率都减小，甚至为零（图 1-30 中虚线部分，冷速达每秒上万摄氏度时），金属原子则无法规则地排列成晶体，从而形成非晶态金属。

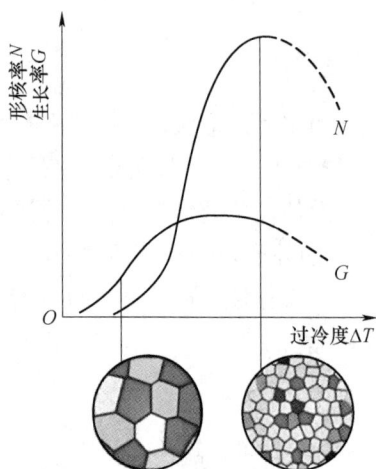

图 1-30 形核率 N、生长率 G 与过冷度 ΔT 的关系

由以上分析可知，增大铸件的冷却速度是细化晶粒的有效办法，如采用金属模浇注、加内冷铁、采用低温浇注或用水冷模等，都可达到细化晶粒的目的。

2. 变质处理

液态金属中如果有不熔杂质或高熔点金属时，可促进非均匀形核，从而增大形核率。因此，在铸造生产上，常常加入一些难熔的合金粉末，即人工晶核，以细化晶粒，这种方法称为变质处理，加入的人工晶核称为变质剂。例如，在灰口铸铁的铁水中加入硅钙合金粉末以细化铸铁中的石墨片；在铝合金中加入钠盐，在钢中加入稀土合金，以细化金属组织。

3. 金属的流动与振动

如果能增加铸件中液态金属的流动，不但可增加冷却速度，还可将枝晶冲断，增大形核率。因此，生产上可以在铸件或铸锭周围加一人工磁场，进行电磁搅拌或进行超声搅拌、机械振动等，或采用离心浇注，都可以得到较高质量的铸件。

第三节　金属的塑性变形

一、金属塑性变形的基本概念

金属在外力作用下，随着力的不断增加，可先后发生弹性变形、塑性变形，直至断裂，这在图 1-2 所示的拉伸试验的应力-伸长曲线中可以清楚地看出。

在应力低于弹性强度时，金属所发生的变形为弹性变形。其特点是在外力去除后，变形便消失了，这种变形是弹性变形，属于暂时变形。当应力大于屈服强度后，金属所发生的变形则为塑性变形。其特点是在外力去除后，塑性变形部分就保留了下来，属于永久变形。当应力大于抗拉强度 R_m 时，金属会很快断裂。

金属的塑性是指材料能承受永久变形的能力。金属在锻造、轧制、冲压、冷拉等加工中，均要产生塑性变形，借助于金属材料的塑性变形，可以赋予产品所需要的形状和尺寸，而且金属发生塑性变形后对组织和性能都会有明显的影响。本节将探讨这个问题，工业用的金属均为多晶体，其塑性变形过程较为复杂。下面先分析单晶体，然后再讨论多晶体。

（一）单晶体金属的塑性变形

单晶体塑性变形的基本方式是滑移和孪生。

1. 滑移

单晶体试样拉伸时，外力可以在晶内某一晶面上分解为垂直于该晶面的正应力 σ 和平行于该晶面的切应力 τ。正应力只能使晶格弹性伸长或使晶体断裂；切应力则可使晶格产生弹性剪切变形，进而造成晶体的相对滑移。因此，滑移只能由切应力引起，而与正应力无关。取金属单晶体试样，表面抛光，然后进行拉伸，当试样发生滑移变形时，发现试样表面变得粗糙，单晶体拉伸变形示意如图 1-31 所示。

在切应力作用下，晶体的一部分沿着一定的晶面和晶向相对于晶体的另一部分发生相对移动，称为滑移。晶体沿某一晶面滑移时，该晶面称为滑移面；晶体在滑移面上的滑动方向称为滑移方向。一般情况下，

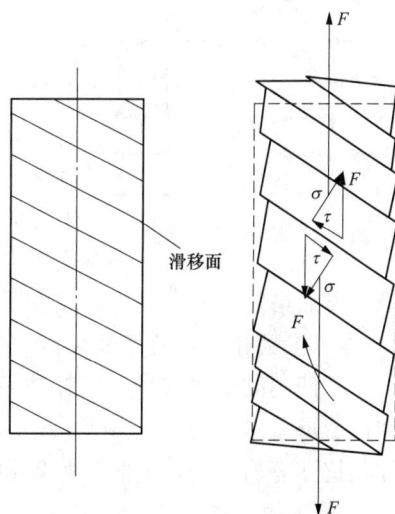

图 1-31　单晶体拉伸变形示意

滑移面总是原子密度最大的晶面，滑移方向也总是原子密度最大的晶向。因为在原子密度最大的晶面和晶向上，原子间距最小，滑动一个原子间距所需要的能量最小，只有在原子密度最大的晶面之间和晶向之间间距最远，结合力最弱，因而容易在较小的切应力作用下滑动。晶体中每一个滑移面及其一个滑移方向组成一个可能滑移的通道，称为滑移系。显然，晶体中滑移系越多，其塑性就越好。面心立方晶格与体心立方晶格金属的滑移系比密排六方晶格金属的滑移系多，因此属于密排六方晶格的金属镁、锌等金属塑性较差。面心立方晶格与体心立方晶格的滑移系相同，但滑移方向对塑性的贡献更大些，因此具有面心立方晶格的 Cu、Al、Ni 和 γ-Fe 等比具有体心立方晶格的 Cr、Mo、W、V、a-Fe 等塑性好。大量的实验证明，滑移是位错在切应力作用下运动的结果。如图 1-32 所示为晶体通过刃型位错运动造成

滑移的示意。

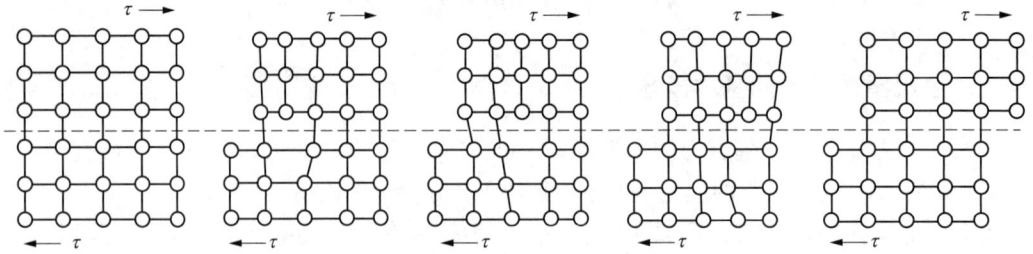

图 1-32 晶体通过刃型位错运动造成滑移的示意

由此可见，在切应力作用下，位错中心要移动一个原子间距，只需位错中心附近的少数原子进行微量位移即可。这样，当位错中心从晶体的一边移到另边时，就使晶体的上半部相对于下半部滑移了一个原子间距。大量的位错通过滑移面移到晶体表面，从而造成一定量的塑性变形。

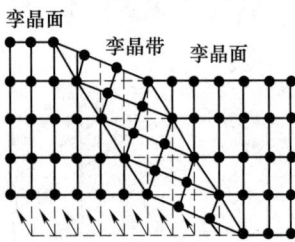

图 1-33 孪生变形示意

2. 孪生

孪生是晶体的另一种塑性变形方式。在切应力作用下，晶体的一部分相对于另一部分产生剪切变形，变形后的晶体呈镜面对称，对称面称为孪晶面，孪生变形示意如图 1-33 所示。

晶体发生孪生后称为孪晶体，由于其位向发生了改变，经过抛光腐蚀后在显微镜下能看到孪晶带。与滑移变形相比，孪生变形很少发生。因为孪生所需要的剪切应力很大，孪生变形往往只在低温的体心立方晶格金属中发生，或在滑移系很小的密排六方晶格的金属中发生，或在受到冲击变形的金属中发生。

（二）多晶体金属的塑性变形

实际使用的金属材料几乎都是多晶体。多晶体塑性变形时，每个晶粒的塑性变形与单晶体塑性变形基本相同，但由于晶界的作用及相邻晶粒之间位向不同，多晶体的塑性变形与单晶体相比又有所不同，下面从晶界和位向差两个方面讨论多晶体塑性变形的特点。

1. 晶界的影响

晶界是相邻两个晶粒的边界，晶界上的原子排列是无规则的，金属中的杂质原子往往存在其间，这对于位错的运动形成很大阻力。有人用只有两个晶粒的试样进行拉伸试验，变形后试样出现了所谓的"竹节现象"，两个晶粒的试样拉伸时的"竹节现象"如图 1-34 所示。这说明晶界附近晶体的塑性变形抗力很大。由此可以推断多晶体金属的晶粒越细小（单位体积内晶粒数越多）时，该晶体的塑性变形的抗力越大，即强度越高。

2. 位向差的作用

从材料力学知道，拉伸试样受拉时，外力的切应力分量在与外力呈 45° 时最大。因此，晶体中与外力方向接近 45° 的滑移系最容易发生滑移，而接近 0° 与 90° 时，切应力分量最小，晶体不易发生滑移。由于多晶体金属中相邻晶粒之间晶体位向不同，当一个晶粒的位向接近 45° 发生滑移时，必然受到相邻晶粒的牵制作用，相邻晶粒间的位向差越大时，牵制作用就越大，从而增加了塑性变形抗力，使强度提高。

以上分析可知，金属的晶粒越细，其强度就越高。细晶粒的金属不仅强度高，塑性也好，这是因为多晶体在应力作用下，塑性变形分散在更多的晶粒之中，晶粒越细，多晶体各处的塑性变形就越均匀；相反，多晶体的晶粒很粗大时，某些大晶粒的位向不利于滑移变形，则在较大的体积内牵制塑性变形，使塑性变形不均匀。晶粒大小对塑性变形的影响示意如图 1-35 所示，图 1-35 中带阴影线的晶粒是位向接近 45°易于变形的晶粒。显然，图 1-35（a）中晶体对塑性变形的牵制作用比图 1-35（b）中晶体的大，而图 1-35（b）晶体的塑性变形分布均匀，塑性好。

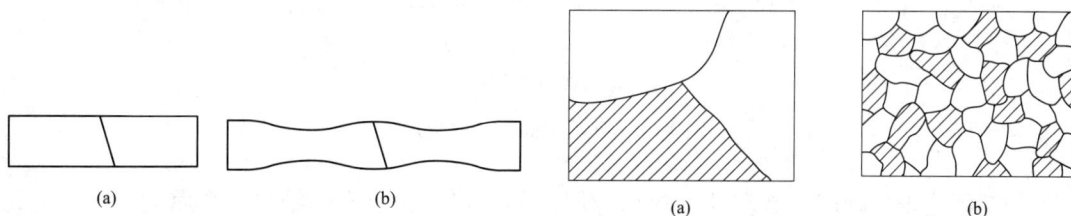

图 1-34　两个晶粒的试样拉伸时的"竹节现象"
（a）变形前；（b）变形后

图 1-35　晶粒大小对塑性变形的影响示意
（a）粗大晶粒的金属；（b）细晶粒的金属

在实际生产中，我们总是希望金属零件的晶粒越细越好。在电力设备中，有些重要零件的晶粒粒度被限定在一定级别之内，尤其是承受冲击的构件，若碎煤机的锤头和锤杆，以及细晶粒金属的强度高、塑性好，则冲击韧性也高，能够承受反复的冲击而不易产生疲劳损坏。

二、冷塑性变形对金属组织和性能的影响

金属材料在外力作用下产生塑性变形，其内部的组织和使用性能也发生一系列的变化，如电阻增大、腐蚀性降低等。主要的变化是加工硬化，同时在金属内部产生形变内应力。

（一）加工硬化

金属因塑性变形使其强度、硬度升高，而塑性、韧性降低的现象，称为加工硬化（或形变强化）。金属材料的变形度越大，其性能的变化也越大。随着变形度的增加，金属的强度和硬度不断提高，而塑性逐渐下降。从低碳钢的拉伸曲线可以看出，金属在受外力作用屈服后，若继续变形则需要加应力，即随着塑性变形的增加金属不断强化、硬化，直至达到抗拉强度。例如 Q235 钢，抗拉强度要比屈服强度约高出一倍，因而，这种强化作用是不可忽视的。尤其对于纯铜等不能利用热处理强化的纯金属，加工硬化是一种强化金属的重要方法。

低碳钢的加工硬化现象如图 1-36 所示，出现了加工硬化现象后强度可提高 80% 以上。建筑用钢筋应先经过冷拔强化。在电力工业中，有部件如斗轮机斗齿、冷卷弹簧等都是利用加工硬化进一步提高强度的。

不仅如此，零件在使用时，万一突然超载，由于设计时已保证了零件用材具有一定的塑性，这时零件会发生塑性变形，并伴随着产生形变强化从而使强度增加，这能在一定程度上防止零件的突然脆断。然而，由于加工硬化使金属的塑性降低，会给金属的进一步冷加工变形带来困难。

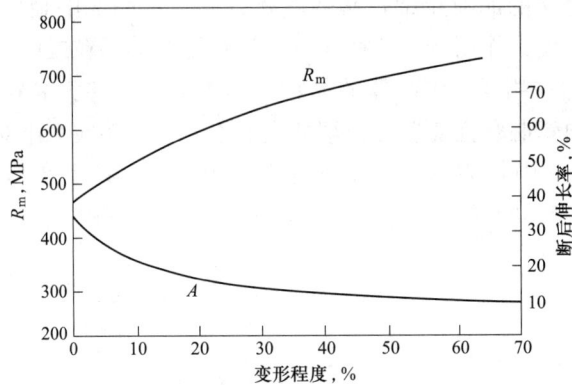

图 1-36　低碳钢的加工硬化现象

加工硬化现象的产生是塑性变形后金属内部组织结构改变的结果。金属发生塑性变形时，随着外形的变化，内部晶粒的形状也会发生变化，即由原来的等轴晶（各个方向的尺寸大致相等）变为沿着变形方向拉长的晶粒。由于晶粒的变形，晶粒内部的嵌镶块也会随之细化，使亚晶界显著增多。前面已述，亚晶界实际上是一些刃型位错堆积而成。因此，冷变形导致了位错的增多。这些在亚晶界处堆积的位错，以及它们之间的相互作用，会对晶体内移动着的位错起阻碍作用，使材料的塑性变形抗力升高，即产生了加工硬化现象。金属的变形度越大，亚结构的细化程度越高，位错密度也越大，则加工硬化现象就越严重。

（二）形变内应力

金属经塑性变形后，由于多晶体的变形不均匀，有的晶粒必须以弹性变形协调整体的变形，又由于塑性变形产生了大量的缺陷，因此，外力所做的功一小部分以弹性能的形式残存于晶体中，称为形变内应力。

形变内应力按照其存在的范围不同，可分为三类。

第一类内应力，也称为宏观内应力。由于工件各部分的变形不均匀，如杆件受弯时边受拉应力，另一边则受压应力。这是一种存在于工件整体上的内应力，这类应力只占全部应力的 1%～2%。

第二类内应力，也称为显微应力。这是由于金属各个晶粒间因变形不均匀形成的应力，它存在于晶粒和亚晶粒之间，这类应力也只占全部应力的 1%～2%。

第三类内应力，也称为晶格畸变应力。由于金属在塑性变形时产生了大量的位错和点缺陷，使晶格发生畸变，储存了较高的能量，这种晶格畸变的内应力占全部内应力的 97% 左右。

金属经塑性变形后的形变内应力会使金属零件在使用中形成应力集中，引起裂纹，也会因使用中应力松弛导致工件变形，塑性变形引起的应力腐蚀还会使金属生锈，这都是应该避免的。因此，金属在经过大量塑性变形加工后，一般需要做退火处理，以消除内应力。

三、冷变形金属在加热时组织和性能的变化

由于在冷变形金属中存在着严重的晶格畸变、晶粒破碎、结构缺陷等，导致了晶格内部能量升高，因此冷变形后金属处于不稳定状态，它有自发地

恢复到变形前的稳定状态的趋势。但是在室温下，由于原子扩散能力低，这种转变无法实现。如果将金属加热，使其温度升高，增大其原子扩散能力，金属就会发生一系列的组织与性能的变化。加热温度对冷变形金属组织和性能的影响如图 1-37 所示。图 1-37 表明，变形后的金属在加热过程中随着温度的升高，依次经历回复、再结晶和晶粒长大三个阶段。

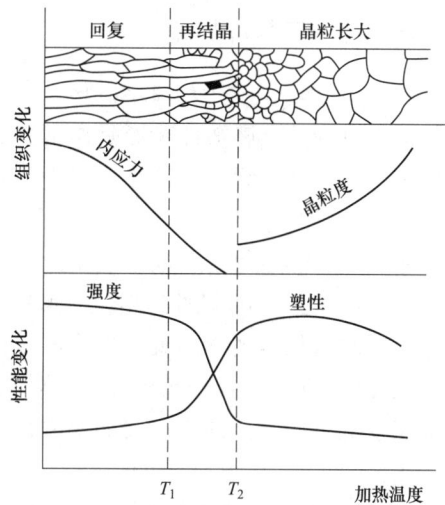

图 1-37　加热温度对冷变形
金属组织和性能的影响

（一）回复

当加热温度不太高（$T < T_1$）时，原子的活动能力虽有所提高，但还只能短距离扩散。这时，通过原子的短距离扩散，可使晶体中的空位与间隙原子相互作用而减少，使异号位错相互抵消，从而使晶格畸变程度大为减轻，残余内应力明显下降，强度和硬度略有降低，塑性略有提高，但察觉不到显微组织有明显的变化，这个阶段称回复。

工业上常利用回复现象，将冷变形后的金属加热到 T_1 以下某一温度（如冷卷弹簧在 200～300℃），保温一段时间，进行"消除内应力退火"。通过这种退火后，内应力显著减少，强化效果却被保留下来。

（二）再结晶

当冷变形金属被加热到较高温度（$T > T_1$）时，由于原子扩散能力大大增加，金属的组织和性能都会发生剧烈变化。被拉长或破碎的晶粒变为均匀整齐的等轴晶粒，金属的强度、硬度显著下降，而塑性明显提高，所有的使用性能都恢复到变形以前的数值，这种现象称为再结晶。

纯金属的再结晶温度 T_Z 与熔点的关系大致可表示为 $T_Z \approx 0.4 T_0$。T_Z 与塑性变形的程度有关，金属的变形度越大，再结晶的温度就越低。此外，金属含有少量杂质，特别是合金元素，大多能阻碍金属原子的扩散，即减缓再结晶过程，一般可提高其再结晶温度，如钢中含有少量 Cr、Mo、W 等元素会提高钢的再结晶温度，因而提高了钢的热强性。

工业上广泛采用的再结晶退火，就是使塑性变形的金属发生再结晶，从而消除加工硬化现象和残余应力，提高塑性，以便进一步加工。再结晶退火在工业生产中适用于冷拔、冷拉的金属材料。往往在冷拔或冷拉后，安排一道或数道再结晶退火（也称中间退火）工艺，使变形后的金属性能恢复到变形前，再继续变形，如冷拔无缝钢管、冷拉钢丝、铜丝等。

（三）晶粒长大

冷变形金属在再结晶之后得到了均匀细小的等轴晶粒。但若继续升高温度或延长保温时间，则晶粒会相互吞并而长大，使力学性能相应地变坏。晶粒长大是一种自发的变化趋势，使晶界减少，晶界表面能降低，组织变得更加稳定。要实现这种变化趋势，需要原子有较强的扩散力，以完成晶粒长大时晶界的迁移，而在高的温度下，正具备这一条件。

四、热加工与冷加工

（一）热加工与冷加工的概念

前面讨论的金属塑性变形是在常温下进行的，通常称为冷加工变形。由于冷加工变形时变形抗力大，并引起加工硬化，对于截面尺寸大的工件（如钢锭）或较为硬、脆的材料（如工具钢），冷加工变形则无法进行。金属加热后，其塑性变形抗力会减小，塑性也大大增加，可以用热轧、热锻等工艺加工成型。但是，由于金属的熔点不同，塑性变形抗力差别很大，如 W、Mo 等在 1000℃时其塑性变形抗力仍很大，而 Pb、Sn 等在室温时其塑性变形抗力就很小。因此，从金属学的观点来看，凡在金属的再结晶温度以下的加工变形称为冷加工，而在再结晶温度以上的加工变形称为热加工。如铁的最低再结晶温度为 450℃，故它在 400℃的加工变形仍属于冷加工；又如锡的再结晶温度在 0℃以下，故它在室温的加工变形就属于热加工。

（二）热加工对金属组织与性能的影响

1. 消除铸态金属中的缺陷

金属冶炼后，往往是先浇铸成铸锭。铸锭在冷却结晶时，由于浇铸温度、金属纯度、冷却条件的影响，会出现一些缺陷，如在最后结晶处得不到金属液的补充会形成缩孔（分散的缩孔称为疏松）；又如金属液中的气体在结晶时来不及逸出，被封闭在金属内部而形成气泡等。这些缺陷使金属材料的性能变坏。热加工却能在金属的变形过程中将气泡、疏松焊合，增加材料的致密度，从而使金属材料的强度，特别是塑性和韧性得以提高。

2. 产生热加工纤维组织

金属内部总是不可避免地存在一些夹杂物，在热加工过程中，它们会沿着变形方向拉长呈流线分布，称为热加工纤维组织，也称流线。金属流线可使材料的力学性能具有明显的方向性。通常沿流线方向的强度、塑性和韧性都大于垂直流线的方向。因此，合理控制工件中流线的分布，使其与正应力平行，而与剪切应力或冲击力垂直，且最好能使流线沿工件外形轮廓连续分布，就可提高零件的使用寿命。图 1-38 为曲轴中的流线分布，图 1-38（a）采用直接切削加工成形，易于造成断裂破坏；图 1-38（b）为锻造后流线沿轮廓合理分布，零件更耐用。图 1-39 为热加工流线的显微组织。因而，许多重要工件在机加工前，往往安排一道锻造工序，如汽轮机的主轴、叶轮、叶片、发电机、风机、水泵的主轴、齿轮等。

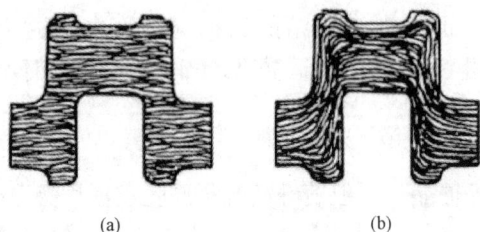

图 1-38　曲轴中流线分布示意
(a) 切削后不合理分布的流线；
(b) 锻造后沿轮廓合理分布的流线

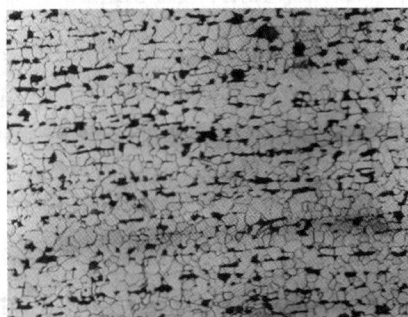

图 1-39　热加工流线的显微组织

第四节　合金的相结构及二元合金相图

一、合金的相结构

工业上应用得最多的金属材料是合金而不是纯金属。纯金属虽有优良的导电、导热等性能，但冶炼和提纯困难，特别是力学性能低，种类有限，因而应用范围窄小，不能满足工业生产的不同要求。因此可以用改变成分、组织、结构的办法得到性能各异的合金材料，以满足日益发展的工业和国民经济的需要。

（一）合金的概念

合金是由两种或两种以上的金属元素或金属元素与非金属元素组成的，具有金属特性的物质。例如，普通黄铜是铜与锌组成的合金，碳钢是铁和碳组成的合金。

组元是组成合金的独立的、最基本的物质。通常，组元就是组成合金的元素，如普通黄铜中的铜与锌，但稳定的化合物也可以作为组元，如钢中的 Fe_3C。由两个组元组成的合金称为二元合金，由三个组元或三个以上组元组成的合金称为三元合金或多元合金。

由若干给定组元可以配制出一系列不同成分的合金，这一系列合金就构成一个合金系。例如铜和镍可以配制出任何比例的铜镍合金，称为铜-镍合金系，合金系也可以分为二元系、三元系或多元系。

相就是指合金中化学成分相同、晶体结构相同，并与其他部分有界面分开的均匀组成部分。例如水结冰时，浮于水上的冰块是一个相，冰块下面的水则是另一种相。合金组织是由相组成的。如果合金组织由一个相组成，就称为单相组织。同样，根据相的个数不同有两相、三相或多相组织。前几节讲到的纯金属组织是由许多小的晶粒组成的，晶粒之间有界面分开，但各晶粒内部的化学成分、原子结构都相同，是同一相，因此，纯金属是单相组织。如果合金组织中的各个晶粒都是由单一的合金相组成的，该合金也属于单相组织。在工程上应用的合金中多数是由两个或两个以上的相组成的，即两相或多相组织。图 1-40 和图 1-41 分别为单相铁素体的显微组织、多相的珠光体的显微组织。

合金的性能是由合金的成分和组织决定的，即取决于组织中的相、相的成分、相的相对量、相的形态和分布情况。

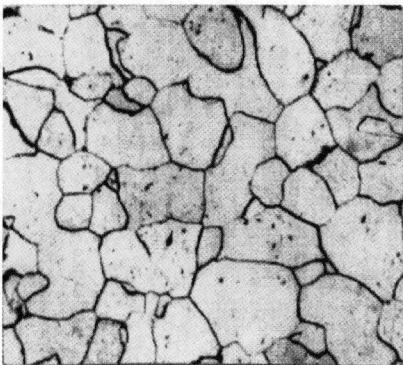

图 1-40　单相铁素体的显微组织

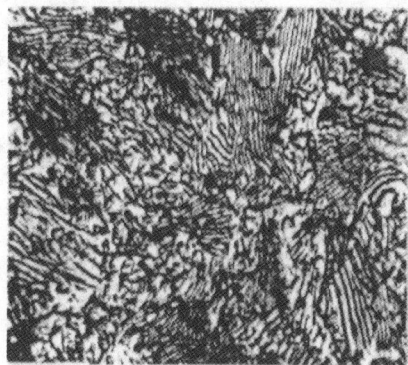

图 1-41　多相的珠光体的显微组织

（二）合金的相结构

固态合金的相结构可分为固溶体和化合物两大类。

1. 固溶体

当合金由液态结晶为固态时，组元间仍能相互溶解而形成的均匀相，称为固溶体。在固溶体中，含量较多且能保持原有晶格的组元称为溶剂；含量较少而被溶解的组元称为溶质。可见，固溶体的晶格与溶剂元素的晶格相同。例如，黄铜（H80）是指含有80％的铜（溶剂）与20％的锌（溶质），黄铜的组织是单相的α固溶体，具有与铜相同的面心立方结构。

（1）固溶体的分类。按溶质原子在溶剂晶格中的分布不同，固溶体可分为置换固溶体和间隙固溶体两类。

1）置换固溶体。溶质原子占据了溶剂晶格某些结点所形成的固溶体，称为置换固溶体，如图1-42（a）所示。在合金中，当溶质原子与溶剂原子半径相差不很大时，易形成置换固溶体。通常，一种金属与另一种金属的原子之间形成置换固溶体。

固溶体中能够溶解溶质的最大限量称为溶解度，也称为固溶度。固溶度一般随着温度变化而改变，通常是随着温度升高而增加的，但也有相反的情况。当溶质原子与溶剂原子半径相近，在元素周期表中的位置邻近时，固溶体的溶解度较大，反之则较小。如果满足这样的条件，溶质与溶剂的原子结构也相同时，两种原子还有可能以任何比例互相置换、互为溶剂，形成固溶体。这种固溶体称为无限固溶体，如铜与镍、金与银、铁与铬等。这样的合金组织，具有单相的组织。但是对于大部分的合金，固溶度是有限的，称为有限固溶体，如在456℃时，锌在铜中的固溶度最大，为39％。

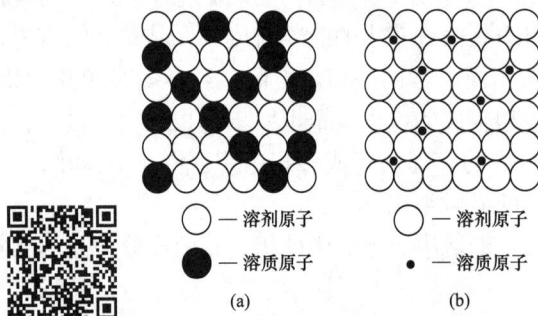

图1-42　固溶体的两种类型
（a）置换固溶体；（b）间隙固溶体

2）间隙固溶体。当固溶体中的溶质原子尺寸较小时，溶质原子分布在溶剂晶格的空隙中，这类固溶体称为间隙固溶体［见图1-42(b)］。在间隙固溶体中，通常的溶质原子是C、H、O、N、B等原子半径小于0.1nm的非金属原子。当溶质与溶剂的原子半径之比小于0.59时，可以形成间隙固溶体。例如，碳原子溶入体心立方晶格的α-Fe中所形成的间隙固溶体称为铁素体，碳原子溶入面心立方晶格的γ-Fe中所形成的间隙固溶体称为奥氏体。由于溶剂晶格中的空隙有限，间隙固溶体的溶解度都是有限的。如在727℃时，碳在铁素体中的最大固溶度为0.021 8％；在1148℃时，碳在奥氏体中的最大固溶度为2.11％。

（2）固溶体的性能。固溶体是由两种或两种以上原子组成的合金相结构，由于原子的尺寸大小和性质不同，必然会引起晶格的畸变，固溶体的晶格畸变如图1-43所示。事实证明，间隙固溶体所引起的晶格畸变更大些。

晶格的畸变必然使位错运动受到一定程度的阻力，增加了塑性变形抗力，使金属的强度、硬度升高。但在较大的应力作用下，位错仍能向前运动，因而金属的塑性并没有明显地降低。合金元素固溶于基体金属中造成一定程度的晶格畸变，在保持良好塑性的基础上，提

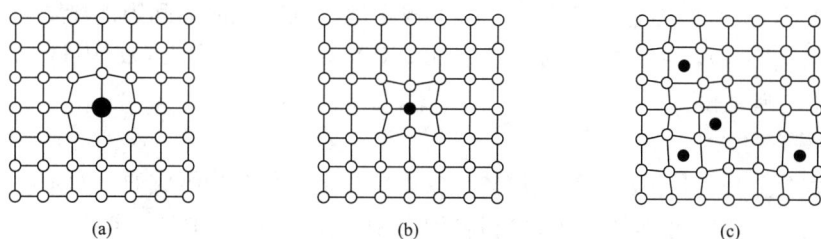

图 1-43　固溶体的晶格畸变

（a）置换固溶体（溶质原子大于溶剂原子）；（b）置换固溶体（溶质原子小于溶剂原子）；（c）间隙固溶体

高其强度，这种方法称为固溶强化。

固溶强化是金属强化的方法之一。例如，在碳钢中加入少量合金元素，可以使合金的强度提高又不失去韧性。在低碳钢中加入 1.3％～1.6％锰的低合金钢，强度可以从 240～260MPa 增加到 300～400MPa，电厂锅炉的汽包就是用这种材料制成的。也有的在锅炉汽包的碳钢中加入 Mn、Mo、Nb，以提高其强度。利用固溶强化的方法提高金属的强度主要适用于结构材料。但是，单纯用固溶强化的方法对材料的强化是有限的，若要进一步提高强度或硬度，还要配合其他强化金属的方法。与下面讲到的化合物相比，固溶体在合金中是一种韧性相。

2. 化合物

从化学中可知，元素在周期表中的位置相距越远时，其亲合力就越强，越容易化合并形成稳定的化合物。在合金中，如果溶质的原子超出固溶体的溶解度，便会析出新相（沉淀）。新相可能是以另一种组元为溶剂的固溶体，也可能是由组元组成的具有新的晶体结构的中间相，即化合物。

合金中的化合物有两类，一种是以金属键为主，形成具有金属性质的化合物，称为金属化合物；另一种是以共价键或离子键结合的非金属化合物，如 SiO_2、FeS 等。后者不具有金属性质，属于有害杂质，使金属性能变坏，称为非金属夹杂。这里只讨论金属化合物。

金属化合物的晶体结构与组成它的组元不同，晶体结构一般比较复杂，金属化合物的熔点高、硬度高且脆，当它在合金中出现时，可使金属的强度、硬度提高，耐磨性提高，但塑性、韧性下降。金属化合物是合金钢（特别是工具钢）及有色金属中主要强化、硬化相。在合金中设法配制细小而分散的金属化合物，提高其强度和硬度，这种方法称为弥散硬化。

例如，在铁碳合金中，铁和碳原子可以结合成高熔点、亚稳定的化合物 Fe_3C。它有固定的原子比 3∶1，性质硬且脆，从结构看，属于复杂间隙化合物，在铁碳合金中是一个组元，Fe_3C 的晶体结构如图 1-44 所示。又如，金属性更强的 Cr、Mo、W、V、Ti 等金属原子与碳可形成熔点更高、硬度更高的稳定碳化物，从结构看，它们属于简单晶格的间隙化合物。例如，钒与碳形

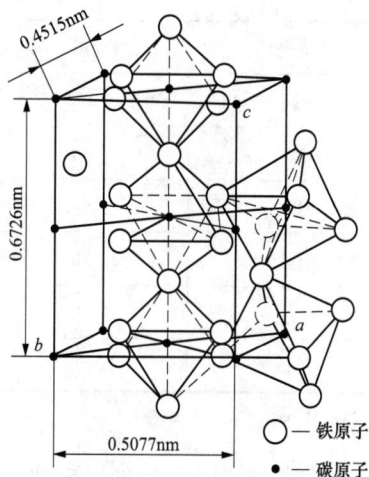

○—铁原子
●—碳原子

图 1-44　Fe_3C 的晶体结构

成的化合物 VC，具有面心立方晶格，碳原子规则地排列在八面体间隙的中心位置，VC 有固定的原子比（1∶1），它有极高的熔点（3023℃）和极高的硬度（2800HV），它与 WC、TiC 等是重要的强化相。

3. 机械混合物

绝大多数合金并不是仅由一种固溶体或仅由单相金属化合物组成的，而是由固溶体与少量（一种或几种）金属化合物所构成的机械混合物。在机械混合物中，各组成相仍保持着其原有的晶格结构和性能。机械混合物的性能主要取决于各组成相的性能和相对量。此外，还与各组成相的形状、大小及分布有很大关系。

二、二元合金相图

合金的性能是由合金的成分、组织决定的，研究合金成分、组织、性能之间关系最重要的工具是合金相图。二元合金相图是最简单的相图，也是研究多元相图的基础。

（一）相图的概念

二元合金的相结构有固溶体和化合物两类，合金铁原子组织中固溶体和化合物可以是一种也可以是多种，它们的种类和含量随着合金的成分而变化。对于某一成分的合金，在不同温度时其组织和组成相也不相同。这些规律均严格地在相图中表现出来。

合金相图又称平衡图或平衡状态图。它以合金成分为横坐标，以温度为纵坐标，表示同一合金系在平衡状态下不同成分的合金在不同温度下由哪些相组成，以及相间平衡关系的图形。平衡是指热力学平衡，即一定成分的合金在一定温度下各相的量不再发生变化，处于动态平衡状态。处在平衡状态下的相称为平衡相。

1. 相图的建立

用热分析法测定 Cu-Ni 合金相图的基本步骤如下：

（1）配制不同成分的 Cu-Ni 合金，测出结晶开始温度（上转变点）及结晶终了温度（下转变点），不同成分的 Cu-Ni 合金的结晶温度测定表见表 1-3。

表 1-3 不同成分的 Cu-Ni 合金的结晶温度测定表

合金序号	含 Cu 量（%）	含 Ni 量（%）	结晶开始温度（℃）	结晶终了温度（℃）
I	100	0	1084.5	1084.5
II	80	20	1175	1130
III	60	40	1260	1195
IV	40	60	1340	1270
V	20	80	1410	1360
VI	0	100	1455	1455

注 I 为纯 Cu；VI 为纯 Ni。

（2）绘制表 1-3 所列两种纯金属和四种不同成分合金的冷却曲线，如图 1-45（a）所示。

（3）将各冷却曲线的临界点平移至相图上，如图 1-45（b）所示，并将同类的点描成线，称为相界线（相线），即得到一个完整的 Cu-Ni 合金相图。

由图 1-45（a）可以看出，纯 Cu 与纯 Ni 的冷却曲线上都有一个小平台，表示纯金属结晶时，由于放出结晶潜热，结晶在恒温下进行。而合金的冷却曲线却有两个转变点，上转变点表示结晶开始的温度，下转变点表示结晶终了的温度。两点间的冷却速度减慢，说明结晶过程中也有潜热放出。结晶过程是在一个温度间隔内完成的，在这个温度间隔内的某一温度，液、固两相平衡共存。随着温度降低，液相逐渐减少，固相逐渐增加，到下转变点时，完全结晶为固相。由上转变点连成的线 t_Aat_B 称为液相线，由下转变点连成的线 t_Abt_B 称为固相线。

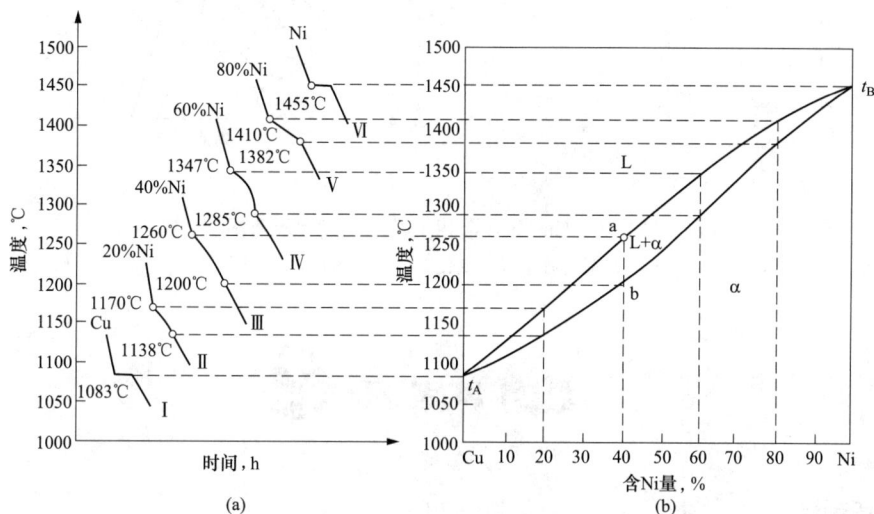

图 1-45　Cu-Ni 合金相图的绘制
（a）冷却曲线；（b）相图

用热分析法测定相图时，增加配制的合金数目、采用纯度更高的金属、降低热分析时的冷却速度等方法，均能有效提高所测合金相图的精确度。

2. 相图分析

两组元在液态和固态均能无限互溶时所形成的二元合金相图称为匀晶相图。属于这类相图的合金系主要有 Cu-N、Au-Ag、Au-P、Fe-Ni、Fe-Cr、Cr-Mo 等，现以 Cu-Ni 二元合金相图为例进行分析。

如图 1-45（b）所示为 Cu-Ni 二元合金相图，t_A 点为 Cu 的熔点（1083℃），t_B 点为 Ni 的熔点（1452℃），该相图上面一条是液相线，下面一条是固相线，液相线和固相线把相图分成三个区域，即液相区 L、固相区 α 及液固两相区 L＋α。

Cu-Ni 合金相图及结晶过程示意图如图 1-46 所示。由图 1-46 可以看出，Ni 的质量分数为 40％的 Cu-Ni 合金，其成分垂线与液、固相线分别交于 1 点和 2 点。当液态合金缓慢冷却至 1 点对应温度时，开始结晶出 α 固溶体。随着温度不断下降，α 相持续增加，剩余的液相 L 持续减少。在这个过程中，液相和固相的成分通过原子扩散，分别沿着液相线和固相线变化。当冷却温度降到 2 温度时，液相消失，结晶结束，全部转变为固相。此时温度继续下降，但合金不再变化。

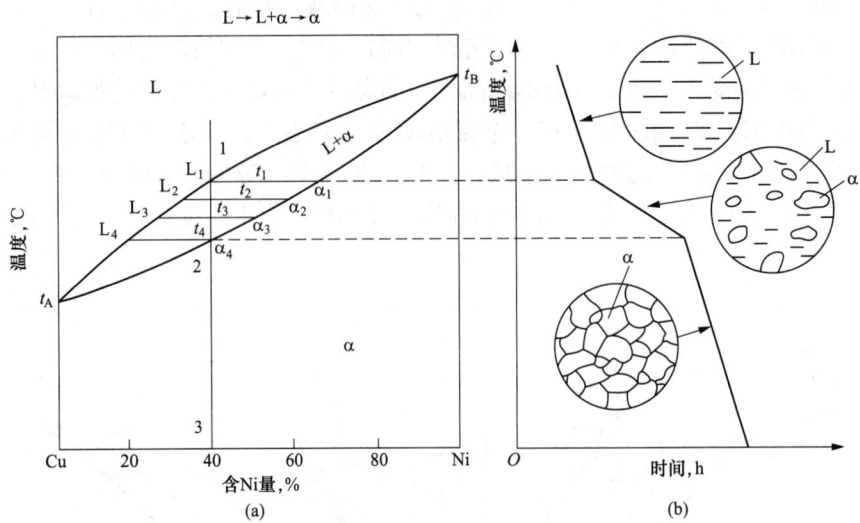

图 1-46 Cu-Ni 合金相图及结晶过程示意图

(a) 结晶过程中成分变化；(b) 组织转变示意图

复习思考题

一、选择题

1. 金属材料对各种冷、热加工过程的适应能力称为（　　）。

    A. 使用性能　　　　B. 工艺性能　　　　C. 物理性能　　　　D. 化学性能

2. 当外力去除时，被保留下来的这部分永久性变形称为（　　）。

    A. 弹性变形　　　　B. 塑性变形　　　　C. 晶格畸变　　　　D. 变形量

3. 回复阶段，强度和硬度略有降低，塑性略有提高，显微组织无明显变化，下列哪项指标明显下降（　　）？

    A. 物理性能　　　　B. 残余内应力　　　　C. 残余热应力　　　　D. 力学性能

4. 金属内部总是不可避免地存在一些夹杂物，在热加工过程中，它们会沿着变形方向拉长呈流线分布，称为（　　）。

    A. 缺陷　　　　　　B. 缩孔　　　　　　C. 流线　　　　　　D. 纤维组织

二、简答题

1. 何谓力学性能？金属材料的力学性能主要包括哪些特性？具体是什么？

2. 为什么机械零件大多以 R_e 为设计依据？

3. 何谓金属材料的韧性？列出计算韧性值的公式。冲击功 A_k 是如何测定的？

4. 试说明疲劳裂纹产生的条件、疲劳断裂过程及其断口特性。

5. K_{1c} 是代表何种力学性能的符号？并解释其意义。

6. 何谓金属键？试用金属键说明金属良好的导电性、导热性及塑性。

7. 试述晶核、晶胞、晶格、晶体、晶粒、晶界的含义。

8. 金属晶格的基本类型有哪几种？试绘图说明它们原子排列情况。

9. 试计算面心立方晶格的致密度。

10. 实际金属晶体中有哪些缺陷？它们对金属的力学性能有何影响？

11. 什么叫结晶？结晶的过程是怎样的？

12. 什么叫过冷度？过冷度的大小对金属结晶后的晶粒大小和力学性能有何影响？

13. 金属在外力作用下会产生几种变形？试分析比较各种变形的特点。

14. 何谓加工硬化现象？试述产生加工硬化的原因。

15. 试用生产和生活中的实际例子说明加工硬化的利弊。

16. 何谓再结晶现象？试述产生再结晶的原因。

17. 再结晶退火在工程上有什么实用价值？

18. 用一冷拉钢丝绳吊装一大型工件入炉，并随工件一起加热到1000℃，进行保温。保温完毕再次吊装工件时，钢丝绳发生断裂，试分析原因。

19. 解释下列名词：合金、组元、相、组织。

20. 什么是固溶体和金属化合物？它们在结构上有何不同？其力学性能各有什么特点？

21. 什么是固溶强化？引起固溶强化的原因是什么？固溶强化与加工硬化有何不同？

22. 什么叫弥散硬化？为什么有许多合金均用这种方法来进行硬化？

第二章　铁碳合金及其相图

　　碳钢和铸铁是现代工业中应用最广泛的金属材料，它们由铁和碳两个基本组元组成，统称为铁碳合金。不同成分的铁碳合金在不同的温度下具有不同的组织，因而表现出不同的性能。为了研究铁碳合金成分、组织和性能之间的关系，必须要了解铁碳合金相图。

第一节　铁碳合金的相结构

一、纯铁的同素异晶转变

　　大多数金属在固态下只有一种晶格结构，而有些金属（铁、钴、钛、锰、锡等）从液态结晶以后，在继续冷却过程中还会发生固态的晶格转变。金属在固态下发生晶格类型的转变，称为同素异晶转变，也称为同素异构转变，或者称为固态转变、相变等。纯铁的同素异晶转变如下：

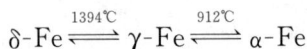

$$\delta\text{-Fe} \xrightleftharpoons{1394℃} \gamma\text{-Fe} \xrightleftharpoons{912℃} \alpha\text{-Fe}$$

　　图 2-1 为工业纯铁的冷却曲线及晶体结构变化。工业纯铁一般含 $0.1\%\sim0.2\%$ 的杂质，纯铁的熔点为 1538℃，铁在结晶后具有体心立方晶格，称为 δ-Fe；在冷至 1394℃时，发生同素异晶转变，转变为具有面心立方晶格的 γ-Fe；再继续冷却时，到 912℃时，又转变为具有体心立方晶格的 α-Fe，再冷却时将不再发生结构的变化。工业纯铁的力学性能大致如下：

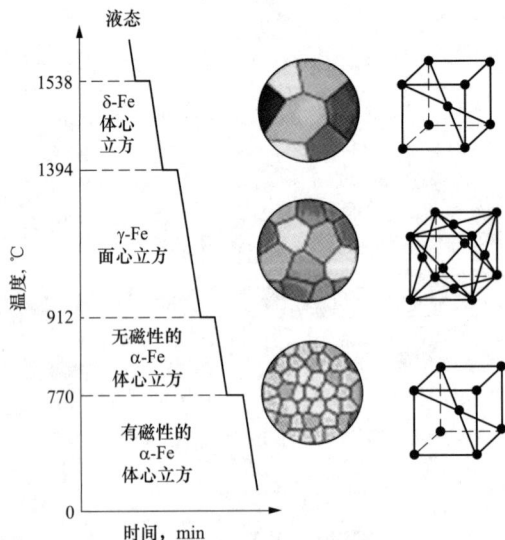

图 2-1　工业纯铁的冷却曲线及晶体结构变化

　　强度：$R_m = 180\sim230\text{MPa}$，$R_e = 100\sim170\text{MPa}$。

　　塑性：$A = 30\%\sim50\%$，$Z = 70\%\sim80\%$。

冲击韧性：$\alpha_k=150\sim200\mathrm{J/cm^2}$。

布氏硬度：$50\sim80\mathrm{HB}$。

由此可见，工业纯铁的塑性、韧性好，强度、硬度低。

金属在一定的平衡转变温度下发生从一种晶格向另一种晶格的同素异晶转变时，也必然是通过金属原子的重新排列来完成的，这与液态金属结晶时原子的重新排列是相似的，即有一定的转变温度，转变需要一定的过冷（或过热），其转变过程也是通过形核－生长来完成的。

固态转变与液态结晶的不同点是：液态金属结晶时，既可在液态金属中形核，也可在不熔杂质上形核。而固态转变时，只能在某些特定的地点（如第二相界面上、晶界上、缺陷处）形核；当旧晶体的晶粒细小时，形成新的晶粒时形核率高，因而新晶体的晶粒也就细小；固态转变所需的过冷度要大于液态结晶时的过冷度，这是因为在固态转变时，原子在固态扩散迁移，比在液态困难得多。在冷却速度很快时（如淬火），有时能达到几百摄氏度的过冷度。另外，在发生固态转变时，常常还伴有体积的变化，如 γ-Fe 转变成 α-Fe 时，其体积膨胀 1%，导致金属内部产生内应力，这种内应力称为组织应力。

碳溶入 α-Fe 和 γ-Fe 中所形成的固溶体为铁素体和奥氏体。当含碳量超过铁素体和奥氏体的溶解度时，会出现金属化合物 Fe_3C，称为渗碳体。碳原子溶入 δ-Fe 中所形成的固溶体称为 δ-固溶体（高温铁素体）。它在 $1400℃$ 以上的高温时出现，对工程上应用的铁碳合金的组织和性能没有什么影响，故不作为铁碳合金的基本相。固态铁碳合金的基本组成相是铁素体、奥氏体和渗碳体。

二、铁素体

碳原子溶入 α-Fe 中形成的间隙固溶体称为铁素体。铁素体的晶格结构如图 2-2 所示。由于体心立方晶格的 α-Fe 的晶格间隙半径只有 $0.036\mathrm{nm}$，而碳原子半径为 $0.077\mathrm{nm}$，因此铁素体对碳的溶解度很小。在 $727℃$ 时最大固溶度为 0.0218%，而在室温时固溶度几乎降为零。铁素体的力学性能与纯铁相近，其数值如下：

强度：$R_m=180\sim280\mathrm{MPa}$，$R_e=100\sim170\mathrm{MPa}$。

塑性：$A=30\%\sim50\%$，$Z=70\%\sim80\%$。

冲击韧性：$\alpha_k=156\sim196\mathrm{J/cm^2}$。

布氏硬度：$50\sim80\mathrm{HB}$。

由此可见，铁素体有优良的塑性和韧性，但强度、硬度较低，在铁碳合金中是软韧相。铁素体是 $912℃$ 以下的平衡相，也称为低温相，在铁碳相图中用符号 F 表示。

三、奥氏体

碳原子溶入 γ-Fe 中形成的间隙固溶体称为奥氏体。奥氏体的晶格结构如图 2-3 所示。具有面心立方晶格的 γ-Fe 的间隙半径为 $0.052\mathrm{nm}$，比 α-Fe 的间隙稍大，在 $1148℃$ 时碳原子在其中的最大固溶度为 2.11%。随着温度降低，碳在 γ-Fe 中的固溶度下降，在 $727℃$ 时为 0.77%。

奥氏体是 $727℃$ 以上的平衡相，也称高温相。在高温下，面心立方晶格的奥氏体具有极好的塑性，故碳钢具有良好的轧、锻等热加工工艺性能。在铁碳相图中，奥氏体的符号通常用 A 表示。

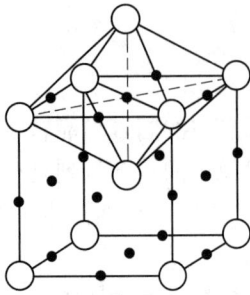

图 2-2 铁素体的晶格结构

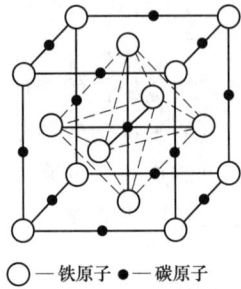

○—铁原子 ●—碳原子

图 2-3 奥氏体的晶格结构

四、渗碳体

渗碳体是铁与碳原子结合形成的具有金属性质的复杂间隙化合物。它的晶体结构复杂，属于复杂八面体结构，分子式为 Fe_3C，含碳量为 6.69%，熔点约为 1227℃。

渗碳体的硬度很高（800HV），但极脆，塑性和韧性几乎是零，抗拉强度 R_m 为 30MPa 左右。在铁碳合金中，它是硬脆相，是碳钢的主要强化相。渗碳体在碳钢中的含量和形态对钢的性能有很大影响。它在铁碳合金中可以呈粒状、片状和网状形态存在，渗碳体在铁碳合金中的分布形态如图 2-4 所示。

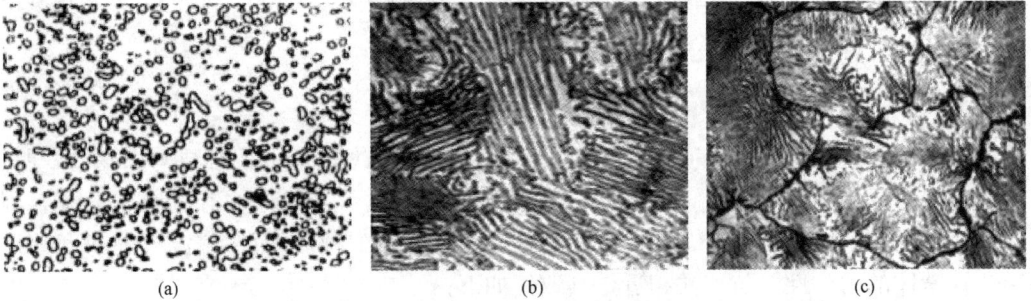

(a)　　　　　　　　　　(b)　　　　　　　　　　(c)

图 2-4　渗碳体在铁碳合金中的分布形态
（a）粒状分布；（b）片状分布；（c）网状分布

渗碳体是一个亚稳定相，在高温下长期保温时，钢和铸铁中的渗碳体经一定时间会发生下面的分解反应，析出石墨态的碳。

$$Fe_3C \rightarrow 3Fe + C（石墨）$$

第二节　铁碳合金相图

铁碳合金相图是研究钢、铸铁及合金钢的基础和重要工具。在铁碳合金系中，含碳量高于 6.69% 的铁碳合金性能极脆，没有使用价值。因此，只研究以 Fe 和 Fe_3C 为组元的，即含碳量小于 6.69% 的这一部分 Fe-Fe_3C 相图（也称铁碳合金相图），Fe-Fe_3C 相图如图 2-5 所示。Fe-Fe_3C 相图左上角液相向 δ-固溶体转变，以及 δ-固溶体向奥氏体转变的部分，一般实用意义不大。为了便于研究和分析 Fe-Fe_3C 相图，上述部分可予以省略简化。简化后的

Fe-Fe₃C 相图如图 2-6 所示。

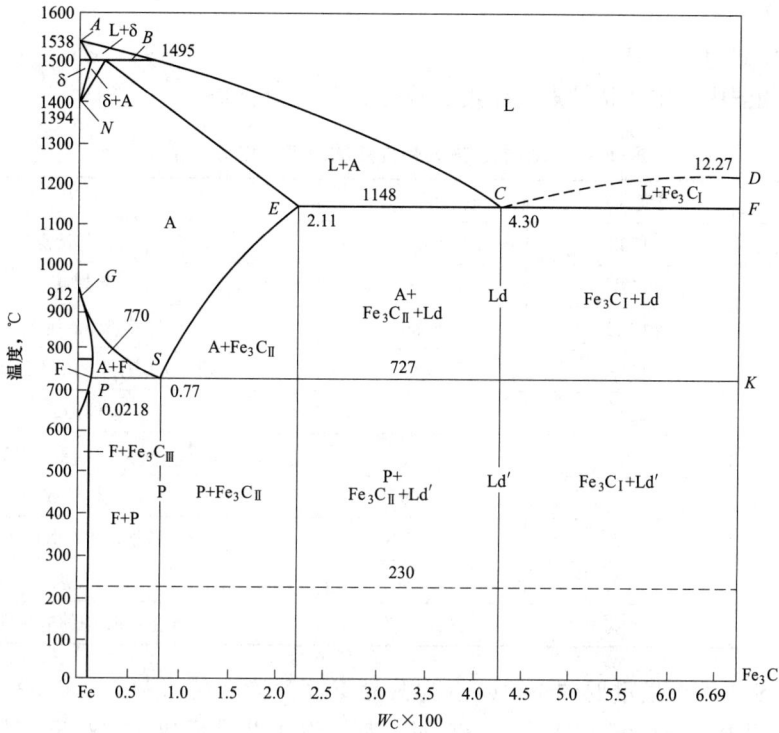

图 2-5 Fe-Fe₃C 相图

L—液态；δ—δ 固溶体；A—奥氏体；F—铁素体；Fe₃C—渗碳体；Fe₃C$_I$——次渗碳体；
Fe₃C$_{II}$—二次渗碳体；Fe₃C$_{III}$—三次渗碳体；P—珠光体；Ld—莱氏体；Ld′—室温莱氏体

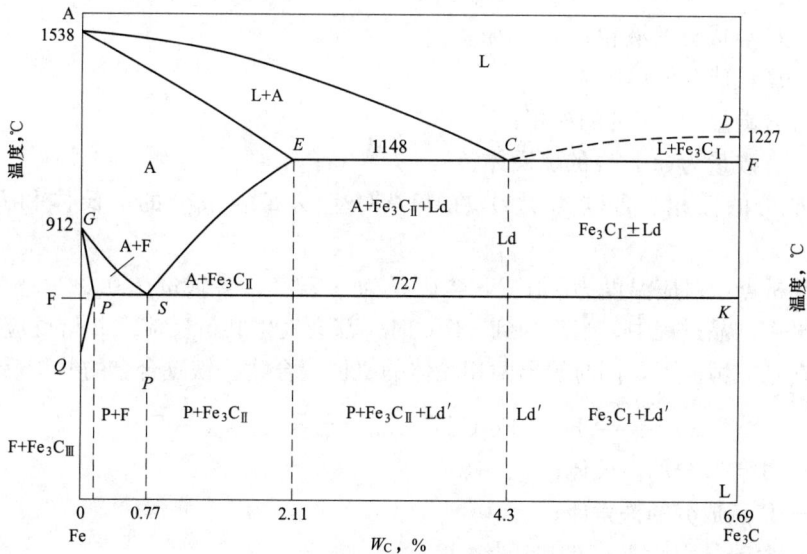

图 2-6 简化后的 Fe-Fe₃C 相图

L—液态；A—奥氏体；F—铁素体；Fe₃C—渗碳体；Fe₃C$_I$——次渗碳体；
Fe₃C$_{II}$—二次渗碳体；Fe₃C$_{III}$—三次渗碳体；P—珠光体；Ld—莱氏体；Ld′—室温莱氏体

一、铁碳合金相图分析

1. Fe-Fe₃C 相图中的特性点

Fe-Fe₃C 相图中的主要特性点的温度、成分、含义见表 2-1。

表 2-1　　　　　　　Fe-Fe₃C 相图中的主要特性点的温度、成分、含义

特性点	温度（℃）	含碳量（%）	含义
A	1538	0	纯铁的熔点
C	1148	4.3	共晶点
D	约 1227	6.69	渗碳体的熔点
E	1148	2.11	碳在奥氏体中的最大溶解度点
F	1148	6.69	渗碳体的成分
G	912	0	$\alpha\text{-Fe} \Longleftrightarrow \gamma\text{-Fe}$ 同素异晶转变点
K	727	6.69	渗碳体的成分
P	727	0.021 8	碳在铁素体中最大溶解度点
S	727	0.77	共析点
Q	室温	0.000 8	碳在 $\alpha\text{-Fe}$ 中的溶解度点

其中 C、S 为两个最重要的点，C 点为共晶点，含碳量在 2.11%～6.69% 的铁碳合金在平衡结晶过程中，当温度冷却到 1148℃ 时，都会发生共晶反应。共晶反应是一定成分的液相在某一恒温下同时结晶出两种成分和结构都不相同的晶体的相变过程，铁碳合金的共晶反应为

$$L_C \xrightleftharpoons{1148℃} A_E + Fe_3C \text{ 即 } L_{4.3} \xrightleftharpoons{1148℃} A_{2.11} + Fe_3C$$

式中　L_C——C 点成分的液相；

　　　A_E——E 点成分的奥氏体；

　　$L_{4.3}$——含碳量为 4.3% 的液相；

　$A_{2.11}$——含碳量为 2.11% 的奥氏体。

即 C 点成分的液相（含碳 4.3%）在 1148℃ 生成 E 点成分的奥氏体和 F 点成分的 Fe_3C。

S 点为共析点，对应温度为 727℃，含碳量为 0.77%。含碳量在 0.021 8%～6.69% 的铁碳合金在平衡结晶过程中，当冷却到 727℃ 时，都会发生共析反应。共析反应是由一定成分的固溶体在某一恒温下，同时析出两相晶体的机械混合物。铁碳合金的共析反应如下：

$$A_S \xrightleftharpoons{727℃} F_P + Fe_3C \text{ 即 } A_{0.77} \xrightleftharpoons{727℃} F_{0.021\,8} + Fe_3C$$

式中　A_S——S 点成分的奥氏体；

　　　F_P——P 点成分的铁素体；

　$A_{0.77}$——含碳量为 0.77% 的奥氏体；

$F_{0.021\,8}$——含碳量为 2.18% 的铁素体。

即 S 点成分的奥氏体在 727℃ 温度下生成 P 点成分的 F 和 K 点成分的 Fe_3C。共析反应的结果生成了铁素体与渗碳体的共析混合物，称为珠光体，在铁碳合金相图中以符号 P 表示。

在显微镜下珠光体的形态呈层片状，在放大倍数很高时，可清楚看到渗碳体片与铁素体片的相间分布。珠光体的强度较高，塑性、韧性和硬度介于铁素体和渗碳体之间。

2. Fe-Fe₃C 相图中的特性线

Fe-Fe₃C 相图的特性线是不同成分合金具有相同意义相变点的连接线，Fe-Fe₃C 相图中各特性线的符号、名称及含义如表 2-2 所示。

表 2-2 　　　　　　　　　　Fe-Fe₃C 相图中各特性线的符号、名称及含义

特性线	名称	含　　义
ACD 线	液相线	铁碳合金开始结晶或完全熔化温度的连线，此线以上为液相
AECF 线	固相线	铁碳合金开始熔化或完全结晶温度的连线，此线以下为固相
ECF 线	共晶线	含碳量为 2.11%～6.69% 的铁碳合金缓冷至此线温度（1148℃）时，均发生共晶反应，生成莱氏体
PSK 线	共析线（A_1 线）	所有含碳量超过 0.021 8% 的铁碳合金缓冷至此线温度（727℃）时，均发生共析反应，生成珠光体
ES 线	A_{cm} 线	碳在奥氏体中的溶解度曲线
GS 线	A_3 线	合金冷却时自奥氏体中开始析出铁素体的析出线
PQ 线	—	碳在铁素体中的溶解度曲线

ES 线中，碳的最大溶解度是在 1148℃ 时，可溶解碳 2.11%；而在 727℃ 时，溶解度降低至 0.77%。若含碳量大于 0.77% 的铁碳合金，温度自 1148℃ 冷至 727℃ 时，由于碳在奥氏体中的溶解度降低，会从奥氏体中析出渗碳体，因此 ES 线也是从奥氏体 A 中析出 Fe₃C 的开始线。这时析出的 Fe₃C 称为二次渗碳体，用 Fe₃C_II 表示，以区别从液体中直接结晶的一次渗碳体（Fe₃C_I）。

PQ 线为碳在铁素体中溶解度变化线。从该线可看出，碳在铁素体中最大溶解度是在 727℃ 时，可溶解 0.021 8% 的碳，而在室温仅能溶解 0.008% 的碳。故一般铁碳合金凡是从 727℃ 缓冷至室温时，均会从铁素体中析出渗碳体，称此渗碳体为三次渗碳体（Fe₃C_III）。因三次渗碳体数量极少，对力学性能影响不大，常忽略不计。

所谓一次、二次、三次渗碳体，仅在其来源、大小和分布上有所不同，但是其含碳量、晶体结构和性能均相同。当然，其本身细碎些，对脆性的影响就小一些。

二、典型合金的结晶过程及其室温下的平衡组织

Fe-Fe₃C 相图中的各种合金，按其含碳量和显微组织可分为工业纯铁、钢和白口铸铁三大类，铁碳合金分类如表 2-3 所示。

表 2-3 　　　　　　　　　　　　铁碳合金分类

分类	名称	含碳量（W_C）	室温组织	布氏硬度 HBW
工业纯铁	工业纯铁	$W_C \leqslant 0.021\ 8\%$	F	50～80
钢	亚共析钢	$0.021\ 8\% < W_C < 0.77\%$	P+F	140（44%F+56%P）
	共析钢	$W_C = 0.77\%$	P	180（100%P）
	过共析钢	$0.77\% < W_C \leqslant 2.11\%$	P+Fe₃C_II	260（93%P+7%Fe₃C_II）

分类	名称	含碳量（W_C）	室温组织	布氏硬度 HBW
铸铁	亚共晶白口铸铁	$2.11\% < W_C < 4.3\%$	$P + Fe_3C_{II} + Ld'$	—
	共晶白口铸铁	$W_C = 4.3\%$	Ld'	—
	过共晶白口铸铁	$4.3\% < W_C < 6.69\%$	$Ld' + Fe_3C_I$	—

1. 共析钢

铁碳相图上六种典型合金如图 2-7 所示。图 2-7 中合金 I 为共析钢，其含碳量为 0.77%。共析钢的结晶过程及组织转变示意如图 2-8 所示，当温度在 1 点以上时，合金为液相；当温度降至 1 点时，开始从液相中析出奥氏体；当温度降至 1～2 点时，从液相中继续析出奥氏体，它的特点是液相不断减少，固相奥氏体不断增加，剩下的液相的成分沿液相线变化，奥氏体的成分沿固相线变化。

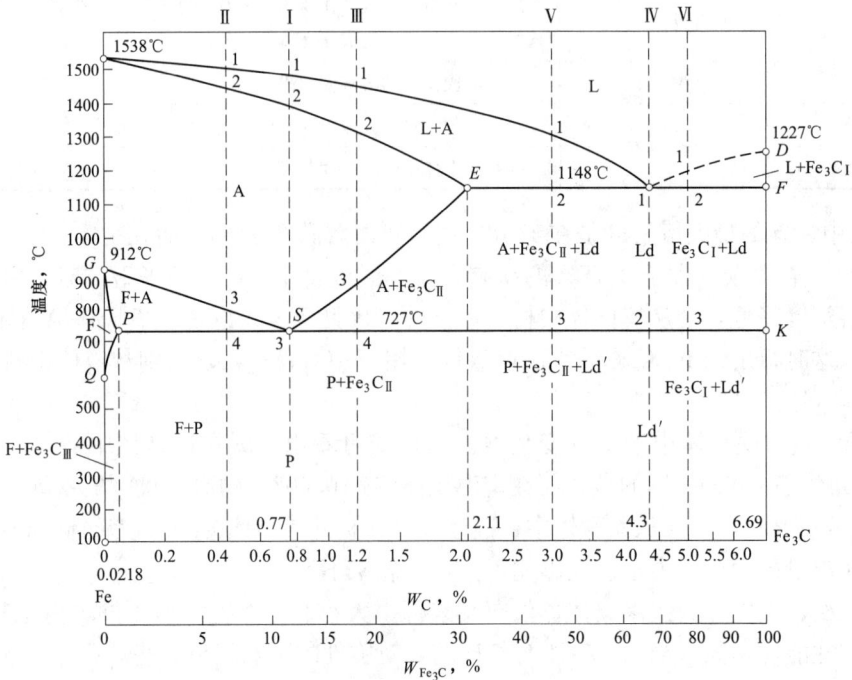

图 2-7　铁碳相图上六种典型合金

W_C—含碳量；W_{Fe_3C}—渗碳体含量

共析钢的显微组织如图 2-9 所示。铁素体与渗碳体呈层片状相间而生，有类似贝壳的光泽，故名为珠光体。

2. 亚共析钢

图 2-7 中合金 II 为亚共析钢。亚共析钢的结晶过程及组织转变示意如图 2-10 所示。合金从液相冷却至 1～2 点以后，结晶出单相的奥氏体组织；当温度继续降至 2～3 点时，奥氏体组织不变；当温度降至 3 点时，开始从奥氏体中析出铁素体。铁素体先在奥氏体的晶界上形核，从奥氏体中析出的铁素体越来越多。由于铁素体的溶碳能力极低，因此在铁素体量增加的同时，剩余奥氏体的含碳量却越来越高，实际上铁素体的成分沿 GP 线变化，而奥氏体

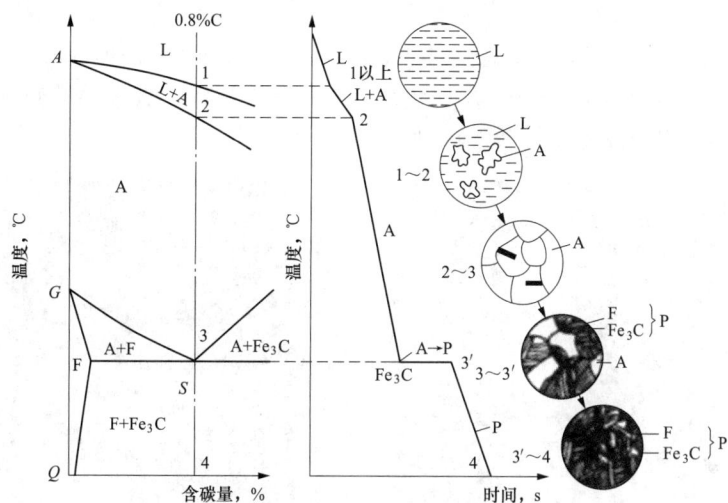

图 2-8　共析钢的结晶过程及组织转变示意

图 2-9　共析钢的显微组织

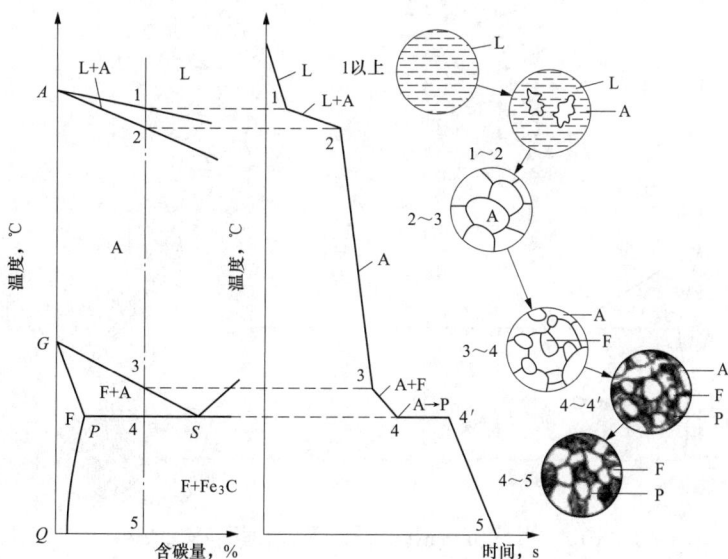

图 2-10　亚共析钢的结晶过程及组织转变示意

的成分沿 GS 线变化；当冷却到 4 点温度时，奥氏体的成分到达 S 点（$W_C = 0.77\%$），因此，奥氏体 A 发生共析转变而生成珠光体 P。4 点温度以后继续冷却，组织不变。因此亚共析钢的室温平衡组织为 F＋P，F＋P 呈白色块状；P 呈层片状，放大倍数较低时，无法分辨层片，故呈黑灰色。亚共析钢的显微组织如图 2-11 所示。

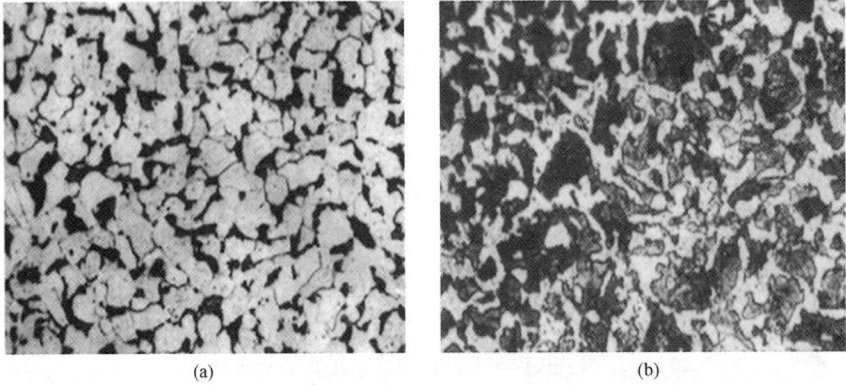

(a)　　　　　　　　　　　(b)

图 2-11　亚共析钢的显微组织
（a）含碳量为 0.20％的亚共析钢；（b）含碳量为 0.40％的亚共析钢

　　所有亚共析钢的室温平衡组织均由 F 和 P 组成，其区别仅在于其中 F 和 P 的相对量有所不同。亚共析钢的含碳量越接近共析成分，其室温平衡组织中 P 量越多；反之，F 量越多。

3. 过共析钢

以图 2-7 中合金Ⅲ为例，过共析钢的结晶过程及组织转变示意如图 2-12 所示。合金从

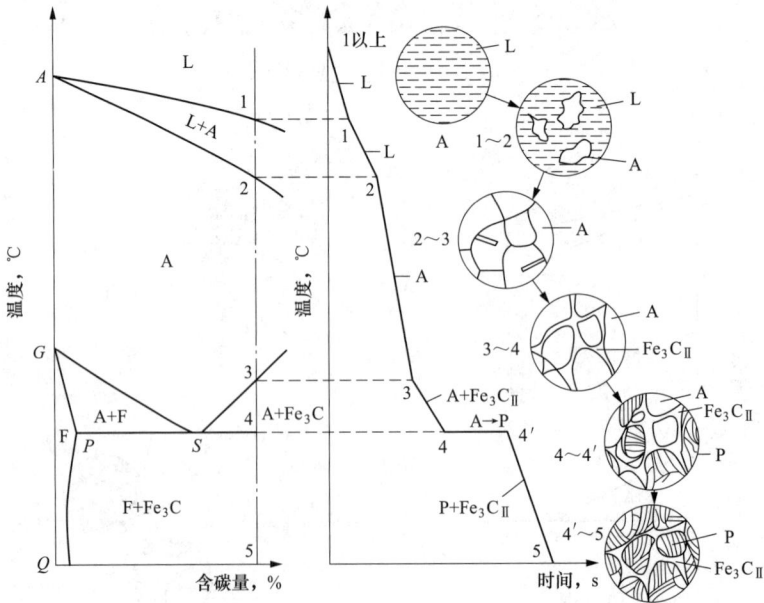

图 2-12　过共析钢的结晶过程及组织转变示意

液态冷却至 3 点温度时与亚共析钢类似。当温度达到碳在奥氏体中溶解度曲线的 3 点温度时，奥氏体中含碳量达到饱和而析出二次渗碳体，二次渗碳体沿奥氏体晶界析出而呈网状分布。随着温度的下降，析出的二次渗碳体将越来越多，A 内的含碳量沿碳在奥氏体中溶解度曲线逐渐降低。当温度到达 4 点的 727℃时，A 含碳量变为 0.77%，于是发生共析转变，A 转变为 P。4 点温度以后继续冷却，组织不变，因而其室温平衡组织为 P＋Fe_3C_{II}，Fe_3C_{II} 网分布在 P 周围。过共析钢的显微组织见图 2-13。

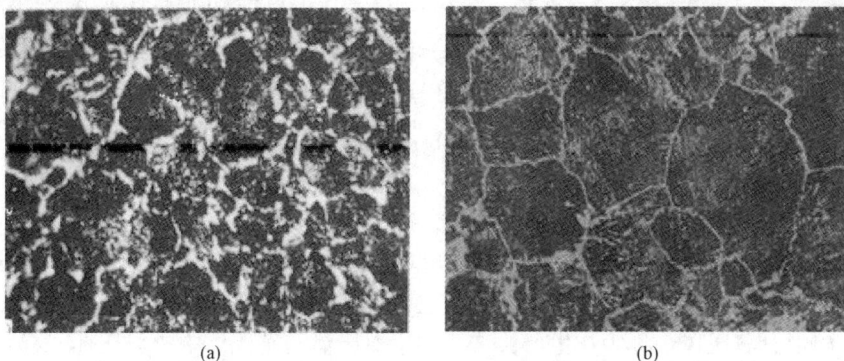

图 2-13　过共析钢的显微组织
(a) 60 钢的显微组织；(b) T12 钢的显微组织

　　所有过共析钢的结晶过程都相同，其区别仅在于室温平衡组织中 Fe_3C_{II} 和 P 的相对量有所不同，过共析钢的含碳量越高，其室温平衡组织中 P 量越少，Fe_3C_{II} 越多，趋于连续网状。

4. 共晶白口铸铁

　　如图 2-7 中合金 V，共晶白口铸铁的结晶过程及组织转变示意如图 2-14 所示。共晶白口

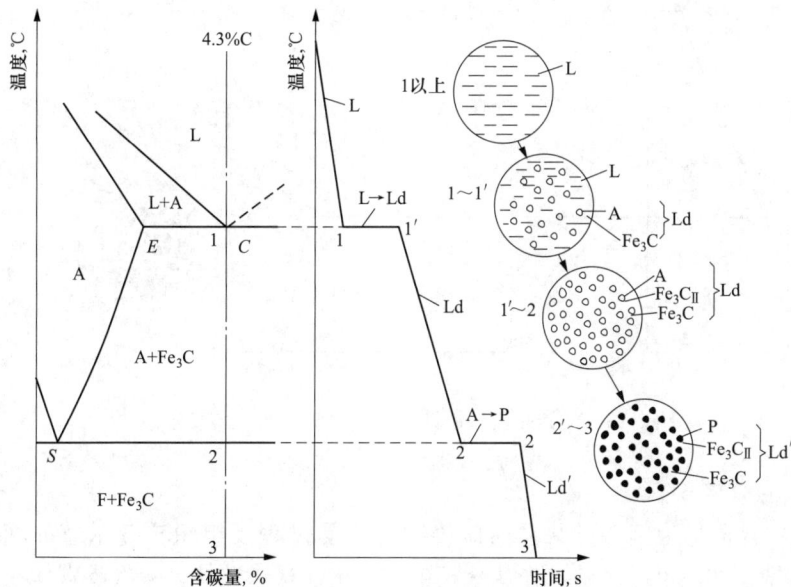

图 2-14　共晶白口铸铁的结晶过程及组织转变示意

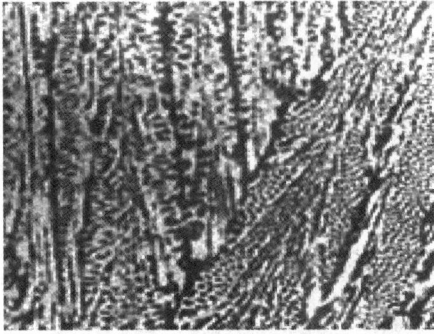

图 2-15　共晶白口铸铁的显微组织

铸铁缓冷至 C 点温度时，在此恒温下发生共晶反应，合金由单相液体转变为莱氏体 Ld。合金继续缓冷，莱氏体中的奥氏体与渗碳体的分布状态不变，但其中的奥氏体将逐渐析出二次渗碳体，使奥氏体的含碳量沿 ES 线不断降低。当合金缓冷至 727℃时，奥氏体的含碳量正好为 0.77%，这时奥氏体便发生共析反应转变成珠光体。727℃ 以下继续冷却，合金的组织不再发生变化。故共晶白口铸铁在室温下的平衡组织为室温莱氏体，即 Ld$'$（P+Fe$_3$C$_{II}$+Fe$_3$C）。共晶白口铸铁的显微组织如图 2-15 所示。

5. 亚共晶白口铸铁

以图 2-7 中合金Ⅳ为例，亚共晶白口铸铁的结晶过程及组织转变示意如图 2-16 所示。亚共晶白口铸铁的结晶过程与共晶白口铸铁的结晶过程的区别，仅在于前者在共晶反应之前已先从液相中结晶出部分奥氏体，称为初生奥氏体。初生奥氏体与莱氏体中的奥氏体一样，都会在继续缓冷的过程中沿 ES 线析出二次渗碳体，也都会在 727℃含碳量同时达到 0.77%时，通过共析反应转变为珠光体。因此，亚共晶白口铸铁在室温下的平衡组织为 P+Fe$_3$C$_{II}$+Ld$'$。亚共晶白口铸铁的显微组织如图 2-17 所示。

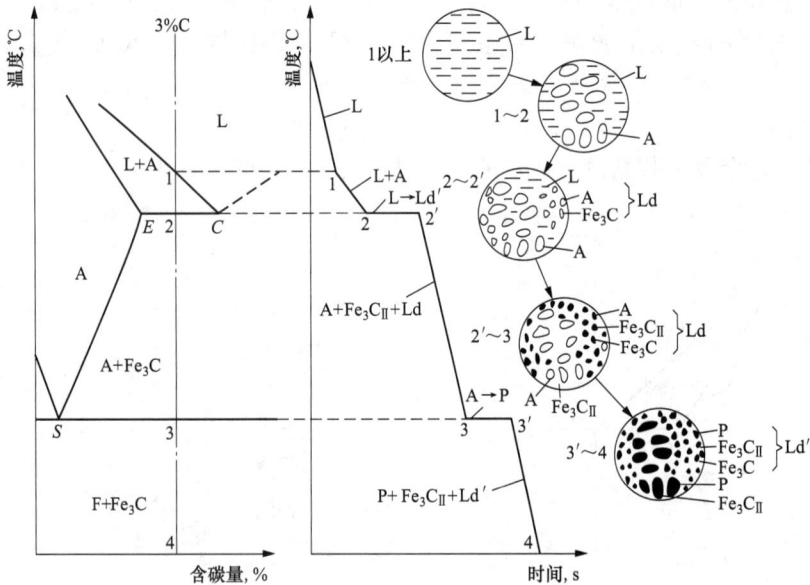

图 2-16　亚共晶白口铸铁的结晶过程及组织转变示意

6. 过共晶白口铸铁

以图 2-7 中合金Ⅵ为例，过共晶白口铸铁的结晶过程及组织转变示意如图 2-18 所示。过共晶白口铸铁在共晶反应之前，先从液相中结晶出一次渗碳体。一次渗碳体在以后的缓冷过程中都不发生变化。过共晶白口铸铁发生共晶反应以及其后的结晶过程均与共晶白口铸铁

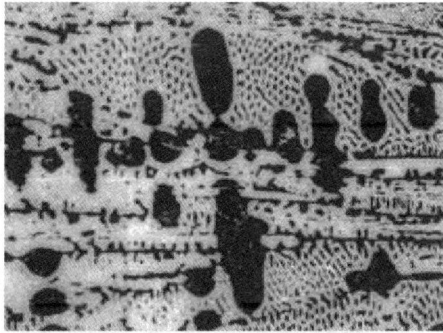

图 2-17　亚共晶白口铸铁的显微组织

相似。因此，过共晶白口铸铁在室温下的平衡组织为一次渗碳体和室温莱氏体，即 $Ld' +$ Fe_3C_I。过共晶白口铸铁的显微组织如图 2-19 所示。

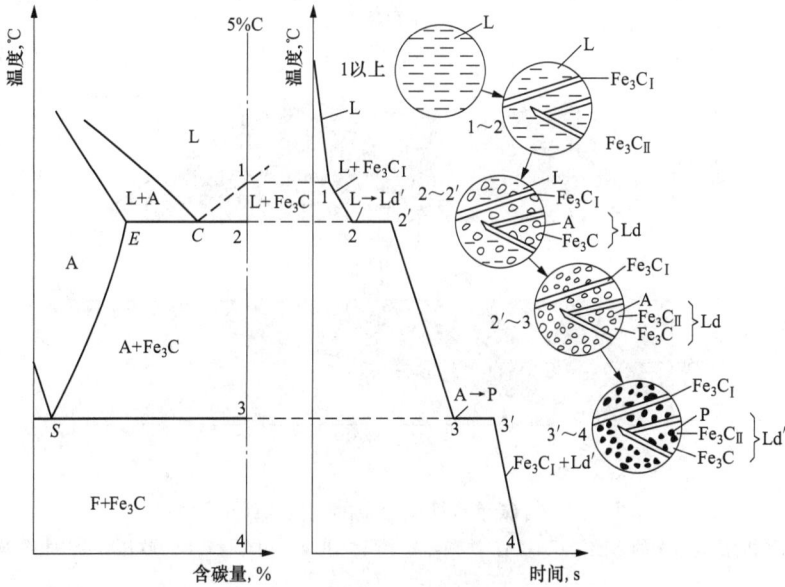

图 2-18　过共晶白口铸铁的结晶过程及组织转变示意

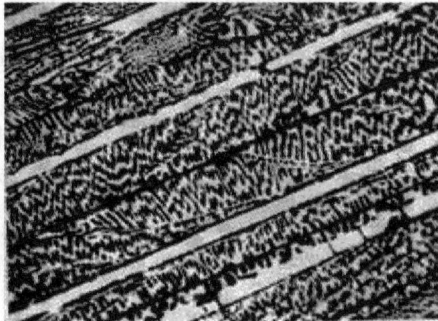

图 2-19　过共晶白口铸铁的显微组织

三、碳对铁碳合金组织和性能的影响

根据上述典型铁碳合金结晶过程的分析可知，当含碳量不同时，组织将变化。图 2-20 为含碳量对铁碳合金的室温组织的影响。随着含碳量的增加，铁碳合金组织变化顺序为 F→ F+P→P→P+Fe$_3$C$_\mathrm{II}$→P+Fe$_3$C$_\mathrm{II}$+Ld′→Ld′→Ld′+Fe$_3$C$_\mathrm{I}$。

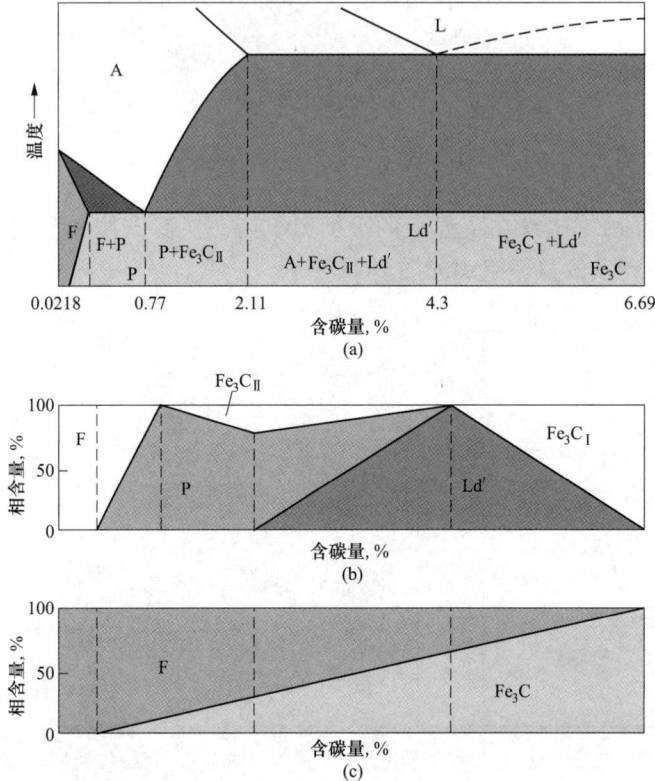

图 2-20　含碳量对铁碳合金的室温组织的影响
（a）含碳量不同的铁碳合金的室温组织；（b）铁碳合金中组织组成物相对量；（c）铁碳合金中相组成物相对量

由图 2-20（c）可知，铁碳合金在室温下由铁素体和渗碳体两相组成，随着含碳量的增加，铁素体的量不断减少，渗碳体的量不断增加，而且形态和分布也随之发生变化。不同的铁碳合金由这两个相组成的组织也不同。

前面已述，铁素体的强度和硬度不高，塑性和韧性却很好，渗碳体的性能是硬而脆。在铁碳合金中，随着含碳量的增多，渗碳体的量增多，合金的硬度升高，塑性与韧性降低。在亚共析钢与共析钢中，由于渗碳体呈片状分布于铁素体的基体内构成珠光体，起到了第二相强化的作用，因此使钢的强度升高。显然，钢中珠光体越多，钢的强度越高。在过共析钢中，Fe$_3$C$_\mathrm{II}$呈网状分布在珠光体晶界上，特别是当含碳量超过 0.9% 后，网趋于连续，导致强度迅速下降。在白口铸铁中，渗碳体作为基体出现，使合金的塑性与韧性降得更低，强度也急剧下降。

图 2-21 为含碳量对碳钢力学性能的影响。由图 2-21 可见，当钢的含碳量小于 0.9% 时，随着含碳量的增加，钢的强度、硬度不断提高，塑性和韧性不断降低；当钢的含碳量大于

0.9%时，随着含碳量的增加，钢的塑性、韧性继续降低，强度也开始迅速降低，只有硬度仍直线上升。为了保证生产上使用的钢材具有足够的强度与良好的塑性和韧性，实际使用的钢材其含碳量一般不超过 1.4%。对于白口铸铁，由于组织中有大量的渗碳体，硬度高，塑性和韧性极差，既难以切削，又不能用锻压方法加工，因此工业上很少直接应用。

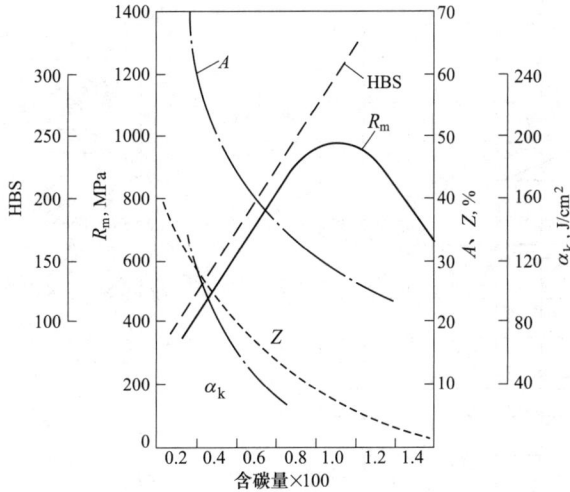

图 2-21　含碳量对碳钢力学性能的影响

四、铁碳相图的应用

1. 在选材方面的应用

铁碳合金相图揭示了铁碳合金的组织随成分变化的规律，根据金相组织可以判断其大致性能，便于合理选择材料。

低碳钢（$W_C < 0.25\%$）塑性、韧性好，焊接性好，宜用于轧制型材及制造桥梁、船舶和各种建筑结构，如火电厂的厂房结构、锅炉支架、冷却塔、输电铁塔、锅炉水冷壁管等；中碳钢（$0.25\% < W_C < 0.6\%$）强度塑性及韧性都较好，具有良好的综合力学性能，可用于制造各种机器零件，如重要的地脚螺栓、轴、齿轮等；高碳钢（$W_C > 0.6\%$）中亚共析成分的钢，其强度和弹性极限较高，宜于制造弹簧、板簧等；过共析成分的高碳钢具有高的硬度和耐磨性，多用于制作工具、模具等。

白口铸铁的硬度高，耐磨性好，脆性大，铸造性能优良，适用于制作耐磨、不受冲击、形状复杂的铸件，如球磨机磨球、衬板等。若在白口铁中加入足够的铬、镍等合金元素，制成合金白口铁，则是很好的耐磨材料，在磨煤机、碎煤机、灰渣泵、管道内衬、燃烧器中有很广泛的应用。

2. 在制订热加工工艺方面的应用

（1）铸造。根据 Fe-Fe₃C 相图中的液相线，可以确定合适的浇铸温度，铁碳合金相图与铸造工艺的关系图如图 2-22 所示。浇铸温度一般在液相线以上 50~100℃。此外，由相图可知，共晶成分的合金熔点最低，结晶温度范围最小，具有良好的铸造性能，故生产中多采用接近共晶成分的铸铁制作铸件。

（2）锻造和轧制。钢在奥氏体状态下强度低、塑性好，便于进行塑性变形，因此钢的锻造、轧制温度必须选择在单相奥氏体区域内，铁碳合金相图与锻造工艺的关系图如图 2-23 所示。一般始锻、轧温度控制在固相线之下 100～200℃，1150～1250℃，温度不能太高，以免钢材严重氧化或发生晶界熔化；终锻、轧温度不能过低，一般为 750～850℃，以免因钢材塑性变差而产生锻、轧裂纹。

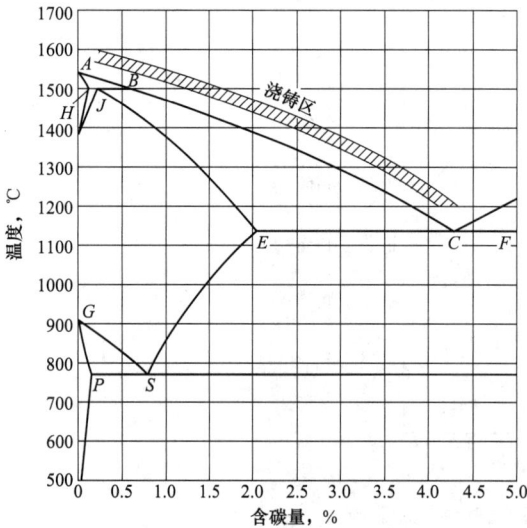

图 2-22　铁碳合金相图与铸造工艺的关系图

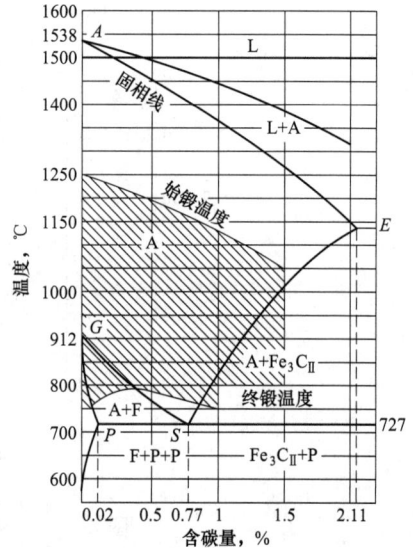

图 2-23　铁碳合金相图与锻造工艺的关系图

L—液态；A—奥氏体；F—铁素体；

Fe_3C_{II}—二次渗碳体；P—珠光体

（3）焊接。由于焊接时局部区域（焊缝）被快速加热，故从焊缝到母材各处的温度是不同的。温度不同，冷却后的组织、性能也不同。对于碳钢，就可以据铁碳相图来分析焊缝组织。为了获得均匀一致的组织、性能，可通过焊后热处理来调整和改善。

（4）热处理。$Fe-Fe_3C$ 相图对于确定钢的热处理工艺有重要的意义。钢材的热处理（如退火、正火、淬火等）温度都得依靠 $Fe-Fe_3C$ 相图来确定，这将在钢的热处理一章中详细介绍。

应当指出，$Fe-Fe_3C$ 相图是在极其缓慢的冷却条件下测得的，而实际生产中的加热和冷却速度都比较快，因此对实际生产中所获得的组织的分析，$Fe-Fe_3C$ 相图还有一定的局限性。另外，$Fe-Fe_3C$ 相图只反映了碳对铁碳合金的影响，而工业中使用的钢铁材料，常含其他合金元素，它们对 $Fe-Fe_3C$ 相图也有影响，这将在以后有关章节中予以讨论。

第三节　碳　素　钢

碳素钢简称碳钢，是含碳量为 0.02%～2.11% 的铁碳合金。目前使用的金属材料中，碳钢占有重要的地位。这不仅因为它的价格较为低廉，冶炼较为容易，同时还能满足大多数工程上的要求。工程上使用的碳钢一般是指含碳量不超过 1.4%，且含有锰、硅、硫、磷等杂质的铁碳合金。这些杂质元素的存在，必然对钢的性能产生影响。

一、常存杂质对碳钢性能的影响

碳、锰、硅、硫、磷是碳钢中的常存元素，统称五大元素，在炼钢时要对它们的含量进行分析和控制。碳在钢中的影响已如前述。锰、硅、硫、磷则称为常存杂质，它们的含量对碳钢的性能也有较大的影响。

（一）硫（S）

硫是从矿石和燃料中带来的，虽经炼铁、炼钢，还未能完全消除而残存在钢中。硫几乎不溶于铁素体而与铁作用生成 FeS，FeS 与铁形成低熔点（985℃）的共晶体，分布在奥氏体晶界上。当钢在 1100～1200℃进行热加工时，这些共晶体熔化，导致钢沿晶界发生脆裂，这种现象称为热脆。此外，硫还降低钢的耐蚀性和焊接性能。因此，硫是一种有害的元素，在钢中含量要应严格控制在 0.055%以下。

（二）锰（Mn）

锰作为炼钢时的脱氧剂而残存在钢中。它以置换固溶体的形式溶入铁素体，可以提高钢的强度。特别是它能与钢中的硫化合形成高熔点的 MnS 化合物，可消除硫的热脆性，因此，锰是有益元素。在碳钢中锰的含量一般不超过 1.2%。

（三）硅（Si）

硅与锰相似，也是炼钢脱氧时残存在钢中的。硅在钢中大多溶入铁素体中起固溶强化作用，使钢的强度、硬度提高。由于碳钢中硅的含量一般不超过 0.4%，并不明显降低钢的塑性和韧性，因此，少量的硅对碳钢的性能有良好的影响，是一种有益的元素。

（四）磷（P）

磷也是由矿石和炼钢铁水带入钢中的。少量的磷在钢中全部溶入铁素体中，起强烈的固溶强化作用，使钢的强度、硬度显著提高，塑性、韧性急剧降低，特别是使钢的脆性转变温度升高，使钢在低温时冲击韧性下降更为严重，这种现象称为冷脆性。此外，钢中含磷量较高时，还使钢的焊接性能变坏。因此，磷在钢中是有害元素，除易切削钢和某些普通低合金钢外，钢中的含磷量也应严加控制，含量被限制在 0.045%以内。

（五）氮（N）、氢（H）和氧（O）

除了以上四种常见杂质外，还有氢、氧、氮残存于钢中。氢主要是由含水的炉料和浇铸系统带入钢中的。氢溶入钢中使钢的塑性、韧性降低，引起所谓"氢脆"。此外，随着温度的下降，氢在钢中的溶解度降低，析出的氢在钢的孔隙或非金属夹杂物处结合成氢分子而造成极高的压力，因而造成钢中的显微裂纹，这种裂纹内壁银白色，故称为白点。白点的存在大大降低了钢的力学性能，白点是钢中不允许存在的一种缺陷，因此，氢是钢中的有害元素。

氮在钢中的存在会使钢的强度、硬度提高，塑性、韧性降低而脆性增大，因而，含氮量过高对钢是有害的。

炼钢是一个氧化过程，因此，钢中不可避免地存在氧，氧在钢中的存在会使钢的强度和塑性降低，特别是以氧化物夹杂的形式（如 FeO、SiO_2 等）存在时，会大大降低钢的疲劳强度，因此，氧是钢中的有害元素。

二、碳钢的分类、牌号和用途

1. 碳钢的分类

（1）按含碳量分类如下：

低碳钢，含碳量 $W_C \leqslant 0.25\%$；

中碳钢，含碳量 W_C 在 $0.25\% \sim 0.6\%$；

高碳钢，含碳量 $W_C > 0.6\%$。

（2）按钢的质量分类如下：

普通碳素钢，钢中含 $S \leqslant 0.050\%$，$P \leqslant 0.045\%$；

优质碳素钢，钢中含 $S \leqslant 0.035\%$，$P \leqslant 0.035\%$；

高级优质碳素钢，钢中含 $S \leqslant 0.025\%$，$P \leqslant 0.025\%$。

（3）按用途分类如下：

碳素结构钢，主要用于制造各种工程构件（桥梁、船舶、建筑构件、铁塔、锅炉支架、起重设备、水冷壁管、风管、输粉管道等）和机械零件（轴、齿轮、螺栓、螺母等），一般为低、中碳钢。

碳素工具钢，用于制造各种工具、刀具、刃具、模具、量具和轴承等，一般属于高碳钢。

（4）按冶炼方法分类如下：

按冶炼炉的不同，可分为平炉钢、转炉钢和电炉钢；按冶炼时的脱氧程度分为沸腾钢（脱氧不完全）、镇静钢（脱氧完全）和半镇静钢（脱氧程度介于沸腾钢和镇静钢之间）。

在生产实际中，钢的分类往往是混合应用，如优质碳素结构钢。

2. 碳钢的牌号和用途

钢的牌号又叫钢号。世界上许多工业国家都有自己的编号方法。我国碳钢按 GB/T 700—2006《碳素结构钢》编号。

（1）碳素结构钢。根据 GB/T 700—2006 碳素结构钢的规定，碳素结构钢的牌号是以屈服强度的"屈"字的拼音字母"Q"后跟屈服强度值（单位为 MPa），再跟表示质量等级的字母（A、B、C、D）及脱氧方法符号（F、b、Z、TZ），如 Q235A·F。

按屈服强度等级将碳素结构钢分为五个牌号，数值越大说明屈服强度越高，钢中的含碳量也越高，塑性也就越低。它们主要用来制造各种板材、型钢、建筑用钢和受力不复杂且不太重要的零件，如螺栓、螺母等。Q235 在工业生产中应用最广泛，通常用于 350℃以下工作的受力不大的零部件，如焊接构件、锻件、紧固件、汽轮机后汽缸、冷凝器外壳、汽轮发电机隔板、中心轴、支座等。表 2-4 列出了碳素结构钢的牌号和化学成分。

表 2-4　　　　　　　　　　　　碳素结构钢的牌号和化学成分

牌号	等级	化学成分（%）					脱氧方法
		C	Mn	Si	S	P	
					不大于		
Q195	—	0.06～0.12	0.23～0.50	0.3	0.050	0.045	F、b、Z
Q215	A	0.09～0.15	0.25～0.55	0.3	0.050	0.045	F、b、Z
	B				0.045		

牌号	等级	化学成分（%）					脱氧方法
		C	Mn	Si	S	P	
				不大于			
Q235	A	0.14～0.22	0.30～0.65	0.3	0.050	0.045	F、b、Z
	B	0.12～0.20	0.30～0.70		0.045		F、b、Z
	C	≤0.18	0.35～0.80		0.040	0.040	Z
	D	≤0.17			0.035	0.035	TZ
Q255	A	0.18～0.28	0.04～0.70	0.3	0.050	0.045	Z
	B				0.045		Z
Q275	—	0.28～0.38	0.5～0.80	0.35	0.050	0.045	Z

注　Q—屈服强度，N/mm^2；A、B、C、D—质量等级，从 A 到 D，钢中硫、磷含量依次减少；F—沸腾钢；b—半镇静钢；Z—镇静钢；TZ—特镇静钢。

（2）优质碳素结构钢。正常含锰量的优质碳素结构钢的含锰量小于等于 0.8%。编号方法简单，用两位数字表示含碳量的万分之几。例如 20 钢、45 钢表示含碳量为 0.20%、0.45% 的优质碳素结构钢。

较高含锰量的优质碳素结构钢的含锰量在 0.7%～1.2%。编号方法是在正常含锰量优质碳素结构钢钢号的后面加写 Mn（或锰）表示，如 20Mn（20 锰）或 65Mn（65 锰）。镇静钢不加 "Z"，沸腾钢、半镇静钢应在钢号最后特别标出。如平均含碳量为 0.10% 的半镇静钢，其钢号为 10b。

优质碳素结构钢中有的钢是为专门用途生产的。对这类钢在钢号前面或后面加一个表示用途的汉字或汉字拼音首字母以示区别。如作焊丝用的钢写作 H08，作锅炉用的 20 钢可写作 20g 或 20 锅。

若是高级优质碳素结构钢，则在钢号后加 "A"，如 20A。若是特级优质碳素结构钢，则在钢号后加 "E"。

优质碳素结构钢的牌号、成分和力学性能见表 2-5。

表 2-5　　　　　　　　　　优质碳素结构钢的牌号、成分和力学性能

牌号	试样毛坯尺寸（nm）	推荐热处理（℃）			力学性能					硬度 HBS (10/3000, 不大于)
		正火	淬火	回火	R_m (MPa, 不小于)	R_e (MPa, 不小于)	A (%, 不小于)	Z (%, 不小于)	A_k (J, 不小于)	
08F	25	930			295	175	35	60		131
10	25	930			335	205	31	55		137
15	25	920			375	225	27	55		143
20	25	910			410	245	25	55		156
25	25	900	870	600	450	275	23	50	71	170

续表

牌号	试样毛坯尺寸 (nm)	推荐热处理 (℃)			力学性能					硬度 HBS (10/3000, 不大于)	
		正火	淬火	回火	R_m (MPa, 不小于)	R_e (MPa, 不小于)	A (%, 不小于)	Z (%, 不小于)	A_k (J, 不小于)		
30	25	880	860	600	490	295	21	50	63	179	
35	25	870	850	600	530	315	20	45	55	197	
40	25	860	840	600	570	335	19	45	47	217	187
45	25	850	840	600	600	355	16	40	39	229	197
50	25	830	830	600	630	375	14	40	31	241	207
55	25	820	820	600	645	380	13	35		255	217
60	25	810			675	400	12	35		255	229
65	25	810			695	410	10	30		255	229
70	25	790			715	420	9	30		269	229
60Mn	25	810			695	410	11	35		269	229
65Mn	25	830			735	430	9	30		285	229

根据含碳量的不同，可以把优质碳素结构钢分为三类：

低碳钢（含碳量小于等于 0.25%）：08、10、15、20、25 钢。这类钢强度较低，塑性与韧性很好，焊接性能很好，常用来制造火电厂锅炉中 500℃ 以下的受热面管道、450℃ 以下的集箱导管、中高压锅炉汽包；电厂的金属构件也多采用低碳钢。它们经渗碳后淬火处理，还可用来制作表面要求耐磨、心部韧性要求好的齿轮、凸轮、活塞销等零件。

中碳钢（含碳量在 0.25%～0.6%）：30、35、40、45、50 钢等。这类钢经调质处理后，具有良好的综合力学性能，常用来制造受力较大而复杂的零件，如轴类、齿轮、联轴器、连接螺栓等。其中以 45 钢应用最广。

高碳钢（含碳量大于等于 0.6%）：60、65、60Mn、65Mn 钢等。这类钢经一定的热处理后具有高强度和高弹性，常用来制造各种类型的弹簧及高强度零件，如起吊重物的绳索。

（3）碳素工具钢。碳素工具钢一般含碳量在 0.65%～1.3%。其牌号用字母"T"（"碳"的汉语拼音首位字母）加数字表示，数字表示平均含碳量的千分数。较高含锰量的碳素工具钢，在钢号的数字后标出"Mn"。碳素工具钢含 S、P 量均较少，属于优质钢。若为高级优质碳素工具钢，则在钢号后面加"A"，如 T8A。碳素工具钢的牌号、成分及用途见表 2-6。

表 2-6　　　　　　　　　碳素工具钢的牌号、成分及用途

牌号	化学成分（%）			硬度		用途
	C	Si	Mn	供应状硬度	淬火后硬度	
T8、T8A	0.75～0.84	≤0.35	≤0.40	≤187HB	≥62HRC	承受冲击、要求较高硬度的工具，如冲头、压缩空气工具、木工工具

牌号	化学成分（%）			硬度		用途
	C	Si	Mn	供应状硬度	淬火后硬度	
T8Mn、T8MnA	0.80～0.90	≤0.35	0.40～0.60	≤187HB	≥62HRC	同 T8、T8A，但淬透性较大，可制造断面较大的工具
T10、T10A	0.95～1.04	≤0.35	≤0.40	≤197HB	≥62HRC	不受剧烈冲击、高硬度耐磨的工具，如车刀、丝锥、钻头、手锯条
T12、T12A	1.15～1.24	≤0.35	≤0.40	≤207HB	≥62HRC	不受冲击、要求高硬度耐磨的工具，如锉刀、刮刀、丝锥、量具

（4）碳素铸钢。将钢水直接铸成零件毛坯，以后不再进行锻压加工的钢件称为铸钢件。用于铸造铸钢件的钢称为铸钢。碳素铸钢又称铸造碳钢，其含碳量一般在 0.15%～0.5%，具有良好的工艺性能，价格便宜，在机电工程设备中应用很广。碳素铸钢按"铸造碳钢"和"工程用铸钢"分别编号。铸钢代号用"铸钢"二字的汉语拼音的第一个大写字母"ZG"表示。铸造碳钢的牌号是在"ZG"后跟一组数字，这组数字表示该钢的平均含碳量的万分数，如 ZG25 表示平均含碳量为 0.25% 的碳素铸钢。工程用铸钢的牌号是在"ZG"后跟两组数字，第一组数字表示该牌号铸钢的屈服强度的最低值，第二组数字表示其抗拉强度的最低值，强度的单位均为 MPa。

一般工程用铸造碳钢牌号及力学性能见表 2-7。

表 2-7　　　　　　　　　　　一般工程用铸造碳钢牌号及力学性能

牌号	力学性能（最小值）					用途
	R_e (MPa)	R_m (MPa)	A（%）	根据合同选择		
				Z（%）	α_k（J/cm²）	
ZG200-400	200	400	25	40	60	受力不大、要求韧性高的机械零件，如机座、变速箱壳体等
ZG230-450	230	450	22	32	45	受力不大、要求韧性较高的机械零件，如机座、外壳、轴承盖、阀体、箱体等
ZG270-500	270	500	18	25	35	飞轮、机架、连杆、轴承座、箱体、缸体
ZG310-570	310	570	15	21	30	用于负荷较高的零件，如齿轮、汽缸、辊子等
ZG340-640	340	640	10	18	20	齿轮、联轴器、叉头等

ZG230-450（ZG25）有一定的强度和较好的塑性与韧性，以及良好的焊接性和切削性能，常用于制造 400～450℃下工作的锅炉、汽轮机的铸件，如汽缸、隔板、蒸汽室、喷嘴室、阀壳、发电机轴承座、轴承盖等。

ZG270-500（ZG35）有较高的强度，较好的塑性和韧性，良好的铸造性能，焊接性能尚好，多用于制作要求强度较高的一般结构件，如汽轮机汽缸、轴承外壳、水泵端盖、发电机风扇环、齿轮、缸体等。

第四节　铸　　铁

铸铁是含碳量为 2.11％～6.69％的铁碳合金，工业上常用铸铁的含碳量在 2.5％～4.0％。锰、硅、硫、磷的含量也比碳钢多。

一、概述

铸铁中的碳除了一少部分溶入铁素体中外，其余的以渗碳体成游离态石墨的形式存在。在白口铸铁中，碳主要以渗碳体的形式存在，因而白口铸铁硬而脆，工业上很少用它制造机械零件。工业用的铸铁中，碳主要以石墨的形式存在，这使得铸铁有许多优点：

（1）优良的铸造性能。浇注温度低、流动性好，偏析倾向小，而且石墨结晶时的体积可以部分补偿基体收缩，使铸件具有较小的收缩率。不仅适合浇铸大型铸件，而且也适合浇铸薄小件。

（2）由于石墨松软，能吸收振动能，它的存在不利于能量的传递，因而铸铁具有良好的减振性。因此，特别适合制作各种机床床身、设备底座等。

（3）石墨本身有润滑作用，石墨剥落后形成的空洞，又可以储存润滑油，因而铸铁有良好的减摩性。

（4）由于石墨割裂了基体的连续性，使铸铁在切削加工时容易断屑，因此铸铁有良好的切削加工性。

（5）由于石墨存在的地方相当于孔洞或缺口，大量石墨的存在，使铸铁表面存在的缺口对强度和韧性的影响无足轻重，即铸铁有低的缺口敏感性。

这些优点使铸铁在工程上的应用很广泛。机械制造业中铸铁的用量占 50％～70％；机床工业中甚至达到 70％～90％。但是，铸铁的强度、塑性、韧性一般都比碳钢差，属于脆性材料，又由于它的导热性和可焊性差，因此不适合制作各类结构件和重要零件。

二、铸铁的分类

根据碳在铸铁中的存在形式，可将铸铁分为：

（1）白口铸铁。除有少量的碳溶于铁素体外，绝大部分以渗碳体的形式存在，其断口呈白亮色，故称白口铸铁。由于它存在大量硬而脆的碳化物（Fe_3C），因而不易切削加工，故工业上很少用它制造机械零件，而主要用作炼钢的原料，或用来制造可锻铸铁的毛坯。

（2）灰口铸铁。碳大部分或全部以游离状态的石墨形式存在，其断口呈暗灰色，故称为灰口铸铁。

（3）麻口铸铁。碳一部分以渗碳体的形式存在，一部分以游离状态的石墨形式存在，断口呈黑白相间的点，因组织中有莱氏体，故也有较大的硬脆性，工业上很少应用。

根据铸铁中石墨形态的不同，可将铸铁分为：

（1）灰口铸铁（简称灰铸铁）。铸铁中的碳大部分以片状石墨的形式存在，这类铸铁力学性能不高，但它的生产工艺简单，价格低廉，故是应用最广的铸铁，灰铸铁又分为普通灰铸铁和孕育铸铁。

（2）可锻铸铁。碳大部分或全部以团絮状石墨的形式存在，其力学性能（特别是塑性和韧性）较灰铸铁高，故习惯上称为可锻铸铁，但实际上并不可锻。

（3）球墨铸铁（简称球铁）。碳大部分或全部以球状石墨的形式存在，其力学性能最高，并且还可以经热处理进一步提高力学性能，故得到日益广泛的应用。

（4）蠕墨铸铁。它是 20 世纪 70 年代发展起来的一种新型铸铁，石墨形态介于片状与球状之间，类似蠕虫状。它兼有灰铸铁和球铁的某些优点，因此，日益引起人们的重视。

三、铸铁的石墨化

在 Fe-Fe$_3$C 相图中，Fe$_3$C 作为一个组元是较稳定的相，但在铁碳合金中，它相对于石墨是个亚稳相，石墨才是稳定的相。石墨为简单的六方晶体结构，其密排面之间间隔大，结合力弱，易于剥离，它的强度和塑性几乎是零，石墨的晶体结构如图 2-24 所示。因此，石墨在铸铁中存在时，可看成是许多空洞。

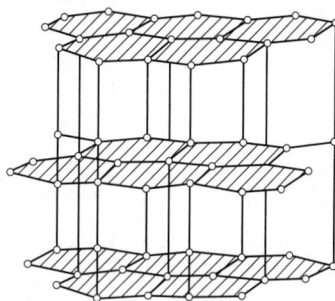

图 2-24　石墨的晶体结构

铸铁组织中石墨的形成过程称为石墨化过程。石墨的形成是一个结晶过程。铸铁的石墨化有两种形式：一种是在一定条件下由液态和固态铸铁中直接析出石墨，灰铸铁的片状石墨、球墨铸铁的球状石墨就是这样形成的；另一种是由已形成的渗碳体分解出石墨，即

$$Fe_3C \longrightarrow 3Fe+G\text{（G 代表石墨）}$$

可锻铸铁的团絮状石墨就是这样形成的。

液态的铁水可以结晶成渗碳体，也可以直接结晶成石墨，Fe-石墨相图如图 2-25 所示。

图 2-25 中虚线是石墨析出线。含碳量为 4.26％的铁水在 1154℃时可同时析出奥氏体和石墨；在 1154～738℃，可由奥氏体中析出二次石墨，或 Fe$_3$C 发生分解产生石墨；在共析反应阶段，含碳量为 0.68％的奥氏体在 738℃时可同时析出铁素体与石墨。

影响石墨化的因素主要是化学成分和冷却速度。碳和硅是促进石墨化的主要元素，碳和硅的含量越高，铸铁的石墨化就越充分。对于冷却速度，铸铁件的冷却速度快时，易生成 Fe$_3$C 而白口化；冷却速度慢时，铸铁件易于石墨化。其还受铸件的壁厚和造型材料、造型工艺的影响，例如，壁厚铸件容易形成灰铸铁组织；采用金属模时冷速快，采用砂模时冷速慢。铸件壁厚对铸铁组织的影响见图 2-26。

铸铁中析出石墨后，若石墨化进行得彻底，将得到铁素体基体及石墨的组织；若石墨化不完全，则得到铁素体及珠光体基体和石墨的组织。这样，铸铁的组织实际上是在钢的基体上分布着不同大小和形状的石墨的组织。

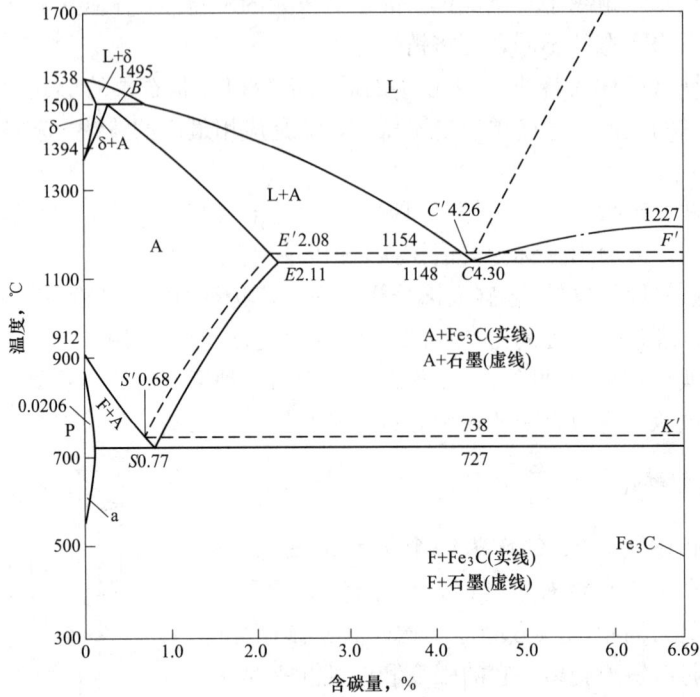

图 2-25 Fe-石墨相图

L—液态；δ—δ固溶体；A—奥氏体；F—铁素体；Fe₃C—渗碳体

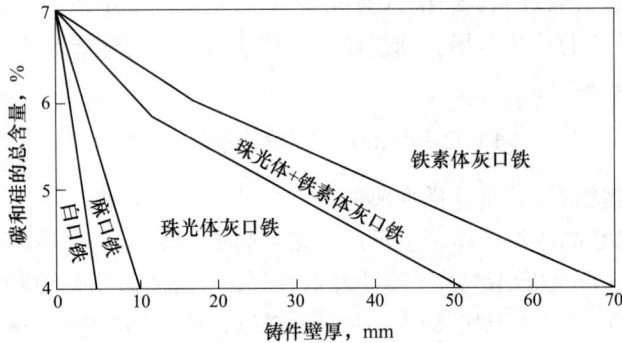

图 2-26 铸件壁厚对铸铁组织的影响

四、常用铸铁

（一）灰铸铁

灰铸铁中的碳主要以片状石墨存在，断面呈暗灰色，灰铸铁的显微组织见图 2-27。灰铸铁是使用最广泛的铸铁，占铸铁总量的 80%。由于成分和冷却条件的不同，灰铸铁可出现三种不同的组织：F＋G、F＋P＋G、P＋G，分别称为铁素体灰铸铁、铁素体珠光体灰铸铁、珠光体灰铸铁。

石墨的强度、塑性和韧性极低几乎接近于零。灰铸铁中片状石墨的存在，就相当于在金

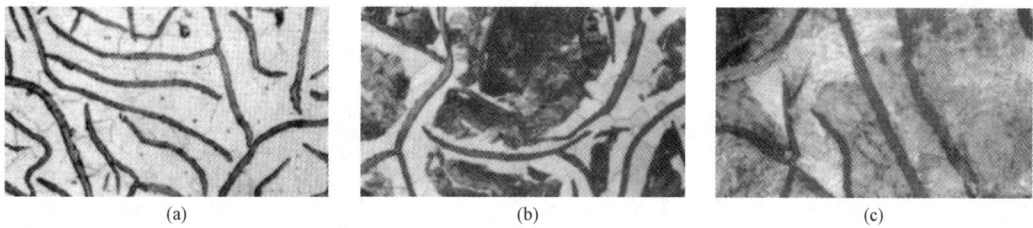

图 2-27　灰铸铁的显微组织

(a) 铁素体＋片状石墨；(b) 铁素体＋珠光体＋片状石墨；(c) 珠光体＋片状石墨

属中存在着许多裂缝，割裂了金属基体的连续性，减少了基体的有效承载面积。当其受拉伸或冲击时，片状石墨的端部易引起应力集中而造成破坏。因此，灰铸铁的抗拉强度、塑性、韧性及疲劳强度都比同样基体的钢低得多。在压应力作用下，石墨的不利影响较小，因此，铸铁的硬度和抗压强度主要取决于基体组织。在灰铸铁中，显然以珠光体基体的铸铁强度最高。

灰铸铁在 400℃ 以上使用，特别是经反复加热，其体积会逐渐增大，这一现象称为铸铁的生长。体积增大的原因主要有两个：一是铸铁在 400℃ 以上长期使用的过程中，珠光体中的渗碳体发生分解，析出比容大的石墨；二是在 550℃ 以上，氧化性气体将沿石墨片裂缝渗入铸铁内部，使石墨与基体的交界面的铁氧化而生成比容大的氧化铁。温度越高，生长越严重，铸铁的强度降低越明显。为了防止铸铁的生长，高温下使用的铸铁往往加入铬、铝或增加硅的含量，以提高其抗氧化性。

国家标准规定，灰铸铁的代号为"HT"（"灰铁"两字的汉语拼音首位字母）。灰铸铁的牌号为"HT"和后面的一组表示该铸铁的最低抗拉强度值（单位为 MPa）的数字组成。灰铸铁主要用来制作不受冲击、承压且产生一定振动的床身、底座、工作台、轴承盖、油泵体、低压汽缸和中压缸中部材料等。表 2-8 列出了常用灰铸铁的牌号、性能及用途。

表 2-8　　　　　　　常用灰铸铁的牌号、性能及用途

牌号	类别	R_m(MPa)	硬度	性能	用途
HT100	铁素体灰铸铁	100	143～299HBS	低强度铸铁，铸造性能好，工艺简单，铸造应力小，不用人工时效处理，减振性优良	用于低应力零件，如轴承盖等
HT150	铁素体珠光体灰铸铁	150	163～299HBS	中等强度铸铁，铸造性能好，工艺简单，铸造应力小，不用人工时效处理，有一定的机械强度和良好的减振性	汽轮机冷凝器端盖、泵体、锅炉省煤器、发电机轴承座、进出水支座等
HT200	珠光体灰铸铁	200	170～241HBS	较高强度铸铁，强度、耐磨性、耐热性均较好，减振性良好，需进行人工时效处理	要求较高强度和一定耐蚀能力的零件，如阀壳、低压汽缸、容器、机座以及需经表面淬火的零件
HT250		250			

牌号	类别	R_m(MPa)	硬度	性能	用途
HT300	孕育铸铁	300	187～255HBS	高强度铸铁，强度高、耐磨性好，白口倾向大，铸造性能差，需进行人工时效处理	用于受力较大的重要零件，如汽轮机汽缸、隔板、飞轮、齿轮、曲轴、阀体以及需经表面淬火的零件
HT350		350	197～269HBS		
HT400		400	207～269HBS		

　　普通灰铸铁的力学性能较差，这主要是因为石墨片较粗大的缘故。为了提高铸铁的力学性能，可以在铸铁浇注前向铁水中加入少量变质剂（如硅铁和硅钙合金等）进行变质处理（或称孕育处理），使铁水在凝固过程中产生大量人工晶核，从而使铸铁获得细小且均匀分布的细片状石墨。这种强度较高的铸铁称为变质铸铁或孕育铸铁。

　　（二）可锻铸铁

　　可锻铸铁是用一定成分的白口铸铁进行高温石墨化退火而获得的具有团絮状石墨的铸铁。按退火方法的不同，其基体可以是铁素体或珠光体。可锻铸铁的显微组织如图 2-28 所示。由于石墨呈团絮状，对基体的割裂作用比灰铸铁小得多，基体的作用可以得到较大程度的发挥，因此可锻铸铁的强度、塑性和韧性均比灰铸铁高，抗氧化性、抗生长性也比灰铸铁好。

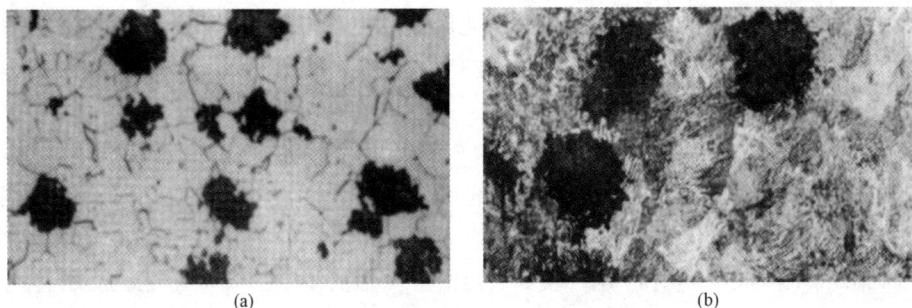

(a)　　　　　　　　　　　　　(b)

图 2-28　可锻铸铁的显微组织

（a）铁素体可锻铸铁；（b）珠光体可锻铸铁

　　按石墨化退火工艺特性的不同，可锻铸铁可分为黑心可锻铸铁和白心可锻铸铁。

　　1. 黑心可锻铸铁

　　黑心可锻铸铁是由白口铸铁经长时间的高温石墨化退火而制得的，在退火过程中主要是发生石墨化，故也称为石墨化可锻铸铁。根据基体组织的不同，黑心可锻铸铁又分为铁素体可锻铸铁（组织为 F＋团絮状 G）和珠光体可锻铸铁（组织为 P＋团絮状 G）。铁素体可锻铸铁的断口颜色由于石墨析出而心部呈黑绒色，表层则因退火时有些脱碳而呈白亮色，故称黑心可锻铸铁。珠光体可锻铸铁的断口虽呈白色，但习惯上也称为黑心可锻铸铁，因为它们都是石墨化可锻铸铁。

　　2. 白心可锻铸铁

　　白心可锻铸铁是白口铸铁在长时间退火过程中，由于主要是发生氧化脱碳过程，故经退火后其正常组织应该是铁素体基体和极少量的团絮状石墨。但实际上，由于退火过程中铸件往往脱碳不完全，致使铸件心部组织为珠光体基体和团絮状石墨，甚至残留有少量未分解的游离渗碳体，表层组织为铁素体。其断口颜色是表层呈黑绒色，而心部呈白色，故称白心可锻铸铁。

可锻铸铁的牌号由"KTH"（或"KTZ""KTB"）和两组数字组成。其中"KTH"为黑心铁素体可锻铸铁的代号，"KTZ"为黑心珠光体可锻铸铁的代号，"KTB"为白心可锻铸铁的代号。代号后面的两组数字分别代表抗拉强度（MPa）和断后伸长率（%）的最低值。

可锻铸铁适于制造一些形状复杂且受动载荷作用而要求强度、塑性和韧性较高的铸件，如管接头、低中压阀门、齿轮、连杆、各种电力金具、夹具等。

可锻铸铁的生产周期长，成本高，因此，已逐渐被球墨铸铁所取代。

可锻铸铁的性能和用途见表2-9。

表2-9　　　　　　　　　　　　　可锻铸铁的性能和用途

牌号	性能和用途
KTH300-06	有一定的韧性和强度，气密性好，适用于制造承受低动载荷及静载荷、要求气密性好的工作零件，如管道配件、中低压阀门等
KTH330-08	有一定的韧性和强度，用于制造承受中等动载荷及静载荷的工作零件，如农机上的犁刀、犁柱、车轮壳，机床用的扳手以及钢丝绳轧头等
KTH350-10、KTH370-12	有较高的韧性和强度，用于制造承受较高的冲击、振动及扭转负荷下的零件，如汽车、拖拉机上的前后轮壳、差速器壳、转向节壳、制动器等，农机上的犁刀、犁柱以及铁道零件、冷暖器接头、船用电机壳等
KTZ450-06、KTZ550-04、KTZ650-02、KTZ700-02	韧性低但强度大、硬度高、耐磨性好，且切削加工性良好，可用来代替低碳、中碳、低合金钢以及有色合金制作承受较高载荷、耐磨损而要求有一定韧性的重要工作零件，如曲轴、凸轮轴、连杆、齿轮、摇臂、活塞环、轴承、犁刀、耙片、闸、万向接头、棘轮、扳手、传动链条、矿车轮等
KTB350-04、KTB380-12、KTB400-05、KTB450-07	白心可锻铸铁的优点是：薄壁铸件仍有较好的韧性；有非常优良的焊接性，可与钢钎焊；可切削性好。但其工艺复杂，生产周期长，强度及耐磨性较差，在机械工业中很少应用。它用于制作厚度在15mm以下的薄壁铸件和焊接后不需进行热处理的零件

（三）球墨铸铁

球墨铸铁组织中的石墨呈球状，大大减少了使用时的应力集中。其强度、韧性比可锻铸铁高，在很多情况下可代替铸钢使用。又由于球墨铸铁仍保持着铸铁的优点，故在我国的应用发展很快。球墨铸铁的显微组织如图2-29所示。从图2-29中可以看出球状石墨的形态，这种形态的石墨对基体的割裂作用较小，故强度、韧性就高了。

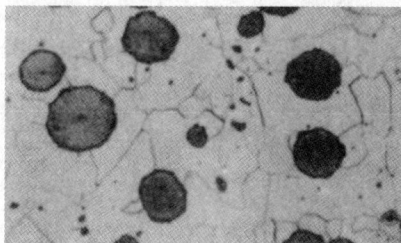

图2-29　球墨铸铁的显微组织

获得球状石墨是浇注前在铁水中加入球化剂进行孕育处理而实现的，球化剂是镁或稀土镁。但球墨铸铁易白口化，而且也容易产生缩松等缺陷，因此球墨铸铁的铸造和熔炼工艺比灰口铸铁要求高。

球墨铸铁还可承受各种热处理，如调质等。通过热处理使力学性能进一步改善，大大地扩大了它的使用范围。

　　球墨铸铁的牌号用符号 QT 及数字表示，数字表示球墨铸铁的抗拉强度和延伸率的最低值（若延伸率 $A\leqslant10\%$ 时，则在其数字前加"0"）。如 QT600-02 表示 $R_m\geqslant600MPa$、$A\geqslant2\%$，常用球墨铸铁的牌号和力学性能见表 2-10。

表 2-10　　　　　　　　　常用球墨铸铁的牌号和力学性能

牌号	热处理	R_m(MPa)	R_e(MPa)	A(%)	α_k(J/cm²)	硬度	应用举例
QT400-17	退火	400	250	17	60	≤197HBS	泵、阀体、受压容器
QT420-10	铸态或退火	420	270	10	30	≤207HBS	轮毂、齿轮箱、电动机壳、阀门壳等
QT500-05	铸态	500	350	5	—	147～241HBS	机器座架、传动轴
QT600-02	铸态	600	420	2	—	229～302HBS	中等强度的连杆、曲柄、齿轮
QT700-02	铸态或正火、淬火、回火	700	490	2	—	229～302HBS，231～304HBS	曲轴、齿轮、连杆
QT800-02	铸态或正火、淬火、回火	800	560	2	—	241～321HBS	曲轴、齿轮、连杆
QT1200-01	等温淬火、淬火、回火	1200	840	1	3	>38HRC	高速重载齿轮、传动轴、花键轴、轴承套圈等

　　球墨铸铁在汽车、机械制造、电力工业中都有广泛的应用。如汽车和拖拉机的轮毂、壳体、汽缸体、减速机箱体、活塞环，各种阀门、轴瓦，车床的主轴、曲轴、齿轮、凸轮等。在电力工业中，可制造输电金具、油泵体、阀体、汽轮机中温汽缸隔板、汽轮机后汽缸及后几级隔板等，可在 370℃ 的工作温度下长期使用。

　　（四）蠕墨铸铁

　　蠕墨铸铁是在一定成分的铁水中加入适量使石墨成蠕虫状的蠕化剂（稀土镁钛合金、稀土镁钙合金等）和孕育剂（硅铁等）进行蠕化处理和孕育处理，获得石墨形态介于片状与球状之间，形似蠕虫状的铸铁。蠕墨铸铁的成分一般为含碳量 $W_C=3.5\%\sim3.9\%$、含硅量 $W_{Si}=2.1\%\sim2.8\%$、含锰量 $W_{Mn}=0.4\%\sim0.8\%$、含磷量 $W_P<0.1\%$、含硫量 $W_S<0.07\%$。

　　蠕墨铸铁的显微组织由金属基体和蠕虫状石墨组成。根据基体组织的不同，蠕墨铸铁有铁素体蠕墨铸铁、铁素体－珠光体蠕墨铸铁、珠光体蠕墨铸铁三种类型。蠕墨铸铁的显微组织如图 2-30 所示。

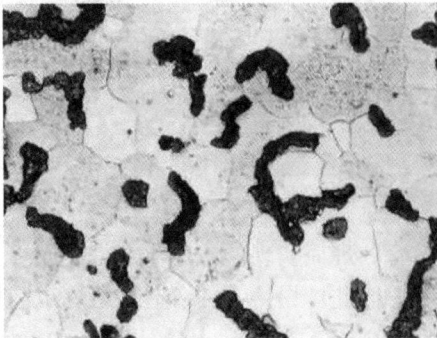

图 2-30　蠕墨铸铁的显微组织

　　蠕墨铸铁的力学性能介于相同基体组织的灰

铸铁和球墨铸铁之间。其抗拉强度、韧性、疲劳强度、耐磨性都优于灰铸铁。但由于蠕虫状石墨是互相连接的，其塑性、韧性和强度都比球墨铸铁低。此外，蠕墨铸铁还有优良的抗热疲劳性能，铸造性能、减振性、导热性以及切削加工性都优于球铁，并接近于灰铸铁。因此，它广泛用来制造柴油机气缸盖、气缸套，电动机外壳、机座，机床床身，阀体等零件。

按 GB/T 5612—2018《铸铁牌号表示方法》中规定，蠕墨铸铁的牌号表示方法与灰铸铁相似，即为"RuT"和后面的表示其最小抗拉强度值（单位为 MPa）的数字组成。其中，"蠕铁"两字汉语拼音的第一个字母"RuT"为蠕墨铸铁的代号。例如，RuT420 表示最小抗拉强度为 420MPa 的蠕墨铸铁。

（五）合金铸铁

合金铸铁是在铸铁中加入合金元素，以提高其力学性能，或者提高其耐磨、耐蚀、耐热等特殊性能，又称为特殊性能铸铁。常用的合金铸铁有耐磨铸铁、耐蚀铸铁和耐热铸铁。

1. 耐磨铸铁

耐磨铸铁按其工作条件不同大体可分为两种类型，一种是在润滑条件下工作的，如机床导轨、汽缸套、活塞环和轴承等；另一种是在无润滑的干摩擦条件下工作的，如火电厂煤粉制备系统中的碎煤机、磨煤机中的零件。后一种耐磨铸铁也称为抗磨铸铁。

在滑润条件下工作的耐磨铸铁，其组织为软基体上分布硬相组成物，以便在磨合后使软基体有所磨损，形成沟槽，保持供滑润用的油膜。常用的为高磷合金铸铁，实际上就是使杂质中的含磷量提高到 0.4%～0.6%，其中磷在铸铁中形成磷化物作为硬相，铁素体或珠光体属于软基体。普通高磷铸铁的成分为 W_C = 2.9%～3.2%、W_{Si} = 1.4%～1.7%、W_{Mn} = 0.6%～1.0%、W_P = 0.4%～0.65%、W_S < 0.12%。由于普通高磷铸铁的强度和韧性较差，还常加入铬、钼、钨、铜、钛、钒等元素，构成合金高磷铸铁，使其组织细化，进一步提高力学性能和耐磨性。

在润滑条件下应用的耐磨铸铁还有钒钛耐磨铸铁、钼铬耐磨铸铁、钨系耐磨铸铁等。

在干摩擦工况条件工作的耐磨铸铁，应具有高的硬度。目前常用的有低合金耐磨铸铁、中锰球墨铸铁、高铬铸铁等。

低合金耐磨铸铁种类很多，有镍硬铸铁、硼白口铸铁、铬锰铜耐磨铸铁、铬钼铜耐磨铸铁等。

中锰球墨铸铁是在稀土－镁球墨铸铁中加入 5%～9.5% 的锰元素，含硅量控制在 3.3%～5.0%，其组织为马氏体＋残余奥氏体＋球状石墨＋碳化物，这种组织既有一定的韧性，又有较高的硬度，可用来制造球磨机磨球、衬板等既要受一定的冲击力又希望耐磨的零部件。中锰球墨铸铁的成分、力学性能及应用举例见表 2-11。

表 2-11　　　　　　　　中锰球墨铸铁的成分、力学性能及应用举例

类别	化学成分（%）							力学性能			应用举例
	C	Si	Mn	P	S	R_e	Mg	R_m (MPa)	A_k (J)	HRC	
MI（以韧性为主）	3.3～3.8	4.0～5.0	8.0～9.5	<0.15	<0.02	0.025～0.05	0.025～0.06	340～450	12～24	38～47	碎煤机锤头等

类别	化学成分（%）							力学性能			应用举例
	C	Si	Mn	P	S	R_e	Mg	R_m (MPa)	A_k (J)	HRC	
MⅡ （以硬度 为主）	3.3～ 3.8	3.3～ 4.0	5.0～ 7.0	<0.15	<0.02	0.025～ 0.05	0.025～ 0.06	—	6.4～ 12	48～ 56	球磨机磨球、 衬板等

高铬（$W_{Cr}=12\%\sim35\%$）铸铁含有较多的强碳化物元素铬，是无石墨的白口铸铁。通过热处理后，基体可变成很硬的组织，还有许多硬的碳化物，因而硬度很高，具有优良的耐磨性，特别是耐磨料磨损的性能。由于含铬高，又是耐蚀和耐热的理想材料，此外，铬的碳化物 Cr_7C_3 不仅比铁的碳化物 Fe_3C 硬度高，而且呈颗粒状又比较细碎。因此，高铬铸铁有一定的韧性，适当热处理之后还可进行切削加工。国内外都十分重视对高铬铸铁的研究和推广应用。目前，还有将高铬铸铁和低碳钢复合浇铸成双金属材料，这种复合材质既有高硬度又有较好的韧性，因而扩大了高铬铸铁的应用范围。

2. 耐蚀铸铁

耐腐蚀是个相对的概念，介质不同时对铸铁的成分和组织有不同的要求。国外耐蚀铸铁以镍铬系为主，我国则以高硅系为主，此外，还有铝系和铬系耐蚀铸铁。高硅耐蚀铸铁中含硅量要超过13%，若再增加铜或钼或稀土含量，能进一步提高耐腐蚀能力，可用于制造耐酸泵、管道、阀门等化工设备。

3. 耐热铸铁

工程上在高温时能抵抗腐蚀破坏并能承受一定载荷的铸铁称为耐热铸铁。为了使铸铁具有耐热性能，可加入铬、钼、铝、硅等合金元素。

加入铬、铝、硅后，能使铸铁在高温下表面形成一层致密的 Cr_2O_3、Al_2O_3、SiO_2 氧化膜，能对金属起保护作用，使内层金属不被继续氧化。钼元素常与铬一起加入铸铁中能有效地提高铸铁的高温强度。常用耐热铸铁的化学成分、使用温度及应用举例见表 2-12。

表 2-12　　　　　　　常用耐热铸铁的化学成分、使用温度及应用举例

铸铁名称	化学成分（%）						使用温度 （℃）	应用举例
	C	Si	Mn	P	S	其他		
中硅耐热铸铁	2.2～3.0	5.0～6.0	≤1.0	≤0.2	≤0.12	Cr：0.5～ 0.9	≤850	烟道挡板、 热交换器等
中硅耐热球墨铸铁	2.4～3.0	5.0～6.0	≤0.7	≤0.1	≤0.03	Mg：0.04～ 0.07； Re：0.015～ 0.035	900～950	加热炉底板、 熔铝电阻 坩埚炉等
高铝耐热球墨铸铁	1.7～2.2	1.0～2.0	0.4～0.8	≤0.2	≤0.01	Al：21～24	1000～ 1100	加热炉底板、 渗碳罐、炉子 传送链等
铝硅耐热球墨铸铁	2.4～2.9	4.4～5.4	≤0.5	≤0.1	≤0.02	Al：4.0～ 5.0	950～ 1050	

续表

铸铁名称	化学成分（%）						使用温度（℃）	应用举例
	C	Si	Mn	P	S	其他		
高铬耐热铸铁	1.5～2.2	1.3～1.7	0.5～0.8	≤0.1	≤0.1	Cr：32～36	1100～1200	加热炉底板、炉子传送链等

复习思考题

一、选择题

1. 共析反应生成铁素体和渗碳体的共析混合物称为（　　）。
　　A. 莱氏体　　　　　B. 奥氏体　　　　　C. 珠光体　　　　　D. 贝氏体

2. 含碳量为 0.5% 的钢的室温组织是（　　）。
　　A. 铁素体　　　　　B. 铁素体和珠光体　　C. 二次渗碳体和珠光体　　D. 莱氏体

3. 含碳量在 0.6% 以上的钢被称为（　　）。
　　A. 低碳钢　　　　　B. 中碳钢　　　　　C. 高碳钢　　　　　D. 合金钢

二、简答题

1. 铁碳合金中有哪些相？并说明各相的性能。

2. 何谓珠光体？珠光体有何特性？

3. 绘出 $Fe\text{-}Fe_3C$ 简化的相图，说明相图中的主要点和线的意义，在空白图上填出各相区和组织。

4. 分析含碳量各为 0.4%、0.77%、1.2%、3% 的铁碳合金在缓慢冷却时组织的转变过程及室温下的平衡组织。

5. 何谓共析反应？它与共晶反应有何异同？写出 $Fe\text{-}Fe_3C$ 相图中共晶反应与共析反应的反应式及反应后所得的组织名称。

6. 分析一次渗碳体、二次渗碳体、三次渗碳体、共晶渗碳体、共析渗碳体的异同。

7. 何谓碳钢？它如何分类？如何编号？

8. 低碳钢、中碳钢与高碳钢是如何划分的？这样划分有何意义？机器零件中有许多均是中碳钢做的，这是为什么？

9. 说明下列钢号的品种名称、大致含碳量及主要用途：Q235A、20A、45、60、T8、T12A。

10. 何谓铸铁？它们如何分类？如何编号？

11. 与钢相比，铸铁在性能上有什么优缺点？

12. 试述石墨形态对铸铁性能的影响。

13. 什么叫铸铁的生长？铸铁生长的原因何在？

14. 举例说明耐热铸铁、耐磨铸铁在火电厂中的应用。

15. 说明下列铸铁的类别、牌号中符号和数字表示的意义：HT200、KT300-06、QT600-02。

第三章　钢的热处理

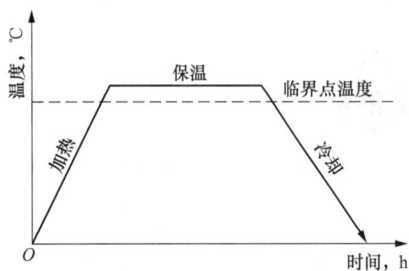

图 3-1　热处理工艺曲线

钢的热处理是指将钢在固态下进行加热、保温和冷却来改变钢的组织，从而改变钢的性能的工艺。热处理的加热、保温和冷却这三个阶段，可以用热处理工艺曲线表示，如图 3-1 所示。

热处理是提高金属材料使用性能的有效途径，也是改善金属材料加工性能的重要手段。绝大多数重要机械零件都要进行热处理，例如，汽轮机的叶片、转子、紧固件、铸件等均要经过热处理。

根据加热和冷却规范的不同，热处理可以分为普通热处理（包括退火、正火、淬火、回火）和表面热处理（包括表面淬火与表面化学热处理）。

第一节　钢在加热时的转变

热处理的第一道工序就是加热，在多数情况下，其目的主要是获得细小的奥氏体，钢中奥氏体的形成过程称为钢的奥氏体化。

一、加热温度的确定

铁碳合金相图是确定加热温度的理论基础。由铁碳合金相图可知，在常温下亚共析钢的平衡组织是铁素体和珠光体，共析钢的平衡组织是珠光体，过共析钢的平衡组织是珠光体和二次渗碳体。将这些钢缓慢加热时，将按铁碳合金相图发生转变。共析钢加热温度超过 A_1 临界点后，珠光体就转变为奥氏体；亚共析钢加热温度超过 A_1 临界点后，珠光体转变为奥氏体，继续加热到温度超过 A_3 临界点后，铁素体也全部溶入奥氏体；过共析钢加热温度超过 A_1 临界点后，珠光体转变为奥氏体，继续加热到温度超过 A_{cm} 临界点后，渗碳体全部溶入奥氏体。

碳钢在缓慢加热和冷却过程中，其固态下的组织转变温度分别是 A_1、A_3、A_{cm}，A_1、A_3、A_{cm} 为平衡临界点。必须指出的是，实际加热时碳钢的转变温度总是高于 A_1、A_3、A_{cm} 平衡临界点，实际冷却时的转变温度总是低于 A_1、A_3、A_{cm} 平衡临界点。因此，实际加热时碳钢的转变温度分别用 A_{c1}、A_{c3}、A_{ccm} 表示，实际冷却时的转变温度分别用 A_{r1}、A_{r3}、A_{rcm} 表示。

二、奥氏体化过程

下面以共析钢为例说明奥氏体化过程。珠光体转变为奥氏体是一个重新结晶的过程，因而也有形核和生长这两个阶段。由于珠光体是铁素体和渗碳体的机械混合物，铁素体与渗碳体的晶胞类型不同，含碳量的差别很大，转变为奥氏体必须进行晶胞的改组和铁、碳原子的扩散。共析钢的奥氏体化大致可分为四个过程，共析钢的奥氏体化过程示意如图 3-2 所示。

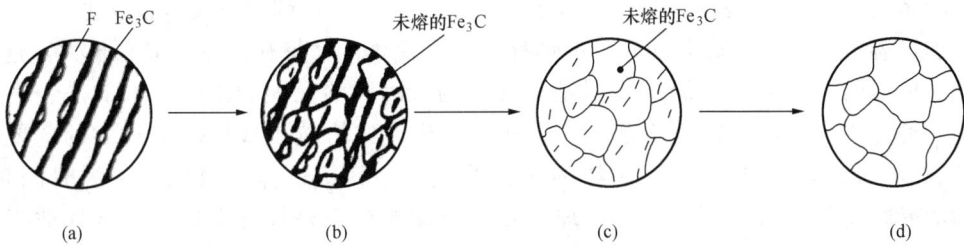

图 3-2 共析钢的奥氏体化过程示意

（a）奥氏体形核；（b）奥氏体长大；（c）残余渗碳体溶解；（d）奥氏体均匀化

1. 奥氏体形核

奥氏体的晶核首先是在铁素体和渗碳体的相界面上形成的，因为界面上的碳浓度处于中间值，原子排列也不规则，原子由于偏离平衡位置，处于畸变状态而具有较高的能量，同时位错和空位密度较高。铁素体和渗碳体的交界处在浓度、结构和能量上为奥氏体形核提供了有利的条件。

2. 奥氏体长大

奥氏体的晶核一旦形成，便通过原子扩散开始长大。在与铁素体接触的方向上，铁素体逐渐通过改组晶胞向奥氏体转化；在与渗碳体接触的方向上，渗碳体不断溶入奥氏体。

3. 残余渗碳体溶解

由于铁素体的晶格类型和含碳量与奥氏体的差别都不大，因而铁素体向奥氏体的转变总是先完成。当珠光体中的铁素体全部转变为奥氏体后，仍有少量的渗碳体尚未溶解。随着保温时间的延长，这部分渗碳体不断溶入奥氏体，直至完全消失。

4. 奥氏体均匀化

刚形成的奥氏体晶粒中，碳浓度是不均匀的。原先渗碳体的位置，碳浓度较高；原先属于铁素体的位置，碳浓度较低。因此，必须保温一段时间，通过碳原子的扩散获得成分均匀的奥氏体。这就是热处理应该有一个保温阶段的原因。

对于亚共析钢与过共析钢，如果加热温度没有超过 A_{c3} 或 A_{ccm}，而是在稍高于 A_{c1} 下保温，只能使原始组织中的珠光体转变为奥氏体，而铁素体或二次渗碳体仍被保留。只有进一步加热至 A_{c3} 或 A_{ccm} 以上并保温足够时间，才能得到单相的奥氏体。

还必须指出的是，如果加热温度过高，或者保温时间过长，将会促使奥氏体晶粒粗化。奥氏体晶粒粗化后，热处理后钢的晶粒就粗大，会降低钢的力学性能。

三、晶粒度的评定

钢经热处理后的晶粒大小对力学性能影响很大，而热处理的加热和保温这两个过程又决定了热处理后的晶粒大小。晶粒的大小也称晶粒的粗细，是用晶粒度来表示的。

1. 起始晶粒度

起始晶粒度是指钢加热至奥氏体化的过程中，当铁素体向奥氏体转变刚刚完成时所形成的晶粒度，即当奥氏体成核长大时，奥氏体晶粒的边界刚刚相碰时的晶粒大小。这时奥氏体晶粒刚形成，因此晶粒是非常细小的。

2. 实际晶粒度

实际晶粒度是指某一具体的热处理后或热加工条件下所得到的奥氏体晶粒度。

在加热温度升高和保温时间延长的情况下，会使奥氏体最初形成的晶粒长大，这是因为在奥氏体晶粒的边界处，原子排列是不规则的，因而活动能力强，较大的晶粒吞并小的晶粒，使晶界迁移，晶粒就不断长大。在实际生产中影响奥氏体晶粒长大的主要原因是加热温度，加热温度越高，奥氏体的晶粒就越大；其次是保温时间，保温时间越长，奥氏体的晶粒也就越大。因此，热处理时要特别注意控制好加热温度，并选择适当的保温时间。

3. 本质晶粒度

本质晶粒度表示钢在一定条件下奥氏体晶粒长大的倾向性，通常采用标准试验方法测定。将钢加热到（930±10）℃，保温 3～8h，冷却后测得的晶粒度称为本质晶粒度。根据本质晶粒度大小将钢分为两大类，一类称为本质粗晶粒钢，另一类称为本质细晶粒钢，钢的本质晶粒度与温度的关系如图3-3所示。

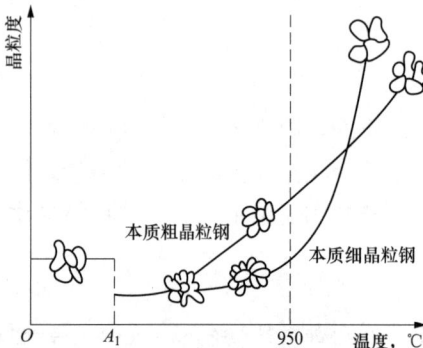

图3-3　钢的本质晶粒度与温度的关系

从图 3-3 中可看出，本质粗晶粒钢的奥氏体晶粒度随着加热温度的升高而迅速长大；本质细晶粒的钢在一定的温度范围内，随着加热温度的升高，奥氏体晶粒长大速度很慢，但当加热到 950～1000℃ 以上时奥氏体的晶粒会突然迅速长大，因此，即使是本质细晶粒的钢热处理时也要正确选择该钢种的加热温度，防止超温，避免晶粒粗大。

在工业生产中，就是采用奥氏体本质晶粒度来评定钢的长大倾向的，奥氏体晶粒度的标准是在放大 100 倍的金相显微镜下观察定的级，共定为 1～8 级，1 级最粗，8 级最细，晶粒为 1～4 级的钢定为本质粗晶粒钢，5～8 级的钢定为本质细晶粒钢。

钢的本质晶粒度是由钢的成分和冶炼条件决定的。含有钛、钒、钨等合金元素的钢，大多属于本质细晶粒钢。冶炼时采用铝脱氧的钢也为本质细晶粒钢，而只用硅、锰脱氧的钢则为本质粗晶粒钢，这是因为钛、钒、钨以及铝等合金元素在钢中能形成金属化合物，这些化合物微粒分布在奥氏体晶界上能机械地阻止奥氏体晶粒的长大，但是，当温度升得较高时，这些化合物微粒会发生聚集甚至溶入奥氏体，这样也就失去了机械阻碍的作用，晶粒便会迅速长大。

第二节　奥氏体在冷却时的转变

奥氏体的冷却转变直接影响热处理后钢的组织和力学性能，所以冷却是热处理三个阶段中最关键的阶段。例如，45 钢加热到奥氏体化温度 840℃ 适当保温后，以不同的速度冷却，由于所得到的组织不同，其力学性能差异很大，45 钢按不同速度冷却后的力学性能见表 3-1。

表 3-1 　　　　　　　　　　　**45 钢按不同速度冷却后的力学性能**

冷却方式	R_e(MPa)	R_m(MPa)	A(%)	Z(%)	硬度
炉冷（退火）	280	532	32.5	49.3	160～200HB
空冷（正火）	340	670～720	15～18	45～50	170～240HB
油冷（油淬）	620	900	12～20	48	40～50HRC
水冷（水淬）	720	1100	7～8	12～14	52～60HRC

　　在生产实践中，热处理冷却方式通常有两种，即等温冷却与连续冷却，不同冷却方式示意如图 3-4 所示。

图 3-4　不同冷却方式示意

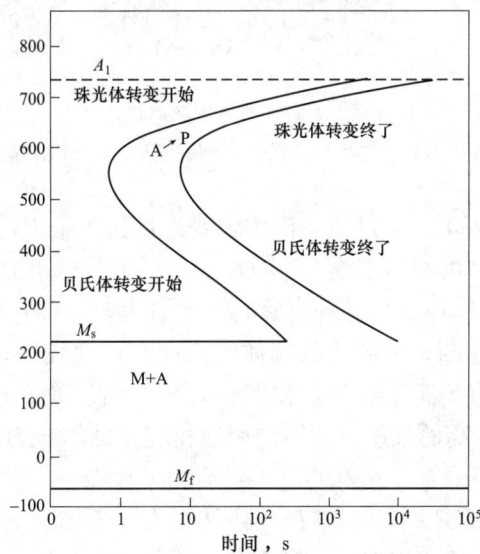

一、奥氏体的等温冷却转变

　　奥氏体的等温冷却转变是将奥氏体化的钢迅速冷却到低于 A_{c1} 的某一温度，等温一段时间，使过冷奥氏体在此温度下完成其转变过程。处于 A_1 点以下的奥氏体是不稳定的，必然要发生转变，但这种转变要经过一定的时间才能发生。这种被冷却到 A_1 点以下暂时存在的奥氏体，称为过冷奥氏体。

　　奥氏体等温冷却转变曲线是用来分析过冷奥氏体的转变温度、转变时间和转变产物之间关系的，是研究过冷奥氏体等温转变的重要工具。下面介绍用金相硬度法测定共析钢的奥氏体等温冷却转变曲线。

　　用共析钢制成若干小薄片试样（40×1.5mm），将其加热到 A_{c1} 以上某一温度并保温，使其组织为均匀的奥氏体。然后分别将试样迅速投入不同温度（如 550、600、660℃等）的盐浴中等温；每隔一定时间取出一块试样迅速投入水中，冷却后观察其显微组织并测定其硬度，便可测得过冷奥氏体开始转变和转变终了时间，在温度-时间坐标图上标出所有的转变开始点和终了点，并分别连接各开始转变点和转变终了点，便得到如图 3-5 所示的共析钢等

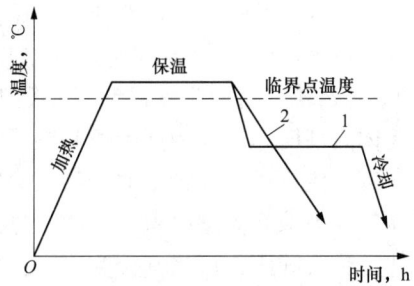

图 3-5　共析钢的等温冷却转变曲线

温冷却转变曲线。由于该曲线形状似英文字母 C，因此又常叫 C 曲线，对于不同成分的钢，其 C 曲线的形状是不同的。

图 3-5 中，左曲线为过冷奥氏体等温冷却转变开始线，右曲线为过冷奥氏体等温冷却转变终了线。在转变开始线的左边是过冷奥氏体区；转变终了线之右为转变产物区；两条曲线之间为转变进行区，即过冷奥氏体和转变产物共存区，在不同温度下，过冷奥氏体的稳定性是不同的，转变开始线到纵坐标轴之间的水平距离，称为过冷奥氏体在对应温度下的孕育期。由图 3-5 可见，在 C 曲线的"鼻尖"（约 550℃）孕育期最短，过冷奥氏体最不稳定。

若将奥氏体化的钢迅速投入水中冷却，奥氏体将不发生上述等温冷却转变，而是在 230℃ 开始转变为马氏体，到 -50℃ 奥氏体向马氏体转变终了，图 3-5 中 M_s、M_f 线分别为奥氏体向马氏体转变的开始线和终了线。

奥氏体等温冷却转变的产物因温度不同而不同。当等温温度在 A_1 至 550℃ 时，过冷奥氏体转变为珠光体型组织，但随着过冷度的增大，珠光体的片层逐渐变薄，按照珠光体中渗碳体的片层间距，可将其分为三类：

（1）在 A_1 至 650℃ 的范围内，奥氏体转变为粗珠光体，用"P"表示。

（2）在 650～600℃ 的范围内，奥氏体转变为细珠光体，称为索氏体，用"S"表示。

（3）在 600～550℃ 的范围内，奥氏体转变为极细珠光体，称为屈氏体，用"T"表示。

珠光体、索氏体、屈氏体本质上都是铁素体与渗碳体的机械混合物，只是片层的厚度不同而已，珠光体型组织的显微组织如图 3-6 所示。片层越薄，塑性变形的抗力越大，则强度、硬度越高，塑性、韧性也有所改善。

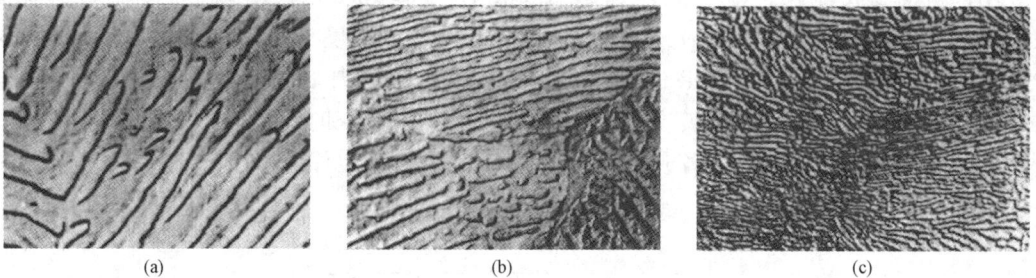

图 3-6 珠光体型组织的显微组织
（a）珠光体的显微组织；（b）索氏体的显微组织；（c）屈氏体的显微组织

当等温温度在 550℃～M_s 时，过冷奥氏体转变为贝氏体组织，用"B"表示，即过饱和铁素体和极为分散的渗碳体的机械混合物。在 550～350℃ 形成的贝氏体称为上贝氏体，硬度为 40～45HRC。上贝氏体在显微镜下呈羽毛状，如图 3-7（a）所示。细小的渗碳体分布在铁素体条之间，易引起脆断，因此上贝氏体的强度和韧性较差，温度在 350～230℃，转变组织为下贝氏体，在显微镜下呈针状，如图 3-7（b）所示，它比上贝氏体具有较高的硬度（45～55HRC），以及较高的强度、塑性与韧性相配合的综合力学性能。生产上常用"等温淬火"的方法得到下贝氏体，以获得良好的综合力学性能。

当将奥氏体过冷到 230℃ 以下，过冷奥氏体转变为马氏体（M）组织。但这种转变是在连续冷却过程中进行，故在奥氏体的连续冷却转变中介绍。

不同含碳量的钢，C 曲线的形状和位置不同。由铁碳合金相图可知，亚共析钢和过共析

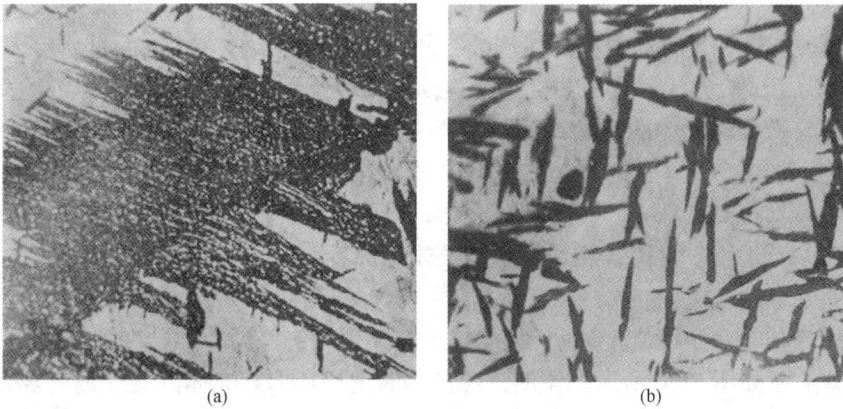

图 3-7　贝氏体显微组织

（a）上贝氏体；（b）下贝氏体

钢自奥氏体状态冷却时，先有铁素体或渗碳体的析出过程，随后才发生珠光体转变。因此，在亚共析钢 C 曲线上部多一条铁素体的析出线，而过共析钢则多一条渗碳体的析出线，亚共析钢、过共析钢的 C 曲线如图 3-8 所示。对于亚共析钢，含碳量增高，过冷奥氏体稳定性增加，C 曲线右移；而对过共析钢，含碳量增高，过冷奥氏体稳定性下降，C 曲线左移。合金元素的影响较复杂，一般来说，除钴以外，所有溶入奥氏体的合金元素都增大过冷奥氏体的稳定性，使 C 曲线右移。

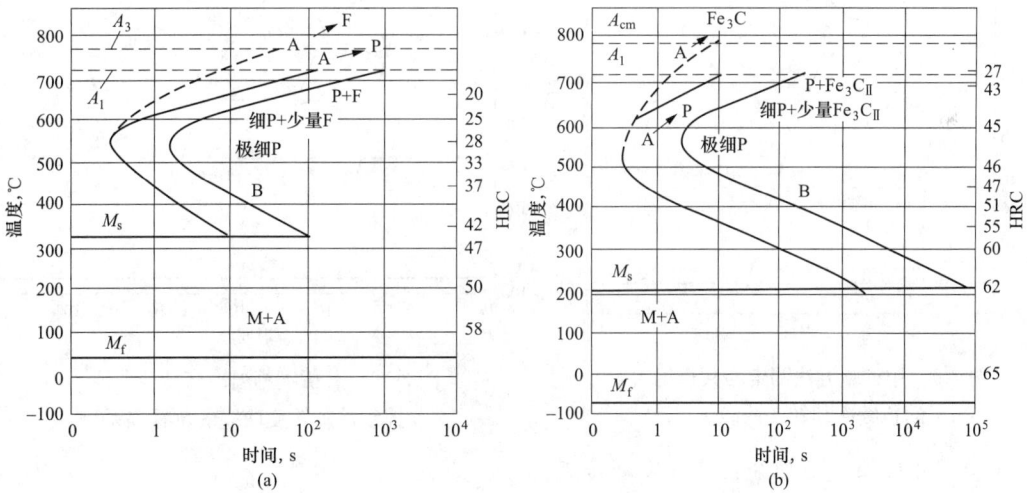

图 3-8　亚共析钢、过共析钢的 C 曲线

（a）亚共析钢的 C 曲线；（b）过共析钢的 C 曲线

二、奥氏体的连续冷却转变

在实际生产中，如一般淬火、正火、退火等，过冷奥氏体的转变大多是在连续冷却的过程中进行的，故研究过冷奥氏体的连续冷却转变，对实际生产具有重要的指导意义。

（一）奥氏体的连续冷却转变曲线

奥氏体的连续冷却转变是将高温奥氏体连续冷却，使过冷奥氏体在不同的过冷度下连续进行转变，图 3-9 为用试验方法测定的共析钢的连续冷却转变曲线。图 3-9 中 P_s 线为过冷奥氏体转变为珠光体的开始线；P_f 线为过冷奥氏体转变为珠光体的终了线，两线之间即为奥氏体向珠光体转变的区域，若以 V_1 速度冷却得到珠光体；以 V_2 速度冷却得到细珠光体和极细珠光体；以 V_3、V_4 速度冷却均得到马氏体。其中 V_3 冷却速度与 P_s 线相切，是奥氏体全部过冷到 M_s 以下转变为马氏体的最小冷却速度，称为临界冷却速度。

共析钢的连续冷却转变曲线位于 C 曲线的右下方，共析钢等温冷却转变曲线与连续冷却转变曲线的位置关系如图 3-10 所示。说明连续冷却时奥氏体向珠光体的转变温度要低些，转变要滞后些，而且连续冷却转变曲线没有等温转变曲线的下半段，则共析钢连续冷却时不形成贝氏体组织。另外，连续冷却转变是在一个温度范围内进行，因此，得到的转变产物往往不可能沿零件截面均匀一致。

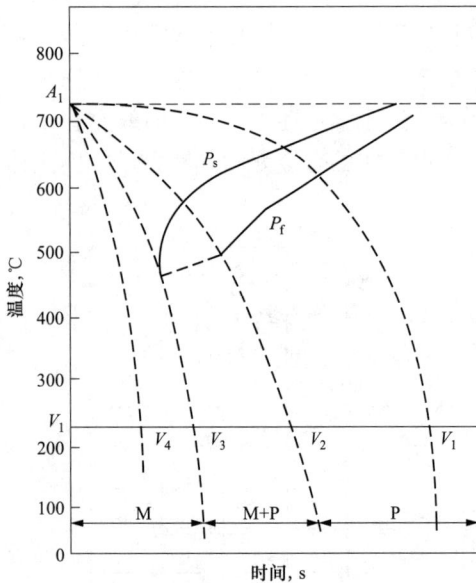

图 3-9　用试验方法测定的共析钢
的连续冷却转变曲线

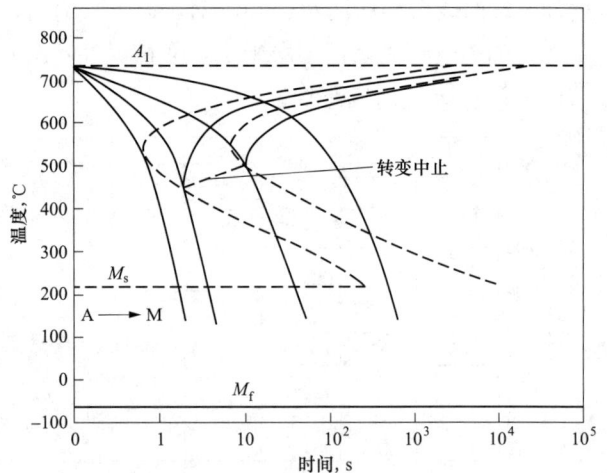

图 3-10　共析钢等温冷却转变曲线
与连续冷却转变曲线的位置关系

（二）用 C 曲线近似分析连续冷却转变

由于连续冷却转变曲线的测定比较困难，因此工程上常参照等温冷却转变曲线来近似地、定性地分析连续冷却转变过程，为了预测某种钢在某一冷却速度下所得到的组织，可将此冷却速度线画在该钢种的等温冷却转变曲线上，根据共析钢等温冷却转变曲线与连续冷却速度线的位置（如图 3-11 所示）来估计所得到的组织。

图 3-11 中，V_1 冷却速度线相当于随炉冷却（退火）的情况，它与 C 曲线交于 $700 \sim 650℃$ 的温度范围，估计过冷奥氏体转变为珠光体组织；V_2 冷却速度线相当于空冷（正火）的情况，它与 C 曲线交于 $650 \sim 600℃$ 的温度范围，估计过冷奥氏体转变为细珠光体；在 V_3 冷却速度下得到的组织是极细珠光体；V_4 冷却速度线先与珠光体转变开始线相割，随后又

与 M_s 相交，冷却到室温得到的组织是极细珠光体、马氏体、残余奥氏体；V_5 冷却速度线不与 C 曲线相交，奥氏体直接过冷到 M_s 以下转变为马氏体；V_{cr} 为将奥氏体全部过冷到 M_s 以下转变为马氏体的最小冷却速度，即临界冷却速度。显然，只要冷却速度大于 V_{cr}，就能得到马氏体组织。

亚共析钢或过共析钢的连续冷却转变曲线要比共析钢复杂一些，45 钢的连续冷却曲线见图 3-12 所示。从图 3-12 中可以看出多了两根线，即奥氏体开始转变为铁素体及奥氏体开始转变为贝氏体的转变曲线；还多了两个区域，即先共析的铁素体区及贝氏体转变区。

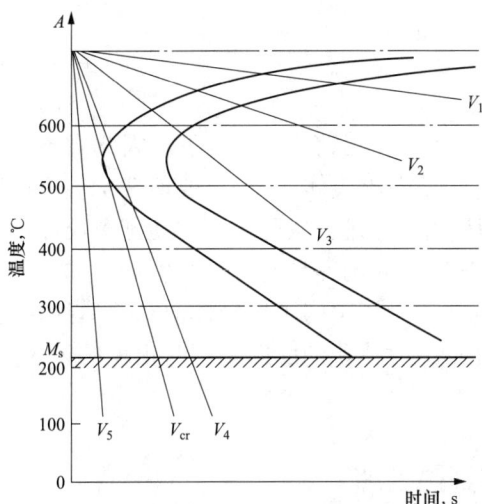

图 3-11　共析钢等温冷却转变曲线
与连续冷却速度线的位置

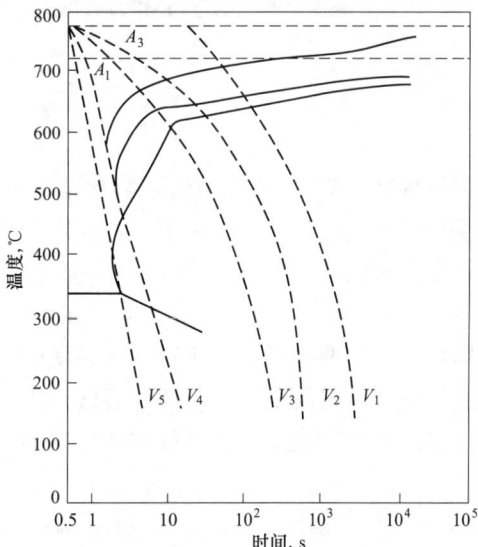

图 3-12　45 钢的连续冷却曲线

连续冷却曲线在生产实践中具有较大的实用意义，可以用来制订正确的热处理冷却工艺，分析淬火、正火、退火后钢件所得到的组织和力学性能；还可以用来分析焊接热影响区的组织和力学性能。

（三）过冷奥氏体向马氏体的转变

碳在 α-Fe 中的过饱和固溶体，称为马氏体，用 "M" 表示，一般来讲，当 $W_C < 0.25\%$ 时，马氏体仍为体心立方晶格；当 $W_C > 0.25\%$ 时，马氏体为体心正方晶格。马氏体的形态主要有板条马氏体和片状马氏体两种，马氏体的显微组织如图 3-13 所示。当奥氏体含碳量小于 2% 时，淬火组织中马氏体几乎全部是板条状，板条马氏体也称低碳马氏体。当奥氏体含碳量大于 1% 时，淬火组织中马氏体几乎全部是片状，片状马氏体也称高碳马氏体。含碳量在 0.2%～1% 的碳钢淬火组织为片状马氏体和板条马氏体的混合组织。

马氏体的力学性能与其含碳量有关，马氏体的硬度随含碳量的增加而增加，但当其含碳量超过 0.6% 时，由于残余奥氏体的增多，硬度增加甚微。高碳马氏体硬而脆，低碳马氏体具有较高的硬度和强度，而且韧性也较好，这种强度和韧性的良好配合，使低碳马氏体得到了广泛的应用。

马氏体转变在 M_s～M_f 的温度范围内进行，温度停止下降，转变也立即中断。奥氏体中

(a)　　　　　　　　　　　　(b)

图 3-13　马氏体的显微组织

(a) 高碳马氏体；(b) 低碳马氏体

含碳量越高，M_s、M_f 就越低，当含碳量大于 0.5％后，M_f 已降至 0℃以下。因此高碳钢淬火后总有少量奥氏体被保留下来，这部分奥氏体称为残余奥氏体（Ar）。要使残余奥氏体继续转变为马氏体，只有将钢冷至 0℃以下，该处理称为冷处理。实际上，即使把奥氏体过冷到 M_f 之下，仍有少量残余奥氏体存在。这是由于马氏体的比容是所有组织中最大的，马氏体形成时体积要膨胀，造成对尚未转变的奥氏体的压应力，阻碍了奥氏体向马氏体的转变。奥氏体的含碳量越高，马氏体比容就越大。马氏体形成时体积的膨胀将引起很大的内应力，这是钢淬火时产生变形和开裂的重要原因。

第三节　钢的普通热处理

热处理工艺按其作用可分为预备热处理和最终热处理两类。预备热处理是为了消除热加工（铸、锻、轧、焊等）所造成的缺陷，或为随后的冷加工和最终热处理做准备的热处理，一般包括退火和正火；最终热处理是使工件获得使用性能的热处理，一般包括淬火和回火。

一、退火

把钢件加热到略高于或略低于临界点（A_{c1}、A_{c3}）某一温度，保温一定时间，然后缓慢冷却（一般随炉冷却），这一工艺过程称为退火。

退火的目的是：细化晶粒，改善钢的力学性能；降低硬度，提高塑性，以便进一步切削加工；去除或改善前一道工序造成的组织缺陷或内应力，防止工件的变形和开裂。

根据钢的化学成分和对力学性能的要求不同，退火一般分为完全退火、球化退火、扩散退火和去应力退火等。

1. 完全退火

将钢件加热到 A_{c3} 以上的 30～50℃，保温一定时间，然后缓慢（随炉）冷却至 600℃以下出炉空冷到室温的热处理工艺，称为完全退火，又称重结晶退火。完全退火的加热温度如图 3-14 所示。

完全退火适用于亚共析钢，应用较为普遍。完全退火能细化晶粒，消除内应力，降低硬度，有利于切削加工。图 3-15 为中碳钢完全退火后的显微组织。亚共析钢完全退火后的室温组织为珠光体（见图 3-15 中深色部分）和铁素体（见图 3-15 中浅色部分）。

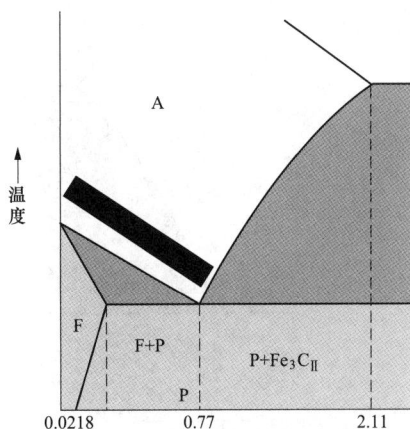

图 3-14　完全退火的加热温度

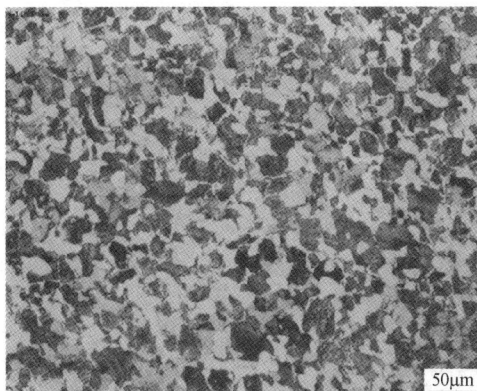

图 3-15　中碳钢完全退火后的显微组织

过共析钢不宜进行完全退火，因为加热到 A_{ccm} 温度以上再缓慢冷却时，渗碳体将以网状的形式存在于铁素体的晶界上，这样反而增加了钢的脆性。

2. 球化退火

将钢件加热到 A_{c1} 以上的 20～30℃，保温一定的时间后，随炉缓冷或在 A_{r1} 以下 20℃左右等温一定时间，使渗碳体球化，然后在 600℃ 以下出炉空冷至室温的热处理工艺，称为球化退火。球化退火的加热温度如图 3-16 所示。

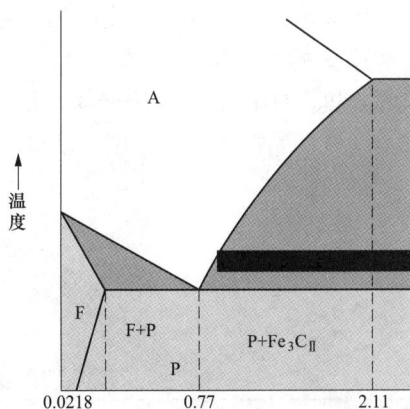

图 3-16　球化退火的加热温度

球化退火应用于共析钢和过共析钢，在退火过程中将渗碳体球状化，其目的主要是降低硬度，改善切削加工性能，并为淬火作组织准备。如图 3-17 所示为球化退火后球状珠光体的显微组织。

3. 去应力退火

将钢件缓慢加热至 A_{c1} 以下 100～200℃（一般为 500～600℃），去应力退火的加热温度如图 3-18 所示，适当保温，然后随炉缓慢冷却到室温，这种热处理称为去应力退火，又称低温退火。由于加热温度低于 A_{c1} 点，退火过程中不发生相变。

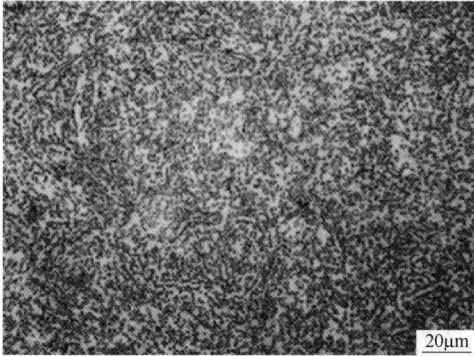

图 3-17 球化退火后球状珠光体的显微组织

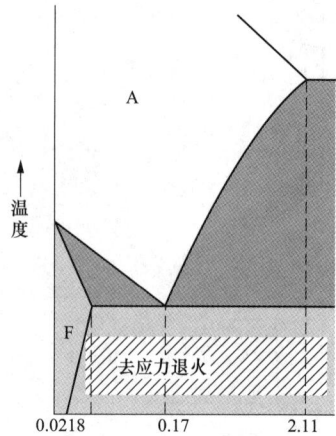

图 3-18 去应力退火的加热温度

去应力退火一般用于铸件、锻件及焊接件，目的是消除内应力，便于随后的加工或者在以后的使用过程中不易变形或开裂。

电厂中的焊接结构件一般都比较大，大多不能入炉加热。这时可以用火焰加热或感应电加热等局部加热方法，对焊缝及热影响区施行去应力退火。

二、正火

将钢件加热到 A_{c3} 或 A_{ccm} 以上 50～70℃，保温一定时间，然后在空气中冷却至室温，这种热处理工艺称为正火。正火与退火的加热温度范围如图 3-19 所示。另外，正火与退火的主要区别是冷却速度较快，因此，奥氏体转变成的珠光体片层就较薄（室温组织为索氏体，正火后 S 的显微组织如图 3-20 所示），晶粒较细，强度与硬度较高。

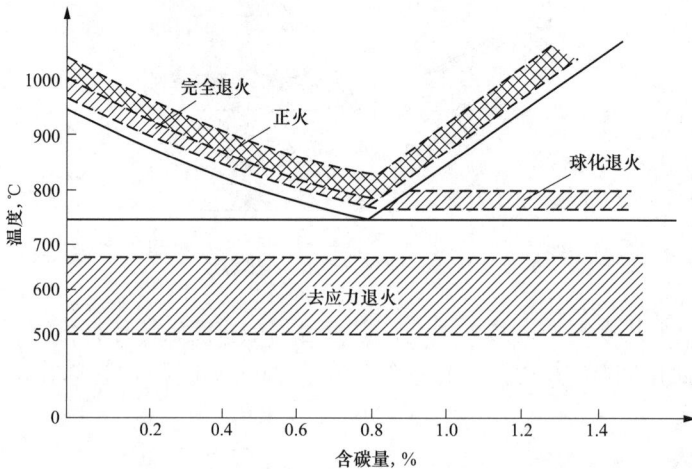

图 3-19 正火与退火的加热温度范围

正火的主要目的是细化晶粒，消除锻、轧和焊接件的组织缺陷，改善钢的力学性能。正火主要用于以下几个方面：

（1）作为普通结构零件的最终热处理。因为正火可消除铸造或锻造中产生的过热缺陷，细化晶粒，提高钢的强度、硬度和韧性，因此能满足普通结构件使用时的性能要求。

（2）用于改善低碳钢的切削加工性能。一般认为，金属材料的硬度在160～230HB切削加工性能较好。低碳钢退火状态的硬度普遍低于160HB，切削时易"黏刀"，零件的表面质量也较差。正火后，可通过适当提高其硬度来改善切削加工性能。

（3）作为较为重要的零件预备性热处理。合金结构钢在调质前用正火来调整一下组织以获得均匀而细密的结构；过共析钢在球化退火前用正火来消除组织中的网状渗碳体。

三、淬火

钢件加热到临界点（A_{c1} 或 A_{c3}）以上，保温一定的时间，然后迅速冷却至室温或让其在稍高于230℃的温度等温转变，得到马氏体或下贝氏体，提高钢件的硬度，这种热处理工艺称为淬火。

（一）加热温度的选择

碳钢淬火的加热温度是由钢中的含碳量来决定的，铁碳合金相图是选择温度的依据，碳钢淬火的加热温度如图3-21所示。

图3-20　正火后S的显微组织

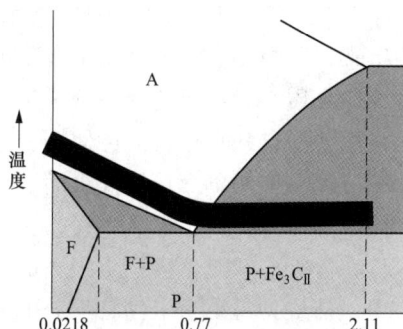

图3-21　碳钢淬火的加热温度

亚共析钢加热温度范围：$A_{c3}+30℃\sim50℃$。

共析钢和过共析钢加热温度范围：$A_{c1}+30℃\sim50℃$。

亚共析钢加热到上述温度，钢的组织转变为奥氏体，快速冷却后全部转变为马氏体。若加热温度低于 A_{c1}，则钢的组织为铁素体和奥氏体；淬火后奥氏体转变为马氏体，而铁素体则被保留下来，使钢的硬度不足，因而也就达不到淬火的要求。

过共析钢加热到上述温度，钢的组织转变为奥氏体和渗碳体，快速冷却后奥氏体转变为马氏体，渗碳体不变。由于渗碳体有很高的硬度值，因此能满足淬火后的力学性能要求。若加热温度超过 A_{ccm} 后，渗碳体虽然溶入奥氏体中了，组织全部变成了奥氏体，快速冷却后奥氏体又全部转变成马氏体，但由于温度高，奥氏体晶粒粗大，淬火后马氏体片也粗大，故脆性大增加了淬火变形和开裂的倾向。况且奥氏体中溶碳量增多后，M_s 和 M_f 的温度降低，淬火后残留奥氏体的量增加，使钢的硬度和耐磨性反而降低。

（二）冷却速度及冷却介质的选择

淬火时的冷却速度必须大于临界冷却速度，但过快的冷却又会增加内应力，引起钢件的变形和开裂。因此，选择合理的冷却介质是淬火工艺的关键。钢的等温冷却转变曲线是选择淬火时冷却速度和介质的依据。

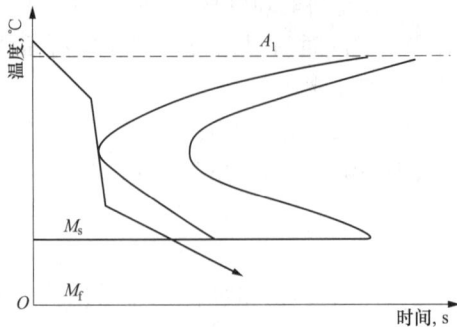

图 3-22　淬火的理想冷却曲线

淬火的理想冷却曲线如图 3-22 所示，冷却曲线先应稍慢冷却，冷至高温转变区则进行快速冷却，不能碰及等温冷却转变曲线；冷至中温转变区应该缓慢冷却。按这样的速度冷却，既能使奥氏体转变为马氏体，又能适当地调整钢件的温差，减少淬火冷却过程的内应力，避免钢件变形和开裂。

生产中最常用的淬火冷却介质是水和油。水是最价廉且冷却能力又强的一种冷却介质，在 650～550℃时有较大的冷却能力，在 300～200℃时冷却能力也很大。用水作冷却介质能避免出现非马氏体组织，保证钢件有足够高的硬度，但易使钢件变形和开裂。所以形状比较复杂或厚薄不均匀的钢件，不宜使用单一的水来冷却；各种矿物油（如锭子油、机油、变压器油等）也是常用的冷却介质。油的优点是在 300～200℃时冷却速度较低，可避免钢件的变形和开裂，但在 650～550℃时，其冷却能力也较低，所以不适用于一些临界冷却速度较大的钢种，常用作合金钢零件或碳钢小零件的淬火冷却介质。

近年来，国内外在淬火介质上有很大发展。目前，广泛研究和采用冷却能力介于水和油之间的冷却介质——水溶性（高分子聚合物）淬火剂。水溶性淬火剂可以与水以任意比例无限互溶，用普通自来水稀释即可使用。水溶性淬火剂的突出优点是无毒、无油烟、无着火危险、冷速可调、有效寿命长、淬火后工件可不清洗而直接回火等。

（三）淬火时的内应力

钢件在淬火冷却时，会产生很大的内应力，淬火时的内应力来自两个方面，即热应力和组织应力。热应力是由于工件各部分的冷却速度不一致，如工件的中心比表面冷却慢，厚截面比薄截面冷却慢，这种不均匀的冷却使得工件各部分温度不一致而引起各部分收缩不一致，从而产生热应力；组织应力是由于冷却中工件各部分温度不同，使工件冷却时的相变不可能在同时间内进行，而钢在不同的组织状态下，其比容各不相同，淬火后得到的马氏体比容最大，因而造成体积膨胀，引起内应力，即组织应力。

淬火时产生的内应力是造成工件变形甚至开裂的重要原因。当内应力大于钢材的屈服强度时，就产生变形；当内应力大于钢材的抗拉强度时，就产生开裂。

（四）淬透性的概念

在淬火时，小截面零件淬火后，表面和心部的冷却速度都大于临界冷却速度，则表面和心部均可淬透而得到马氏体。但较大截面零件淬火时，由于表面和心部冷却速度不同，心部冷却速度小于临界冷却速度，则表层得到马氏体，而心部有非马氏体组织出现，即钢件未被淬透，这时只是在从表面到心部的一定深度上获得了马氏体组织，钢中不同截面上的冷却速度与组织的关系如图 3-23 所示。一般规定，从钢件表面到半马氏体区（即组织中有 50％马氏体，另外的 50％为非马氏体组织）的深度作为淬硬层深度，并把钢件在一定条件下淬火时获得淬硬层深度的能力定义为淬透性，它表示钢接受淬火的能力。在同一淬火条件下，获得淬硬层越深的钢，其淬透性就越好。

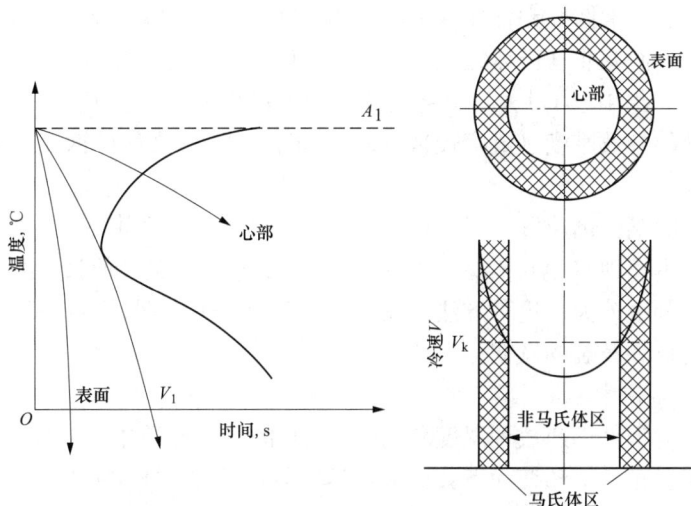

图 3-23 钢中不同截面上的冷却速度与组织的关系

V_k—临界冷却速度

显然，钢的淬透性与钢的临界冷却速度密切相关。所有能使 C 曲线右移，从而降低临界冷却速度的因素，都能提高钢的淬透性。

钢的淬透性主要取决于钢的化学成分。碳钢的含碳量越接近共析成分，临界冷却速度就越小，钢的淬透性也就越好；反之，碳钢的含碳量离共析成分越远，临界冷却速度就越大，钢的淬透性也就越低。除钴外，大多数合金元素都能显著提高钢的淬透性，尤其是微量的硼能强烈提高钢的淬透性。钢中合金元素的含量越高，提高淬透性的作用就越显著。

（五）淬火的分类

常用的淬火方法有单液淬火、双液淬火、分级淬火、等温淬火等。淬火分类示意如图 3-24 所示。

1. 单液淬火

将奥氏体化后的钢件迅速置于一种介质中冷却到室温，这种方法称为单液淬火，是生产中应用得最广泛的淬火方法。一般碳钢和低合金钢用水来冷却，简称为水淬；大多数合金钢用油作冷却介质，简称为油淬。这种方法操作简单，便于实现机械化和自动化，但水淬容易产生变形和开裂，油淬容易出现硬度不足等缺点。

2. 双液淬火

将奥氏体化后的钢件先置于一种冷却速度较大的介质（如水）中冷却，冷却到 300℃ 左右时，再将钢件移至另一冷却速度较小的介质（如油）中冷却至室温，这种方法称为双液淬火。双液淬火时，钢件先在水中淬

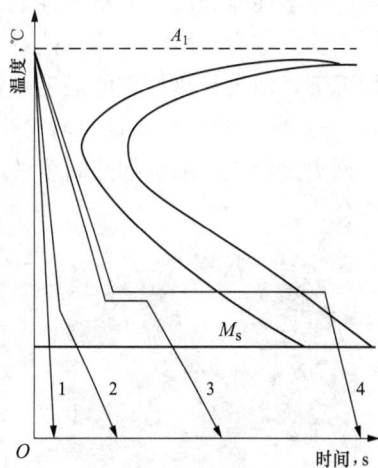

图 3-24 淬火分类示意

1—单液淬火；2—双液淬火；
3—分级淬火；4—等温淬火

火，其冷却速度大于临界冷却速度，可保证奥氏体转变为马氏体，使钢件具有较高的硬度，在接近 230℃ 时转入油中冷却，由于速度较慢，减少了钢件内外的温度差，使内应力减小，可有效地防止钢件的变形和开裂。

双液淬火关键在于掌握好钢件在水中冷却的时间。冷却时间过短，可能发生奥氏体向珠光体等组织的转变，而有非马氏体组织生成，影响硬度值；若冷却时间过长，钢件温度已降至230℃以下，又会使内应力过大，引起钢件的变形和开裂，失去了双液淬火的意义。目前生产上是根据钢件的有效厚度（或直径），按每毫米停留一秒来估计钢件在水中的冷却时间。

3. 分级淬火

将奥氏体化后的钢件迅速置于温度稍高于230℃的介质中，并停留一段时间，使钢件内外温度一致，然后迅速地将钢件移入另一种介质中冷却至室温，使过冷奥氏体转变为马氏体，这种方法称为分级淬火。这种方法不仅比双液淬火容易掌握，而且减小了工件的表里温差，从而减小了变形和开裂的倾向。

4. 等温淬火

将奥氏体化后的钢件迅速放到温度稍高于230℃的冷却介质中，并停留较长的时间，使过冷的奥氏体在等温条件下转变为下贝氏体，然后再将钢件置于空气中冷却至室温，这种方法称为等温淬火。等温淬火的等温转变温度以及保温的时间是根据钢件的等温冷却转变曲线（C曲线）来决定的。这种方法的特点可以减少钢件的内应力，避免变形和开裂，所得到的组织是下贝氏体，有较高的硬度和强度，又有一定的韧性，也不必进行回火处理；但所需时间长，生产率低。

四、回火

将淬火后的钢件再加热到临界点 A_{c1} 以下的某一温度，经过一定时间的保温，然后以适当的速度冷却到室温，这种方法称为回火。

淬火后的钢件一般硬而脆，其组织既不稳定而且存在较大的内应力，如不及时回火会影响钢的力学性能和尺寸的稳定性，甚至会导致变形和开裂。回火的目的就是为了降低钢的脆性，消除内应力，稳定尺寸。控制回火的加热温度，还可得到所需要的组织和力学性能。一般情况下，回火是热处理的最后一道工序，对钢的力学性能有很大的影响。

（一）回火时组织和性能的变化

回火过程中，随着加热温度的不同，淬火后以马氏体组织存在的钢将发生四个阶段的组织变化。

1. 室温至200℃时，马氏体分解为回火马氏体

在这一温度回火时，马氏体不断地析出极细的 ε 碳化物（$Fe_{2.4}C$），马氏体的过饱和程度稍有降低。但由于温度较低，碳原子的扩散能力很弱，ε 碳化物是弥散地分布在马氏体的基体上与马氏体保持着共格关系，这种组织称为回火马氏体。由于 ε 碳化物是均匀弥散地分布在马氏体基体上的，因此回火马氏体与淬火马氏体的形态基本上是一样的，只是在相同的腐蚀条件下，回火马氏体比淬火马氏体易于腐蚀，金相照片中的显微组织呈暗黑色，回火马氏体的显微组织如图 3-25 所示。

图 3-25　回火马氏体的显微组织

由于回火马氏体是 ε 碳化物与过饱和铁素体的共格组织，因此硬度值仍然很高，脆性比相同含碳量的淬火马氏体要小。

2.200～300℃时，残余奥氏体分解为回火马氏体

含碳量大于0.6％的钢，淬火后往往有一部分残余奥氏体组织。当淬火马氏体转变为回火马氏体后使体积缩小，从而减小了对残余奥氏体的压力，为残余奥氏体的分解提供了条件。残余奥氏体在250℃分解得最快，在300℃左右基本上分解完毕。残余奥氏体也分解为回火马氏体，分解为回火马氏体后，钢的硬度会有所提高。

3.300～400℃时，马氏体转变为屈氏体

ε碳化物是很不稳定的相，随着温度的升高要向渗碳体转化。转化过程是以ε相重新溶入α-Fe，渗碳体又从α-Fe不断析出这一方式进行的。这要在温度升高到250℃以后，碳原子的活动稍强了一些才有条件，在400℃以下的温度，所形成的渗碳体是细粒状的。这种细粒状的渗碳体和铁素体的机械混合物称为屈氏体，用符号T表示，回火屈氏体的显微组织如图3-26所示。此时，内应力消除了，屈氏体的硬度与强度虽然有些下降，但已具备了一定的塑性和韧性。

4.400℃以上，马氏体转变为索氏体

当回火温度高于400℃以后，由于原子的扩散能力进一步增强，粒状的渗碳体逐渐聚集长大；铁素体中碳的过饱和度也逐渐减少和消失，铁素体也逐渐由针状过渡到多边形晶粒。由颗粒状的渗碳体和多边形铁素体组成的机械混合物称为索氏体，用符号S表示，回火索氏体的显微组织如图3-27所示。索氏体的强度和硬度值虽较屈氏体降低了一些，但塑性和韧性值却有所提高。索氏体既具有较高的强度和硬度，又具有较高的塑性和韧性，即具有较好的综合力学性能。

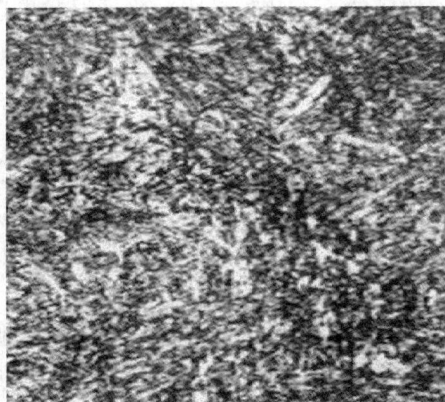

图3-26 回火屈氏体的显微组织

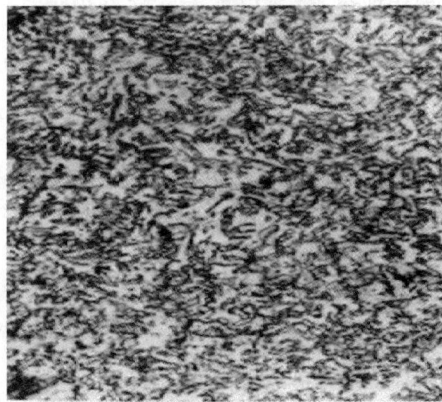

图3-27 回火索氏体的显微组织

综上所述，回火时加热的温度不同，马氏体的含碳量、残余奥氏体量、内应力及渗碳体的尺寸大小也不同，其关系如图3-28所示。图3-28反映了钢件在不同的回火温度下回火处理时组织及内应力的变化情况，马氏体中的含碳量、残余奥氏体量和内应力均随回火温度的升高而降低，当回火超过100℃以后开始形成碳化物，碳化物的颗粒大小随回火温度的升高而逐渐增大。这些组织上的变化将导致力学性能的改变，40钢在不同温度下回火后力学性能的变化如图3-29所示。从图3-29中可看出，钢的强度和硬度有基本相同的变化规律，当温度超过250～300℃以后，强度和硬度均要降低，这是由于马氏体已逐渐转变成为其他组织，钢的塑性随着回火温度的升高而提高，钢的强度和硬度明显降低。另外，当温度降至250～300℃以下时，由于硬度高的ε碳化物弥散地分布在马氏体基体上，而且淬火应力又有

所降低，钢的强度和硬度略有提高。

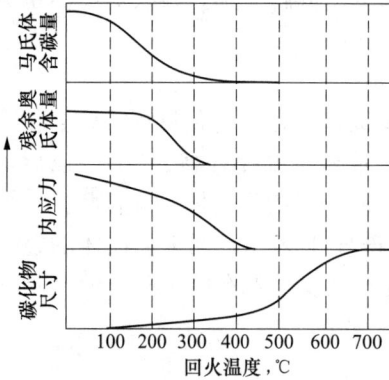

图 3-28 钢中马氏体的含碳量、残余奥氏体量、内应力及渗碳体尺寸与回火温度的关系

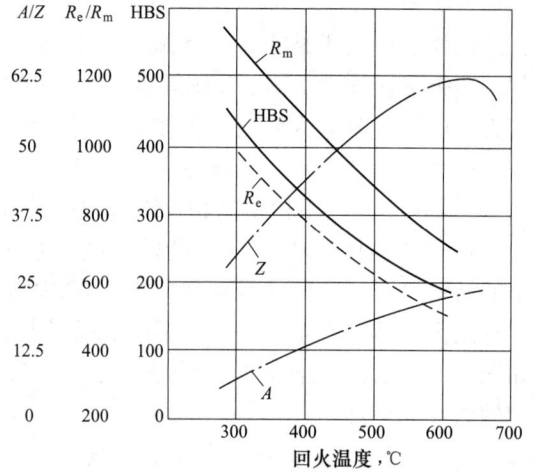

图 3-29 40 钢在不同温度下回火后力学性能的变化

钢的韧性在 200℃ 以下回火时有些提高，但在 250～300℃ 时反而降低，这种现象称为钢的回火脆性，主要原因是碳化物沿马氏体的晶界析出，破坏了基体组织的联系，引起脆性的增加。因此，要避免在 250～300℃ 的范围内回火。某些合金钢不仅在 250～300℃ 会出现脆性增加的现象，在 550℃ 左右还会出现一次脆性增加的倾向。在热处理中，将低温时出现的回火脆性称为第一类回火脆性，在高温时产生的回火脆性称为第二类回火脆性。

（二）回火的分类

1. 低温回火（150～250℃）

低温回火后所得到的组织为回火马氏体。回火后内应力和脆性降低，但保持了高硬度（58～64HRC），钢件具有高的耐磨性。此类钢件主要用于工具、模具、滚动轴承、易磨损件以及渗碳或表面淬火后的回火处理。

2. 中温回火（350～450℃）

中温回火所得到的组织为回火屈氏体。回火后钢的特点是有较高的弹性强度和屈服强度，内应力基本消除，故具有较好的韧性。此类钢件主要用于处理各种弹簧件以及某些强度要求较高的轴类、刀杆和轴套等。

3. 高温回火（500～650℃）

高温回火所得到的组织为回火索氏体。回火后钢的力学性能既有较好的强度和硬度，又有较好的塑性和韧性，具有较好的综合力学性能。淬火之后再进行高温回火的工艺称为调质处理。调质处理主要用于各种重要的结构零件，如汽轮机的大轴、叶片、叶轮、齿轮、螺栓等，高温回火也广泛用于电厂高压蒸汽管道的焊后热处理。

第四节 钢的表面热处理

生产中有许多在扭转、弯曲以及交变载荷或易磨损条件下工作的零件，如轴、齿轮、凸轮等，要求其表面有高的强度、硬度、耐磨性、疲劳强度，而心部保持足够的塑性和韧性。

采用表面热处理即表面淬火和化学热处理是满足上述要求的有效方法。

一、表面淬火

将钢件的表面迅速地加热到奥氏体化的温度，再将钢件迅速地冷却到室温，使表面的组织转变为马氏体，而心部的组织未来得及变化，这种热处理工艺称为表面淬火，如图 3-30 所示。

表面淬火的零件一般是用中碳钢制造的。表面淬火后，钢件表面的组织为具有高硬度的马氏体，其心部仍为铁素体和珠光体，仍具有较高的韧性，因而，表面硬中心韧可用于耐冲击又耐磨损损坏的工件。

表面淬火的加热方法最常用的是火焰加热和感应电加热两种。火焰加热表面淬火操作工艺示意如图 3-31 所示。它是用氧-乙炔或氧-煤气的混合气体的火焰喷射到钢件表面，使其迅速加热到 A_3 以上温度，随即喷水冷却，使钢件获得所需要的表面层硬度的一种热处理工艺。火焰加热表面淬火的淬硬层深度一般为 2～6mm，这种操作方法比较简便，但加热温度不易控制，钢件表面质量不够稳定。因此，其应用受到了限制。

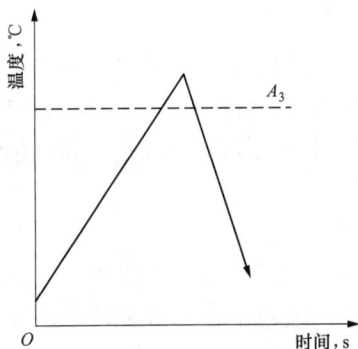

图 3-30　表面淬火示意

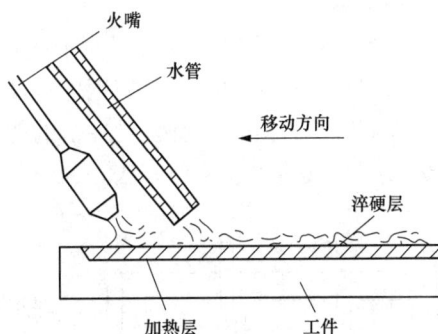

图 3-31　火焰加热表面淬火操作工艺示意

感应加热表面淬火是将工件置于通以一定频率交流电的线圈中，利用感应电流对钢件表面快速加热至淬火温度，然后喷水冷却，使钢件表面淬硬的一种热处理工艺，其工作原理如图 3-32 所示。感应电加热的温度容易控制，加热速度极快，表面质量比较稳定，是目前应用较为广泛的表面淬火工艺。

二、化学热处理

将钢件置于化学介质中，加热到一定的温度并保温一定的时间，使介质中的活性原子渗入钢件的表面层，以改变表层的化学成分和组织，从而使钢件的表面获得某些特殊的性能，这种工艺称为化学热处理。

化学热处理的种类很多，根据渗入的元

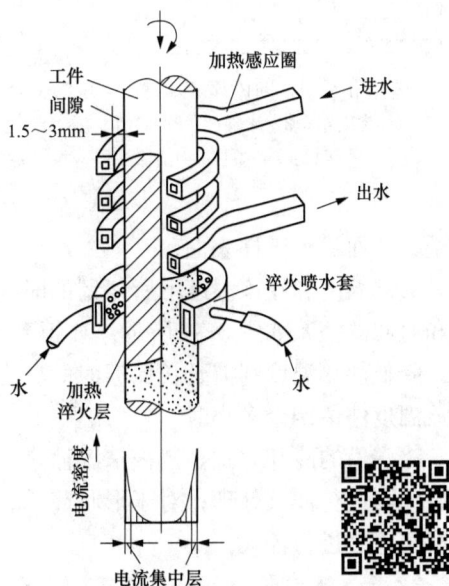

图 3-32　感应加热表面淬火的工作原理示意

素不同，可分为渗碳、渗氮、碳氮共渗（氰化）和渗金属等。化学热处理应用日益广泛，是很有发展前途的一种热处理工艺。

化学热处理种类虽多，基本原理是一样的，都包括以下三个过程：

（1）化学介质的分解。化学元素分解出活性原子，如渗碳时由介质中分解出活性炭原子[C]。只有分解出了新生状态的活性原子才能被零件表面吸收并渗入到钢中。

（2）活性原子被金属表面吸收。活性原子是向钢的固溶体中溶解，如渗碳时活性炭原子向奥氏体中溶解。但在活性原子浓度很高的情况下，固溶体达到饱和浓度以后，活性原子将与钢中的某些元素形成化合物。

（3）介质元素向内部扩散。由于渗入元素在钢的最表层浓度很高，与内层形成了浓度差，从而使渗入介质的元素由表层向内部扩散。钢件在化学介质中经过一定的时间加热和保温后，能得到一定深度的扩散层。

由此可见，为了得到某些特殊的性能，为了有好的元素分解和扩散的条件，首先要选择合适的介质，其次要合理选择加热温度和保温时间。

（一）渗碳

渗碳是向钢件的表层渗入碳原子的过程。基本工艺是将钢件置于碳的介质中，加热至900～950℃保温一定的时间，使钢件表面增碳。其目的是增加钢件表面的硬度，使其具有耐磨性；而心部韧性好，具有承受冲击的能力。渗碳零件一般采用低碳钢制造。常用渗碳工艺有固体渗碳和气体渗碳两种方法。

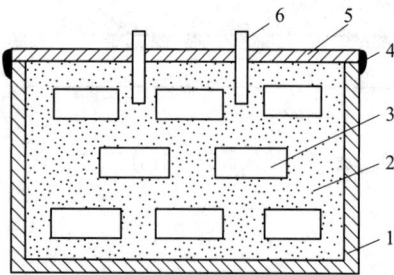

图 3-33　固体渗碳示意
1—渗碳箱；2—渗碳剂；3—零件；
4—泥封；5—盖；6—试棒

1. 固体渗碳

渗碳过程如下：将工件和固体渗碳剂装入由铸铁或耐热合金制成的渗碳箱中，保持工件之间及工件与箱壁间的一定距离，固体渗碳示意如图3-33所示。把渗碳箱用泥密封后放入加热炉中加热至900～950℃，保温一定时间后将箱自炉中取出冷却，经渗碳后的零件再接受淬火、回火处理。

固体渗碳剂是木炭和10%～20%的碳酸盐混合物。碳酸盐的成分以碳酸钡为主，另加少量碳酸钠、碳酸钙。其中，木炭提供渗碳过程所需的活性炭原子，碳酸盐则起着催化作用，促进产生更多的活性炭原子，从而渗入工件表面。

渗碳温度和在该温度下所停留的时间长短，直接影响着渗碳层的厚度，渗碳层厚度与温度和时间的关系如图3-34所示。要得到一定厚度的渗碳层，升高加热温度可以缩短保温时间，降低加热温度则需延长保温时间。在900～950℃渗碳，要得到1.5mm的渗碳层，必须在该温度停留四个多小时。

渗碳后的冷却方式，需视情况而定。对于质量要求高的零件，须待零件与渗碳箱一起冷却后，再进行淬火处理；对于形状简单、要求不太高的零件，可不待渗碳箱完全冷却即从箱中取出直接进行淬火。

2. 气体渗碳图

工件在密封的炉膛中被加热至900～950℃，向密封的炉膛内通入渗碳气体或滴入易受热分解和气化的液体，以供给活性炭原子并渗透扩散至钢件的表层，完成气体渗碳过程。通入的气体主要为甲烷、乙烷、丁烷等饱和碳氢化合物，也可直接通入城市煤气或石油液化气。通入的液态介质主要为苯、醇、煤油等易受热分解的化合物。渗碳完毕，一般都是待零件缓冷后，再重新加热淬火。

气体渗碳时零件与热介质直接接触，并可调节介质的浓度，渗碳层的厚度也易于控制，因此，气体渗碳所需的时间比固体渗碳大为缩短，一般渗碳层深度在 0.5～2.0mm，采用固

图 3-34　渗碳层厚度与温度和时间的关系

体渗碳需 4～15h，气体渗碳只需 3～9h。而且气体渗碳劳动条件好，易于实现机械化和自动化，生产效率高，因而在现代生产中得到广泛应用。

3. 渗碳后的热处理

零件渗碳后，表面层的碳浓度最高，为 0.9%～1.2% 的含碳量，从表面向中心其含碳量逐渐降低，中心是原始碳浓度。因此，渗碳零件截面的金相组织也是不同的，表面为过共析的 $P+Fe_3C$，过渡为共析的 P，中心为亚共析的 $F+P$。况且由于渗碳时，加热温度高，保温时间又比较长，晶粒就比较粗大，过共析中的渗碳体呈网状分布。因此，渗碳后必须进行淬火和回火处理。常用的有一次淬火加回火或二次淬火加回火的热处理工艺。

一次淬火法是将渗碳后的零件再加热到 A_1～A_3，进行淬火，然后在 160～180℃ 回火。

二次淬火法是将渗碳后的零件，先加热到 A_3 温度以上进行淬火，以消除表面层的网状渗碳体并细化晶粒，然后再进行第二次淬火，淬火的加热温度视技术要求而定。如要求表面硬度高的可选 770～790℃ 淬火；如要求中心强度和硬度也比较高的可选 810～830℃ 淬火，最后在 150～250℃ 进行低温回火。

零件经渗碳及随后的淬火回火处理后，其表面层的组织为回火马氏体及二次渗碳体（包括少量的残余奥氏体），硬度为 58～62HRC；中心部分一般为铁素体和珠光体（有些淬成了马氏体），其硬度约为 20HRC，这种表面硬中心韧的性能能满足工程上某些特殊钢件的使用要求。

（二）渗氮

零件表面层渗入氮原子的工艺称渗氮，又称氮化。其目的是提高表面的硬度、耐磨性、疲劳强度、耐蚀性和耐热性等。由于渗氮层极薄、极硬，渗氮后不再进行切削加工及其他处理而直接应用。因此，渗氮之前许多零件都经过了调质处理，渗氮加热温度不宜高于调质处理的回火温度，以免改变零件的力学性能。

通常以中碳合金结构钢作为渗氮钢种，钢中含有强氮化物形成元素，如铝、铬、钼、钒等。最常用的渗氮钢为 38CrMoAl 钢，氮渗入钢件的表面后，可形成氮化铝（AlN）、氮化钼（Mo_2N）、氮化铬（Cr_2N）等合金氮化物，这些氮化物硬度高、熔点高、稳定性好，在钢的表面层弥散地分布，能有效地提高其耐磨性、疲劳强度和耐腐蚀性能。38CrMoAl 钢渗氮后表面硬度可达 850HV 以上，而且在 600℃ 以下工作也不会降低其硬度。火电厂广泛应用这种钢经调质并渗氮处理后作为汽轮机的蒸汽喷嘴、主汽门套筒、阀杆等零部件，有些轴

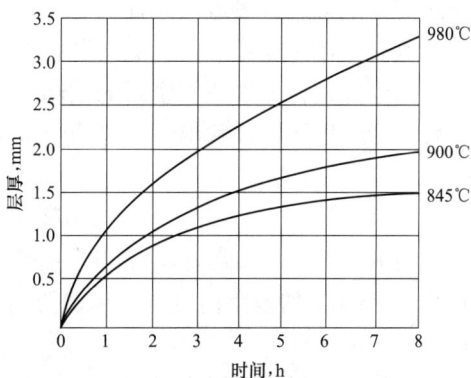

的轴颈部分也常进行渗氮热处理。

渗氮有气体渗氮和液体渗氮两种。

气体渗氮是将零件放入密封的铁箱中，置于热处理炉子中加热，并将氨气通入铁箱中。氨在较高的温度下，分解出活性氮原子，活性氮原子渗入钢件表面，并逐步向中心扩散。氨的分解反应如下：

$$2NH_3 \longrightarrow 3H_2 + 2[N]$$

氨的分解在 200℃ 以上开始，同时因为铁素体对氮有一定的溶解能力，所以气体渗氮一般在 500~570℃ 的范围内进行。渗氮处理速度较慢，例如要得到 0.3~0.5mm 厚的氮化层需要 20~50h。

液体渗氮是把零件置于含有活性氮原子的熔盐中进行的。渗氮温度与气体渗氮相同，但是由于液态熔盐直接与零件相接触，使渗氮的时间大为缩短。渗氮用的熔盐主要成分为钾、钠的氰化盐、碳酸盐和氯化物。氰化盐的作用是供给活性氮原子，碳酸盐和氯化物的作用是调整和控制熔盐的熔点并增加熔盐的流动性。

（三）碳氮共渗

碳氮共渗又叫氰化，是使钢件表面同时渗入碳原子和氮原子的化学热处理工艺。目的是提高表面硬度、耐磨性和疲劳强度，所得到的效果比单一的渗碳或渗氮更好。常用的氰化工艺有气体碳氮共渗和液体碳氮共渗。

1. 气体碳氮共渗

气体碳氮共渗是在气体渗碳的条件下，送入渗碳气体的同时，再向炉内通入氨气，达到既渗碳又渗氮的双重目的。由于氨的加入，便能在比渗碳处理低的温度下进行碳氮共渗。气体碳氮共渗目前常用的有中温气体渗碳氮和低温气体渗碳氮两种。

（1）中温气体碳氮共渗。碳钢和低合金钢的零件，共渗温度选在 840~860℃，这样的温度晶粒不致过度长大，变形也较小，并可在碳氮共渗后直接进行淬火。对于那些尺寸小、形状复杂、变形要求很小的耐磨零件，如缝纫机及仪表零件，常用 700~780℃。

零件经中温气体碳氮共渗后也需要进行淬火及低温回火，以改善其表面层和中心部分的组织和性能。

（2）低温气体碳氮共渗。共渗温度一般选用 520~570℃，共渗介质是尿素、甲酰胺、三乙醇胺等有机化合物。在共渗温度下，这些化合物分解出活性氮和活性炭原子，同时渗入钢件的表面形成共渗层。如尿素在 500℃ 以上发生的分解反应如下

$$(NH_2)_2CO \longrightarrow CO + 2H_2 + 2[N]$$
$$2CO \longrightarrow CO_2 + [C]$$

低温气体碳氮共渗又称为气体软氮化，是一种较新的化学热处理，目前在生产中应用较广。气体软氮化能有效地提高零件的耐磨性、疲劳强度、抗咬合和抗擦伤等性能。而且碳氮共渗层不仅硬度高还具有一定的韧性，因而不容易产生剥落现象。气体软氮化工作温度低、零件变形小、生产周期短、成本低，而且不受钢种限制，适用于碳钢、合金钢、铸铁等材料的零件。

2. 液体碳氮共渗

液体碳氮共渗是在液态的熔盐中进行碳氮共渗。熔盐主要成分是氰化钾和氰化钠，液体碳氮共渗所用的氰化盐含量较高，处理温度较低。共渗温度选在 760~870℃，当采用较高

的共渗温度时，可以提高渗入速度，得到较厚的渗入层，共渗后淬火可以把心部淬硬，较高的共渗温度渗入碳的相对量较多；较低的共渗温度可减小淬火时产生的变形，渗入氮的相对量较少。氰化盐有剧毒，使用时必须注意安全。

（四）渗金属

常用的渗金属有渗铬及渗铝等，即将铬或铝等金属元素的原子渗入钢件的表面层。钢件的表面层有了一定量的铬或铝元素后，其组织和性能将要发生变化。所渗入的金属元素不同及含量不同，钢件表面层就具有不同的性能。渗铬和渗铝均能提高钢件表面的疲劳强度和高温抗氧化性能，可以部分地代替耐热钢，制造热力设备中的零部件。

复习思考题

一、选择题

1. 在 600～550℃，奥氏体转变为以下哪型组织（　　）？

A. 珠光体　　　　B. 索氏体　　　　C. 屈氏体　　　　D. 贝氏体

2. 过饱和铁素体和极为分散的渗碳体的机械混合物是下列哪种组织（　　）？

A. 珠光体　　　　B. 莱氏体　　　　C. 贝氏体　　　　D. 马氏体

3. 淬火时产生的内应力包括（　　）。

A. 热应力　　　　B. 切应力　　　　C. 组织应力　　　　D. 正应力

二、简答题

1. 根据转变产物的相关特点（见表 3-2），归纳比较共析钢过冷奥氏体冷却转变中几种产物的特点。

表 3-2　　　　　　　　转变产物的相关特点

转变产物	采用符号	形成条件	相组成物	显微组织特征	力学性能特点
珠光体					
索氏体					
屈氏体					
上贝氏体					
下贝氏体					
马氏体					

2. 马氏体的硬度为什么很高？低碳马氏体和高碳马氏体性能上有什么不同？为什么？

3. 临界冷却速度的意义是什么？它与 C 曲线的位置有什么关系？对淬火有什么实际意义？

4. 影响淬火钢硬度的主要因素是什么？如果其他条件都相同，试比较下述材料的淬火硬度：

（1）含碳 0.3％和 0.6％的碳钢。

（2）含碳 0.6％和 0.8％的碳钢。

5. 试述退火、正火、淬火的目的及操作方法。

6. 什么是调质处理？钢经调质后获得什么组织？调质适用于哪些零件？

7 什么叫回火？钢淬火后为什么必须及时回火？实际生产中常用哪几种回火工艺？各适用于哪些零件？

8.45 钢经调质处理硬度为 240HB，若再进行 20℃回火，是否可以使其硬度提高？为什么？此钢经淬火、低温回火后硬度为 57HRC，若再进行 560℃回火，是否会降低其硬度？为什么？

9. 什么是表面热处理？哪些零件需要进行表面热处理？

10. 什么是化学热处理？它与一般热处理比较有何特点？

11. 什么叫渗碳和渗氮？经渗碳和渗氮后钢具有什么特点？举例说明其在热力设备中的应用。

12. 渗铝常用于火电厂哪些零部件？有什么作用？

13. 现有低碳钢齿轮和中碳钢齿轮各一只，为了使轮齿表面具有高的硬度和耐磨性，各应怎样进行热处理？并分析比较热处理后它们在组织与性能上的差别。

第四章 合 金 钢

合金钢是以铁和碳元素为基础，为了满足某方面的性能要求，有目的地加入一些其他元素冶炼而成的钢。这种有目的加入的元素称为合金元素。常用的合金元素有铬、锰、硅、钼、钨、钒、钛、铌、硼、镍、锆、稀土等。

合金元素加入后，可以提高钢的力学性能，改善钢的工艺性能。有些合金元素的含量达到一定时，还可以使钢具有某些特殊的力学性能或某些特殊的物理、化学性能。合金钢的力学性能优于碳钢，一般情况下都具有较好的综合力学性能，故较重要的机械零件多选用合金钢来制造。具有特殊性能的合金钢，用来制造特殊用途的机械零部件。

第一节　合金元素对钢的影响

一、合金元素在钢中的存在形式及对性能的影响

按照合金元素在钢中与碳的作用不同，可以将合金元素分为两类。一类是不与碳作用的元素，因而不能形成碳化物，只能溶入固溶体；另一类是与碳有亲和力，能形成碳化物。

1. 合金元素溶入铁素体

几乎所有的合金元素都能或多或少地溶入铁素体而形成合金铁素体。由于合金元素与铁的晶格类型和原子半径有差异，故合金元素溶入铁素体后必然引起晶格畸变，从而产生固溶强化，使铁素体的强度和硬度升高，塑性和韧性下降，合金元素对铁素体硬度的影响、韧性的影响分别如图 4-1 和图 4-2 所示。

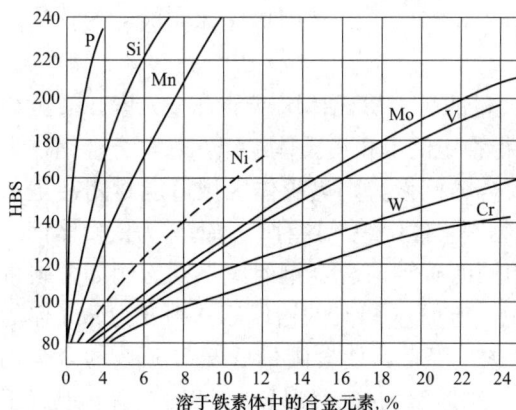

图 4-1　合金元素对铁素体硬度的影响

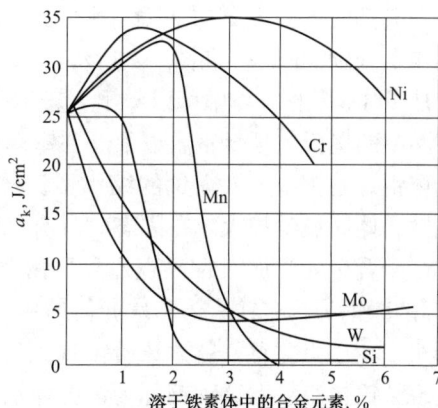

图 4-2　合金元素对铁素体韧性的影响

由图 4-1 可知，合金元素加入量越多，铁素体的硬度值就越高，以硅、锰、镍元素为最显著。

由图 4-2 可知，硅量在 1% 左右、锰量在 1.5% 左右时，既能提高铁素体的硬度，又不

降低其韧性；铬元素含量在 2%～3%，镍元素含量在 4%～5% 时，不仅能提高铁素体的硬度还能提高其韧性。

2. 形成碳化物

能与碳化合形成合金碳化物的元素，按其与碳的亲和力由弱到强大致可排成下列次序：锰、铁、铬、钼、钨、钒、锆、铌、钛等。与碳的亲和力越强，所形成的碳化物硬度就越高，稳定性也越好。

与碳亲和力较弱的元素（如锰、铬、钼、钨等）含量较少时，其中一部分以原子状态溶入固溶体，另一部分进入渗碳体而置换其中的铁原子，形成合金渗碳体，如 $(Fe、Mn)_3C$、$(Fe、Cr)_3C$ 等。当这类元素的含量较多时，将形成特殊的化合物，如 Cr_7C_3 或 $(Fe、Cr)_7C_3$、WC 或 $(Fe、W)_6C$ 等。

与碳的亲和力强的元素，如钒、锆、铌、钛等，只要钢中有足够的碳元素，就能形成这些元素的合金碳化物，如 VC、ZrC、NbC、TiC 等。只有在钢中缺少碳的情况下，这些元素才以原子状态溶入固溶体。

合金元素不同，合金碳化物的形状和尺寸也不同，强碳化物元素的碳化物呈颗粒状，比较细碎。因此，这些碳化物虽然硬度要更高些，但脆性比弱碳化物小。强碳化物元素加入钢中后，更能起弥散硬化、增加强度和硬度的作用。

二、合金元素对铁碳合金相图的影响

合金元素对 $Fe\text{-}Fe_3C$ 相图中的相区和 S、E 等临界点位置都有影响。由于三元相图及多元相图比较复杂，可以用合金元素对 $Fe\text{-}Fe_3C$ 相图的影响来分析合金钢的组织变化规律。

常用合金元素对 $Fe\text{-}Fe_3C$ 相图的影响可以分为两类。一类是扩大奥氏体组织的相区，属于这一类的合金元素有锰、镍、氮等；另一类是缩小奥氏体组织的相区，属于这一类的合金元素有铬、钨、钼、钒、钛、铝、硅等。扩大奥氏体区域的合金元素，一般都使 A_3 及 A_1 温度下降；凡是缩小奥氏体区域的合金元素，一般都使 A_3 及 A_1 温度升高。而所有的合金元素一般都使 S 点及 E 点左移。锰元素及铬元素对 $Fe\text{-}Fe_3C$ 相图中奥氏体相区和 S、E 点的影响，分别如图 4-3 和图 4-4 所示。

从图 4-3 和图 4-4 中可以看出，若钢中加入大量的扩大奥氏体区域的合金元素，其至会使相图中的奥氏体延至室温以下。在室温下能获得稳定的单相奥氏体组织，这种合金钢称为奥氏体钢。若钢中加入大量的缩小奥氏体区域的合金元素，则奥氏体区域可能封闭其至消失，铁素体区域就扩大，在固态时具有稳定的单相铁素体组织，这种合金钢称为铁素体钢。

由于合金元素加入后 S 点左移，使含碳量相同的碳钢与合金钢组织不同。例如含碳量 0.4% 的碳钢为具有铁素体和珠光体的亚共析组织，但加入 14% 的铬以后，则变为珠光体的共析组织。E 点左移，就意味着出现莱氏体的含碳量降低，使含碳量低于 2.11% 的合金钢中出现莱氏体组织，这种钢称为莱氏体钢。例如，高速钢的含碳量只有 0.8% 左右，但属于莱氏体钢。

由于合金元素对 A_3 及 A_1 温度的影响，使合金钢的热处理加热温度发生变化，在一般情况下除含 Ni 和 Mn 的合金钢外，大多数合金钢的热处理温度都高于相同含碳量的碳钢。

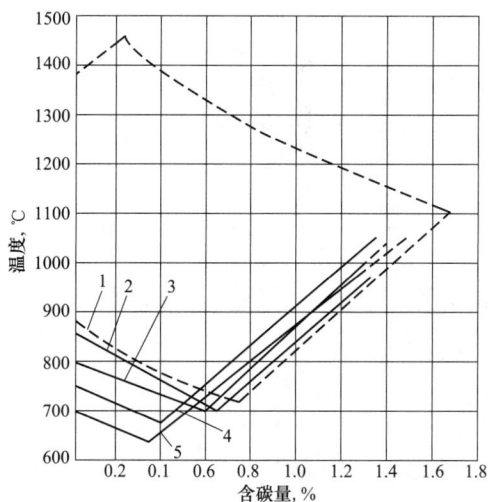

图 4-3 锰对 Fe-Fe₃C 相图的影响

1—0.035％Mn；2—2.5％Mn；3—4％Mn；

4—6.6％Mn；5—9％Mn

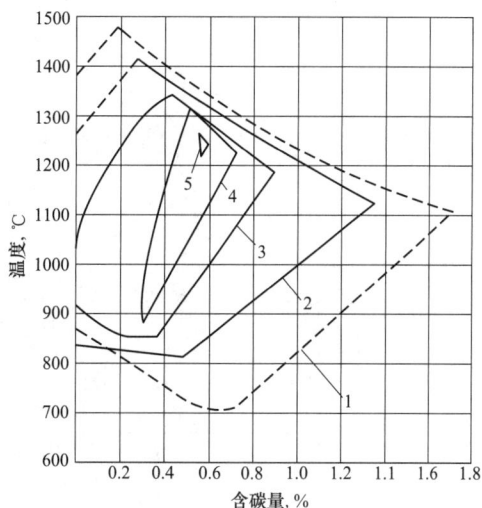

图 4-4 铬对 Fe-Fe₃C 相图的影响

1—0％Cr；2—5％Cr；3—12％Cr；

4—15％Cr；5—19％Cr

三、合金元素对钢热处理的影响

1. 合金元素对奥氏体化的影响

合金元素加入钢中后，改变了碳在钢中的扩散速度。除镍、钴元素外，大多数合金元素使奥氏体化过程减慢，特别是碳化物形成元素能显著地减慢碳在奥氏体中的扩散速度，使奥氏体的形成速度大大减慢。由于合金元素造成碳在奥氏体中扩散困难，再加上合金碳化物稳定性较高，较难溶入奥氏体，致使奥氏体化被推延到较高的温度范围内进行。合金钢在奥氏体化过程中，不仅要进行碳的均匀化，而且还要进行合金元素的均匀化，因此合金钢的奥氏体化的保温时间也比碳钢长。

合金元素中除锰外，几乎都能阻止奥氏体晶粒长大，尤其是与碳亲和力强的元素作用更为显著。因为，强碳化物形成元素在钢中能形成稳定的碳化物，且以弥散质点的形式分布在奥氏体的晶界上，对奥氏体晶粒的长大起机械阻碍作用。这有利于在淬火时获得细马氏体，使钢具有较好的力学性能。

2. 合金元素对过冷奥氏体转变的影响

合金元素中除钴外，几乎都能使 C 曲线右移，降低钢的临界冷却速度，提高钢的淬透性。合金元素对奥氏体等温冷却转变曲线的影响，如图 4-5 所示。

锰及非碳化物形成元素加入后仅使 C 曲线右移；与碳的亲和力比铁强的碳化物元素加入后，C 曲线不仅右移，并改变了形状，分为上、下两个 C 曲线。其中上 C 曲线是珠光体转变区，下 C 曲线是贝氏体转变区，在两区之间过冷奥氏体具有较大的稳定性。形成碳化物的元素，只有当碳化物完全溶解在奥氏体中，才能增加奥氏体的稳定性，否则，未溶解的碳化物在冷却过程中可能成为过冷奥氏体分解产物的核心，反而加速奥氏体的分解速度，降低其稳定性。

使 C 曲线右移最强烈的合金元素是铬、镍、钼、锰。如果钢中同时具有两种以上的这

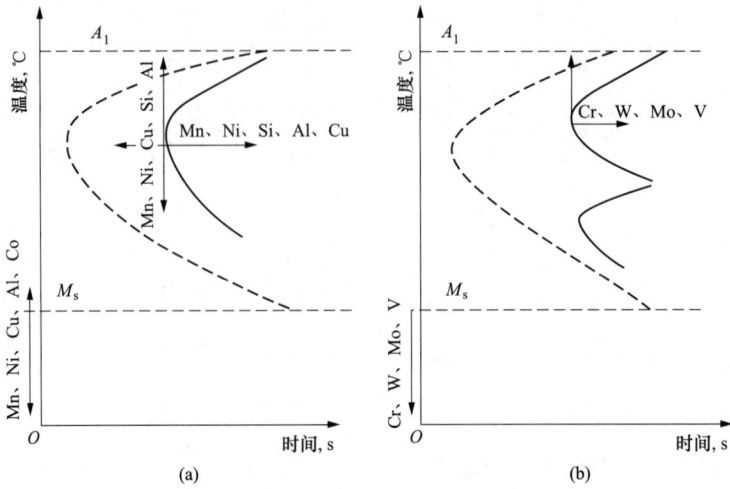

图 4-5 合金元素对奥氏体等温冷却转变曲线的影响

（a）Mn 及非碳化物形成元素的影响；（b）强碳化物形成元素的影响

些元素，C 曲线右移则更明显，使钢具有极其良好的淬透性。合金钢淬透性显著增加，合金钢淬火回火后的强度和硬度也就能显著地提高。由于合金钢的淬透性好，有些合金钢可在油甚至空气中进行淬火冷却，从而减少了内应力。这样，合金钢经过热处理后，强度与硬度比碳钢高，而脆性比碳钢小得多，因此，可以具有更好的综合力学性能。

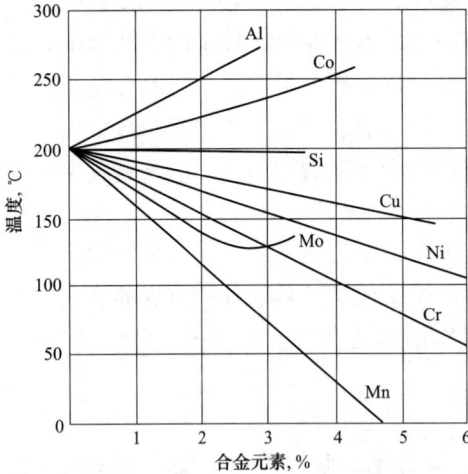

图 4-6 合金元素对 M_s 点的影响

大多数合金元素使 M_s 与 M_f 温度点下降，合金元素对 M_s 点的影响如图 4-6 所示。M_s 点越低，淬火后钢中的残余奥氏体数量就越多，因而会使钢淬火后的硬度和耐磨性下降，同时尺寸稳定性也降低，对于尺寸稳定性要求高的精密零件，淬火后需进行相应的稳定化处理，如冷处理或长时间的低温回火处理（时效）。

3. 合金元素对回火转变的影响

回火时钢的组织转变，主要是马氏体的分解及碳化物的析出与聚集长大的过程。合金元素加入钢中便推迟和阻碍这一过程的进行，如果需要完成上述的转变，就需要更高的温度和更长的保温时间。合金钢回火后，所得到的碳化物更加细碎，分散度也更大，强度和硬度值也就更高。

图 4-7 为含碳量 0.35％的碳钢及含碳量相同而含钼量不同的合金钢在不同温度下回火后的硬度变化曲线。从图 4-7 中的曲线可知，钼钢与碳钢在相同温度下回火，钼钢的硬度值要高一些。另外，钼元素加入钢中还可以提高合金钢的回火温度。回火温度高，回火后对内应力的消除就较为彻底，回火后合金钢的韧性值也要高一些。这也进一步证明，合金钢有较好的综合力学性能。

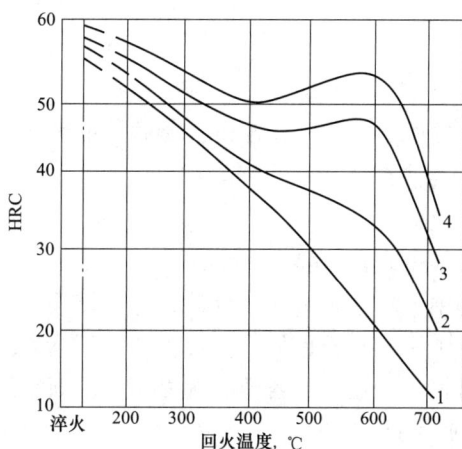

图 4-7 含碳量 0.35％碳钢及含碳量相同而
含钼量不同的合金钢在不同温度下回火后的硬度变化曲线
1—0％Mo；2—0.5％Mo；3—2％Mo；4—5％Mo

第二节 合金钢的分类及编号方法

一、合金钢的分类

合金钢的种类繁多，分类的方法也很多，现介绍最常用的几种分类方法。

（一）按化学成分分类

（1）按加入的合金元素种类分为锰钢、铬钼钢、铬钼钒钢等。

（2）按钢中所含合金元素总量分为低合金钢（合金元素总量小于5％）、中合金钢（合金元素总量为5％～10％）、高合金钢（合金元素总量大于10％）。

（二）按用途分类

1. 合金结构钢

按用途的不同，合金结构钢具体可分为两类：一类为建筑及工程用结构钢，用于建筑、桥梁、船舶、锅炉或其他工程构件，属于这一类型的钢主要是低合金钢；另一类为机械制造用结构钢，用于制造机械设备上的结构零件，属于这一类型的钢主要有渗碳钢、调质钢、弹簧钢、滚动轴承钢等。

2. 合金工具钢

合金工具钢按用途又分为三类：刃具钢（包括低合金刃具钢及高速钢）、模具钢（包括热模具钢和冷模具钢）和量具钢。

3. 特殊性能钢

特殊钢是指用特殊方法生产，具有某种特殊的物理性能、化学性能或力学性能的钢，主要有耐热钢、耐磨钢、不锈耐酸钢、磁钢、超高强度钢（$R_m \geqslant 1400\text{MPa}$）等，用于有特殊性能要求的零件。

此外，还有按空冷后的组织不同将钢分为珠光体钢、马氏体钢、铁素体钢、奥氏体钢、贝氏体钢等。

二、合金钢的牌号表示方法

我国合金钢的牌号，根据原冶金部统一规定，按照合金钢的用途和化学成分，用数字和元素的化学符号相结合的方法来表示。

1. 合金结构钢

这类钢的编号是两位数字＋元素符号＋数字。

前面的两位数字表示钢中平均含碳量的万分数；元素符号是指所含的合金元素；元素符号后的数字表示该元素在钢中平均含碳量的百分数。合金元素在钢中的平均含量小于 1.5％时，钢号中只标明元素符号，不标数字。若数字为 2 或 3，则表示该元素的含量为 1.5％～2.5％或 2.5％～3.5％，以此类推。

例如 40Mn2 表示钢中平均含碳量为 0.4％，平均含锰量为 2％；20Cr3MowV 表示钢中平均含碳量为 0.2％，平均含铬量为 3％，钼、钨、钒元素的含量均小于 1.5％。

合金结构钢中，滚动轴承钢的编号有些特殊，是用"G"字起首，不标含碳量，而标所含铬的元素符号 Cr 及其平均含量的千分数。如 GCr15 表示含碳为 0.95％～1.05％，含铬量为 1.3％～1.65％的滚动轴承钢。

2. 合金工具钢

这类钢的编号是一位数字（或无数字）＋元素符号＋数字。

一位数字表示含碳量的千分数，合金元素及其含量的表示方法与合金结构钢相同。如果合金工具钢中的含碳量等于或大于 1.0％，用来表示含碳量的数字就省略，否则，易与合金结构钢的钢号混淆。例如 9Mn2V 表示钢中平均含碳量为 0.90％，平均含锰量为 2％，含钒量小于 1％。又如 CrW5 表示钢中含碳量大于等于 1％（经查可知为 1.25％～1.50％），含铬量小于 1.5％，平均含钨量为 5％。

高合金工具钢中的高速钢，其含碳量虽小于 1％，但在钢号中也不标出含碳量的数字。例如 W9Cr4V2 表示钢中平均含钨量为 9％，平均含铬量为 4％，平均含钒量为 2％，其含碳量经查为 0.85％～0.95％。

3. 特殊性能钢

特殊性能钢一般可分为高合金与低合金两类。高合金的特殊性能钢的钢号表示方法与合金工具钢相似。例如 2Cr13 表示钢中平均含碳量为 0.2％，平均含铬量为 13％；又如 1Cr18Ni9Ti 表示钢中平均含碳量为 0.1％，平均含铬量为 18％，平均含镍量为 9％，含钛量小于 1％。

在某些情况下，高合金特殊性能钢的含碳量，在钢号中也不标出，而直接写出所含的合金元素及其含量。例如 Cr18Ni9Ti 表示钢中平均含铬量为 18％，含镍量为 9％，含钛量小于 1％，经查可知含碳量小于等于 0.08％。

低合金特殊性能钢的钢号表示方法与合金结构钢相似。例如 25Cr2MoV 表示钢中平均含碳量为 0.25％，平均含铬量为 2％，平均含钼量为 1％，含钒量小于 1％。

含硫、磷量极少的高级优质合金钢，其钢号的后面应标以 A，例如 50CrVA。一些作专门用途的合金钢，还有专门的钢号记号，例如 16Mng，钢号中的 g 表示锅炉用钢。

第三节 合 金 结 构 钢

用于制造各种机械零件及工程结构的钢，称为结构钢。合金结构钢中常用的合金元素为锰、硅、铬、镍、钨、钼、钒、钛等。锰、铬、镍等元素对提高钢的综合力学性能起着主要作用，可称为主加元素。钨、钼、钒、钛等元素加入后能提高钢的淬透性，细化晶粒，为进一步改善钢的性能起着辅助作用，可称为辅加元素。

合金结构钢按成分及用途的不同又可分为低合金高强度结构钢、渗碳钢、弹簧钢、滚动轴承钢等。

一、低合金高强度结构钢

低合金高强度结构钢是在低碳钢的基础上加入少量合金元素而形成的合金钢，其碳含量为 0.12%～0.20%，磷、硫含量不大于 0.45%，合金元素总量不大于 3%，此类钢中主加元素是锰、硅，常用辅加元素有钒、钛、铌或稀土等。锰和硅能强化铁素体；钒、钛和铌能细化晶粒，提高钢的强度和韧性，降低脆性转变温度；加入适量铜、磷可提高耐腐蚀能力；加入适量稀土有利于脱氧、脱硫和净化钢中其他杂质。

GB/T 1591—2018《低合金高强度结构钢》中颁布了低合金高强度结构钢的牌号表示方法。低合金高强度结构钢的牌号表示方法与碳素结构钢基本相同，即由代表屈服强度的"屈"字的汉语拼音首字母"Q"、屈服点数值（单位为 MPa）、质量等级符号（A、B、C、D、E）三个部分按顺序排列。

低合金高强度结构钢比相同含碳量的碳素钢强度要高 10%～30%，并具有较好的塑性、韧性和焊接性能；同时，由于冶炼较简单，生产成本与碳素钢相近，因此火电厂常用来制造高、低压锅炉的钢管、锅炉汽包、风机叶片、炉顶主梁等。

低合金高强度结构钢的力学性能见表 4-1，低合金高强度结构钢的新、旧牌号对照及用途见表 4-2。

表 4-1 低合金高强度结构钢的力学性能

牌号	质量等级	屈服强度 R_e（MPa）（在下列厚度或直径时，mm）				抗拉强度 R_m（MPa）	伸长率 A（%）	温度（℃）	A_k（J）
		≤16	16～35	35～50	50～100				
Q295	A	295	275	255	235	390～570	23		
	B	295	275	255	235	390～570	23	+20	34
Q345	A	345	325	295	275	470～630	21		
	B	345	325	295	275	470～630	21	+20	34
	C	345	325	295	275	470～630	22	0	34
	D	345	325	295	275	470～630	22	-20	34
	E	345	325	295	275	470～630	22	-40	27
Q390	A	390	370	350	330	490～650	19		
	B	390	370	350	330	490～650	19	+20	34
	C	390	370	350	330	490～650	20	0	34
	D	390	370	350	330	490～650	20	-20	34
	E	390	370	350	330	490～650	20	-40	27

续表

| 牌号 | 质量等级 | 屈服强度 R_e（MPa）（在下列厚度或直径时，mm） | | | | 抗拉强度 R_m（MPa） | 伸长率 A（%） | 温度（℃） | A_k(J) |
		≤16	16～35	35～50	50～100				
Q420	A	420	400	380	360	520～680	18		
	B	420	400	380	360	520～680	18	+20	34
	C	420	400	380	360	520～680	19	0	34
	D	420	400	380	360	520～680	19	−20	34
	E	420	400	380	360	520～680	19	−40	27
Q460	C	460	440	420	400	550～720	17	0	34
	D	460	440	420	400	550～720	17	−20	34
	E	460	440	420	400	550～720	17	−40	27

表 4-2 　　　　　　　　　　　　低合金高强度结构钢的新、旧牌号对照及用途

| 牌号 | | 用　途 |
新标准	旧标准	
Q345	12MnV、14MnNb、16Mn、16MnRE、18Nb	桥梁、船舶、电站设备、厂房钢架、锅炉、压力容器、石油储罐、起重运输机械及矿山机械
Q390	15MnV、15MnTi、16MnNb、10MnPNbRE	中高压锅炉汽包、中高压石油化工容器、大型船舶、桥梁、车辆、起重机及其他承受较高载荷的工程与焊接结构件
Q420	15MnVN、14MnVTiRE	大型船舶、桥梁、电站设备、中高压锅炉、高压容器、机车车辆、起重机械、矿山机械及其他大型工程与焊接结构件
Q460		各种大型工程结构及要求强度高、载荷大的轻型结构。如 Q460EZ235 为奥运会主会场鸟巢所用钢材，由我国自主创新研发生产

二、渗碳钢

许多机械零件（如齿轮、齿轮轴、凸轮、汽轮机推力套）是在承受强烈的冲击和磨损条件下工作的，因此要求其表面具有高的硬度和耐磨性，而心部则要求有足够的强度和韧性。为了满足上述性能要求，生产中常用低碳钢或低碳合金钢经渗碳后淬火和低温回火来达到，这种用来制造渗碳零件的钢称为渗碳钢。

渗碳钢的含碳量很低，一般为 0.1%～0.25%，低的含碳量可保证渗碳零件的心部有足够的塑性和韧性。碳素渗碳钢的淬透性低，热处理对零件的心部强化效果不大，故只能制造尺寸不大、载荷小的受磨损零件。对承载大、形状复杂且要求较高的渗碳件，应采用合金渗碳钢。

合金渗碳钢的主加元素为铬、锰、镍、铍，它们可提高钢的淬透性，保证心部和表层都获得良好的力学性能。钼、钨、钒、钛等能在渗碳时阻止奥氏体晶粒长大，使零件淬火时获

得细马氏体组织，改善渗碳层和心部的性能。

常用渗碳钢的化学成分、热处理规范、力学性能及用途，见表4-3。

三、调质钢

调质钢通常是指经过调质处理后使用的碳素结构钢与合金结构钢。大多数调质钢属于中碳钢，含碳量一般为 $0.25\%\sim0.5\%$。调质后，钢的组织为回火索氏体。调质钢具有高的强度和良好的塑性与韧性的配合，即具有良好的综合力学性能。调质钢常用来制造承受较大载荷的轴（传动轴、汽轮机主轴、水泵轴、风机轴）、连杆、紧固件、齿轮等。

合金调质钢中锰、钼、铬、镍、铍等元素显著提高钢的淬透性；钒、钛能阻止奥氏体晶粒长大，起细化晶粒的作用；钨、钼、铬等在高温回火后得到高度弥散的碳化物粒子，因此能有效地提高钢的强度。

常用调质钢的化学成分、热处理规范、力学性能及用途，见表4-4。

四、弹簧钢

弹簧是各种机器、仪表和日常生活设备中广泛使用的零件之一，利用弹簧的弹性变形，可以实现缓冲、减震和储能的目的。为了保证弹簧有良好的工作性能和较长的使用寿命，制造弹簧的材料必须具有高的屈服强度、抗拉强度、疲劳强度以及一定的塑性和韧性。屈服强度和抗拉强度高，可以避免产生塑性变形和破断。弹簧一般是在交变应力的条件下工作，其破坏形式主要是疲劳，因此制造弹簧的材料必须具有较高的疲劳强度、韧性和小的缺口敏感性。缺口敏感性是与塑性有关的，因此弹簧也应该具有一定的塑性。

合金弹簧钢的含碳量为 $0.5\%\sim0.7\%$，最常用的合金元素为锰、硅和铬，其主要作用是提高钢的淬透性和强化铁素体。有重要用途的弹簧和在高温下应用的弹簧，还应加入钼、钨、钒、铌等元素，以进一步提高钢的淬透性和回火稳定性，并起到细化晶粒及提高钢的高温强度的作用。

热力设备中应用的弹簧件很多，如调速器、汽封、凝汽器、主汽门、安全阀等机器设备中均有弹簧件。对于在蒸汽及水中工作的弹簧件，最常用的是3Cr13及4Cr13钢。

常用弹簧钢的化学成分、热处理规范、力学性能及用途，见表4-5。

五、滚动轴承钢

制造滚动轴承中的滚珠、滚柱、滚针和套圈的钢称为滚动轴承钢。滚动轴承在工作时，滚动体和套圈均承受着很大的交变载荷，接触应力大，应力循环次数高达每分钟数万次。同时，滚动体与套圈之间的滚动和滑动摩擦也往往造成磨损。因此，滚动轴承钢必须具有高而均匀的硬度和耐磨性，高的弹性极限和接触疲劳强度，足够的韧性以及在大气和润滑油中的耐蚀性。

滚动轴承钢的含碳量为 $0.95\%\sim1.10\%$，主加元素是铬。铬加入后是为了提高钢的淬透性及回火稳定性。铬的碳化物 $(Fe、Cr)_3C$ 呈细小颗粒状均匀地分布于钢中，提高钢的耐磨性。大型的滚动轴承钢，还加入硅、锰等合金元素，以进一步提高钢的淬透性，并使钢的强度和弹性强度增高。

常用滚动轴承钢的化学成分、热处理规范及用途，见表4-6。

表 4-3　常用渗碳钢的化学成分、热处理规范、力学性能及用途

钢号	化学成分(%)							热处理规范(℃)				力学性能(不小于)[①]					用途
	C	Mn	Si	Cr	Ni	V	其他	渗碳	预备处理	淬火	回火	R_e(MPa)	R_m(MPa)	A(%)	Z(%)	α_k(J/cm²)	
15	0.12~0.19	0.35~0.65	0.17~0.37						890±10空气	770~800水	200	300	500	15	55		形状简单、受力小的小型零件
20Mn2	0.17~0.24	1.40~1.80	0.20~0.40					930	850~870	770~800油	200	600	820	10	47	60	齿轮、小轴、活塞销
20Cr	0.17~0.24	0.50~0.80	0.20~0.40	0.70~1.00				930	880 油、水	800 水、油	200	550	850	10	40	60	齿轮、小轴、活塞销
20MnV	0.17~0.24	1.30~1.60	0.20~0.40			0.07~0.12		930		800 水、油	200	600	800	10	40	70	齿轮、小轴、活塞销
20CrV	0.17~0.24	0.50~0.80	0.20~0.40	0.80~1.10		0.10~0.20		930	880	800 水、油	200	600	850	12	45	70	齿轮、小轴、顶杆、活塞销、耐热垫圈
20CrMn	0.17~0.24	0.90~1.20	0.20~0.40	0.90~1.20				930		850 油	200	750	950	10	45	60	齿轮、轴、蜗杆、小轴、活塞销
20CrMnTi	0.17~0.24	0.80~1.10	0.20~0.40	1.00~1.30			Ti:0.06~0.12	930	830油	850油	200	850	1100	10	45	70	汽车、拖拉机、变速箱齿轮
12CrNi3	0.10~0.17	0.30~0.60	0.20~0.40	0.60~0.90	2.75~3.25			930	860油	780油	200	700	950	11	50	90	大型齿轮及轴
20SiMnVB	0.17~0.24	1.30~1.60	0.50~0.80			0.07~0.12	B:0.001~0.004	930	850~880油	780~800油	200	1000	1200	10	45	70	代替20CrMnTi
12Cr2Ni4	0.10~0.17	0.30~0.60	0.20~0.40	1.25~1.75	3.25~3.75			930	860油	780油	200	850	1100	10	50	90	大型齿轮及轴
20Cr2Ni4A	0.17~0.24	0.30~0.60	0.20~0.40	1.25~1.75	3.25~3.75			930	880油	780油	200	1100	1200	10	45	80	大型齿轮及轴
18Cr2Ni4WA	0.13~0.19	0.30~0.60	0.20~0.40	1.35~1.65	4.00~4.50		W:0.80~1.20	930	850空气	850空气	200	850	1200	10	45	100	大型齿轮及轴

① 力学性能试验试样尺寸：碳钢直径为 25mm，合金钢直径为 15mm。

常用调质钢的化学成分、热处理规范、力学性能及用途

表 4-4

钢号	化学成分（%）							热处理规范（℃）		力学性能（不小于）[①]					用途
	C	Mn	Si	Cr	Ni	Mo	其他	淬火	回火	R_e(MPa)	R_m(MPa)	A（%）	Z（%）	α_k(J/cm²)	
40MnB	0.37~0.44	1.10~1.40	0.20~0.40				B: 0.001~0.0035	850 油	500 水、油	800	1000	10	45	60	轴、齿轮、曲轴、柱塞
40MnVB	0.37~0.44	1.10~1.40	0.20~0.40				V: 0.05~0.10; B: 0.001~0.004	850 油	500 水、油	800	1000	10	45	60	较重要的零件，如齿轮、轴类、螺栓、进气阀、活塞筒等
40Cr	0.37~0.45	0.50~0.80	0.20~0.40	0.80~1.10				850 油	500 水、油	800	1000	9	45	60	重要调质件，如齿轮、螺栓、进气阀、活塞筒等
40CrMn	0.37~0.45	0.90~1.20	0.20~0.40	0.90~1.20				840 油	520 水、油	850	1000	9	45	60	高速高载无强冲击的零件
30CrMnSi	0.27~0.34	0.80~1.10	0.90~1.20	0.80~1.10				880 油	520 水、油	900	1100	10	45	50	高速砂轮、机轴、齿轮、轴套等
40CrMnMo	0.37~0.45	0.90~1.20	0.20~0.40	0.90~1.20		0.20~0.30		850 油	600 水、油	800	1000	10	45	80	重要载荷的轴、偏心轴、齿轮、连杆及汽轮机零件
37CrNi3	0.34~0.41	0.30~0.60	0.20~0.40	1.20~1.60	3.00~3.50			820 油	500 水、油	1000	1150	10	50	60	大截面高强度、高韧性零件，如齿轮、活塞销、凸轮轴、重要螺栓、拉杆
25Cr2Ni4WA	0.21~0.28	0.30~0.60	0.17~0.37	1.35~1.65	4.00~4.50		W: 0.80~1.20	850 油	550 水、油	950	1100	11	45	90	作机械性能要求很大的大截面重要零件

① 力学性能试验试样尺寸：合金钢直径为 25mm。

表4-5　常用弹簧钢的化学成分、热处理规范、力学性能及用途

钢号	化学成分（%）					热处理规范（℃）		力学性能（不小于）					用途
	C	Mn	Si	Cr	其他	淬火	回火	R_e(MPa)	R_m(MPa)	A（%）	Z（%）	α_k（J/cm²）	
65	0.62~0.70	0.50~0.80	0.17~0.37	≤0.25		840油	480	800	1000	9	35		截面积小于 15mm² 的板弹簧、螺旋弹簧及垫圈
85	0.82~0.90	0.50~0.80	0.17~0.37	≤0.25		820油	480	1000	1150	6	30		
65Mn	0.62~0.70	0.90~1.20	0.17~0.37	≤0.25		840油	480	800	1000	8	30		截面积小于 20mm² 的螺旋弹簧
60Si2CrA	0.56~0.64	0.40~0.70	1.40~1.80	0.70~1.00		870油	460	1600	1800	5	20	30	工作温度低于 300℃的调速器弹簧
60Si2Mn	0.57~0.65	0.60~0.90	1.50~2.00	≤0.30		870油	420	1200	1300	5	25	25	气封弹簧、碟形弹簧、塔形支撑弹簧
50CrVA	0.46~0.54	0.50~0.80	0.17~0.37	0.80~1.10	V: 0.10~0.20	850油	520	1100	1300	10	45	30	承受大应力的各种弹簧，工作温度在 400℃以下的耐热弹簧
45Cr1MoV	0.40~0.50	0.60~0.80	0.15~0.35	1.30~1.50	Mo: 0.65~0.75; V: 0.25~0.35	950油	550	≥1200	≥1400	≥8	46	35	工作温度在 450℃以下的耐热弹簧
30W4Cr2VA	0.26~0.34	≤0.40	0.17~0.37	2.00~2.50	W: 4.00~4.50; V: 0.50~0.80	1050油	600	1620	1750	10	55	85	工作温度在 500℃以下的耐热弹簧

表 4-6   **常用滚动轴承钢的化学成分、热处理规范及用途**

钢号	化学成分（%）				热处理规范（℃）		用途
	C	Mn	Si	Cr	淬火	回火	
GCr6	1.05~1.15	0.20~0.40	0.15~0.35	0.40~0.70	800~820 水、油	150~160	直径小于 10mm 的滚珠、滚柱、滚锥及滚针
GCr9	1.00~1.10	0.20~0.40	0.15~0.35	0.90~1.20	810~830 水、油	150~160	直径小于 20mm 的滚珠、滚柱、滚锥及滚针
GCr15	0.95~1.05	0.20~0.40	0.15~0.35	1.30~1.65	820~840 油	150~160	壁厚小于 12mm、外径小于 250mm 的套筒，直径为 20~50mm 的钢球，直径小于 22mm 的滚子
GCr9SiMn	1.00~1.10	0.90~1.20	0.40~0.70	0.90~1.20	810~830 水、油	150~160	
GCr15SiMn	0.95~1.05	0.90~1.20	0.40~0.65	1.30~1.65	810~830 油	150~160	壁厚大于或等于 14mm、外径大于 250mm 的套筒；直径为 50~200mm 的钢球；直径大于 22mm 的滚子

第四节　合金工具钢

　　工具钢可分为刃具钢、量具钢、模具钢等。工具钢的用途不同，对力学性能的要求也不同。刃具钢应具有高的硬度和耐磨性，以及一定的强度和韧性，在大负荷或高速切削时还要求具有热硬性。量具钢应具有高的硬度、高的耐磨性和尺寸稳定性。冷模具钢应具有高硬度、高耐磨性，以及较好的强度和一定的韧性；热模具钢应具有高的韧性和抵抗热疲劳性能。

　　合金工具钢的含碳量一般较高，为 0.65%~1.5%，主要加入的元素有铬、钨、钼、钒等。铬是最基本的加入元素，能有效地提高钢的淬透性，从而增加钢的硬度和耐磨性。钨、钼、钒都是碳化物形成元素，加入后通过弥散硬化，可以显著提高钢的热硬性和耐磨性。

一、刃具钢

　　刃具钢主要是指制造车刀、铣刀、钻头、丝锥、板牙等切削刀具的钢种。刃具在工作中受到很大的切削力、震动、摩擦及切削热的作用。因此，刃具钢应具有高硬度、高耐磨性，并能在高温状态下维持其高硬度，即有热硬性。此外，刃具钢还应有足够的强度和韧性，以免在切削过程中发生断裂或崩刃。

　　合金刃具钢按其成分和性能分为低合金刃具钢和高速钢。

1. 低合金刃具钢

低合金刃具钢的合金元素总含量为 3%～5%，通过加入铬、锰、硅等合金元素来提钢的高淬透性和回火稳定性；加入钨、钒等强碳化物元素以提高钢的硬度和耐磨性，但由于所含合金元素的量不多，故钢的热硬性提高不大，一般只能在 250～300℃ 以下保持高硬度，主要用于制造形状复杂，要求淬火变形小的低速切削刃具。

常用低合金刃具钢的化学成分、热处理规范及用途，见表 4-7。

表 4-7　　　　　　　常用低合金刃具钢的化学成分、热处理规范及用途

钢号	化学成分（%）					热处理规范				用途
	C	Mn	Si	Cr	其他	淬火（℃）	淬火后	回火（℃）	回火后	
9Mn2V	0.85～0.95	1.70～2.00	≤0.40		V:0.10～0.25	780～820油	≥62HRC	150～200	60～62HRC	丝锥、板牙、铰刀
9SiCr	0.85～0.95	0.30～0.60	1.20～1.60	0.95～1.25		860～880油	≥62HRC	140～160	62～65HRC	丝锥、板牙、钻头、铰刀
Cr2	0.95～1.10	≤0.40	≤0.40	1.30～1.65		840～860油		130～150	62～65HRC	车刀、铰刀、插刀、刮刀
CrMn	1.30～1.50	0.45～0.75	≤0.40	1.30～1.60		840～860油	≥62HRC	140～160	62～65HRC	长丝锥、长铰刀、板牙、拉刀、量具
CrWMn	0.90～1.05	0.80～1.10	0.15～0.35	0.90～1.20	W:1.20～1.60	820～840油	≥62HRC	140～160	62～65HRC	长丝锥、长铰刀、板牙、拉刀、量具
CrW5	1.25～1.50	≤0.40	≤0.40	0.40～0.70	W:4.50～5.50	800～820油	≥62HRC	150～160	62～65HRC	铣刀、车刀、刨刀

2. 高速钢

高速钢是合金元素含量较多的高合金刃具钢，其热硬性可达 600～650℃。适宜制造较高切削速度的刃具，如车刀、铣刀、刨刀、钻头、机用锯条等。

高速钢中含碳量较高（0.7%～1.4%），并含有较多的碳化物形成元素钨、铬、钒等。钨在高速钢中的含量为 6%～19%，钨是提高高速钢热硬性的主要元素，钨与碳能形成稳定的碳化物，可有效地阻止奥氏体晶粒长大；铬在高速钢中的含量为 3.8%～4.4%，铬的主要作用是提高钢的淬透性；钒在高速钢中的含量为 1%～4.4%，钒也是提高热硬性的主要元素之一，钒的碳化物硬而细碎，分布均匀更为稳定，使钢具有高的耐磨性。

常用高速钢的化学成分、热处理规范及用途，见表 4-8。

二、量具钢

所谓量具是指块规、塞规、千分尺、卡尺、样板等用来测量零件尺寸的测量工具。由于量具在使用过程中与被测工件接触、摩擦或碰撞，因此要求量具钢有高的硬度和耐磨性及一定的韧性，热处理时变形小，具有高的尺寸稳定性。根据上述要求，量具钢应具有较高的含碳量。

表 4-8　　　　　　　　常用高速钢的化学成分、热处理规范及用途

牌号	化学成分（%）					热处理规范				热硬性[①]	用途
	C	Cr	W	V	Mo	淬火（℃）	淬火后	回火（℃）	回火后		
W18Cr4V (18-4-1)	0.70～0.80	3.80～4.40	17.50～19.00	1.00～1.40		1260～1300 油	≥63HRC	550～570	63～66 HRC	61.5～62 HRC	制造一般高速切削用车刀、铣刀、钻头、刨刀
W9Cr4V2 (9-4-2)	0.85～0.95	3.80～4.40	8.50～10.00	2.00～2.60		1240 油	≥63HRC	560	63～66 HRC	61.5～62 HRC	作为 18-4-1 钢的代用品
W6Mo5Cr4V2 (6-5-4-2)	0.80～0.90	3.80～4.40	5.75～6.75	1.80～2.20	4.75～5.75	1220～1240 油	≥63HRC	550～570	63～66 HRC	60～61 HRC	高耐磨性和韧性很好配合的高速切刃具

① 将淬火回火试样在 600℃加热 4 次，每次 1h。

精度要求一般，形状简单的量具可用 T10A、T12A、9SiCr 等钢制造，板形量规（样板、卡板）可用 60Mn、65Mn 合金弹簧钢来制造，精度要求较高的量规可用低合金刃具钢 CrMn、SiMn 或滚动轴承钢 GCr15 来制造。

量具钢的预备热处理是球化退火，最终热处理是淬火后低温回火，以得到高的硬度和耐磨性。对于精度高的量具，必须有高的尺寸稳定性，可在淬火后进行冷处理，以减少残余奥氏体在回火转变时引起的尺寸变化。

三、模具钢

生产上的模具有冷模和热模，由于工作条件的不同，因此模具材料的化学成分和力学性能就有差异。

1. 冷模具钢

用于制造金属在冷态下成型的模具，如冷冲模、冷剪切模、冷弯模、冷挤压模等。冷模具钢要使金属在模具中产生塑性变形，因而要承受很大的压力，应具有高的硬度和耐磨性，以及足够的强度和韧性。

尺寸较小、受力不大的冷模具，可采用 T10A、9SiCr、9Mn2V、CrWMn 等钢种制造；大型模具则应有良好的淬透性，常用 Cr12、Cr12W、Cr12MoV 等钢种制造。

2. 热模具钢

用于制造金属在高温状态下成型的模具，如铸模、热锻模、热挤压模等。热模具钢是在 400～600℃甚至更高的温度下工作的。它们不仅承受拉、压、弯曲、冲击应力和摩擦力，而且还经受炽热金属和冷却介质的交替作用所引起的热应力。因此，热作模具钢应在较高温度

下具有高的强度和韧性、足够的硬度和耐磨性，即高的热硬性还要有高的抗热胀冷缩所产生的热疲劳能力。

热模具钢一般是含碳量为 0.3％～0.6％ 的中碳合金钢。钢中的主要合金元素有铬、锰、镍、硅等。适中的含碳量是保证钢具有较高的强度和韧性；合金元素用于保证钢具有较高的淬透性，从而提高钢的硬度和抗热疲劳的能力。

常用模具钢的热处理规范及用途列于表 4-9 中。

表 4-9　　　　　　　　　　　　常用模具钢的热处理规范及用途

钢号	退火后硬度（HBS）	淬火			用途
		加热温度（℃）	冷却剂	硬度（HRC）	
Cr12	269～217	950～1000		≥60	冲模、冷剪模、拉丝模
9Mn2V	≤229	780～810		≥62	小冲模、冷压模、塑料压模
Cr12MoV	255～207	1020～1040		≥60	拉伸模、冷冲模、粉末冶金压模
5CrNiMo	241～197	830～860	油	≥47	大型锻模、热压模、小型压铸模
5CrMnMo	241～197	820～850		≥50	大型锻模、热压模、小型压铸模
4W2CrSiV	≤229	850～920		≥56	压铸模、热锻模
3Cr2W8V	235～207	1075～1125		≥46	压铸模、热压模、热切剪刀
6SiMnV	≤229	830～860		≥56	中小型锻模

第五节　特殊性能钢

在钢中加入一些合金元素后，可以使合金钢具有某些特殊的物理、化学或力学性能，用以制造工程上有特殊性能要求的机械零件，这种合金钢称为特殊用途钢。

电厂常用的特殊性能钢有磁钢、不锈钢、耐热钢和耐磨钢等，其中耐热钢应用得最为广泛，将在第五章专门阐述。本节简单介绍有关磁钢、不锈钢和耐磨钢的知识。

一、磁钢

（一）磁性和磁化曲线

能吸引铁磁性材料的性能称为磁性。磁性材料的磁力大小可用磁导率 μ 来表示，即

$$\mu = \frac{B}{H}$$

式中　B——磁感应强度，T；

　　　H——磁场强度，A/m。

磁导率 μ 大于 1 的金属称为顺磁材料，顺磁材料中 μ 值特别大者称为铁磁材料；小于 1 的金属称为逆磁材料。铬、锰、铁、镍、钴等金属属于顺磁材料，其中铁、镍、钴为铁磁材料；铜、铅、锌、锡、铍等金属属于逆磁材料。

磁感应强度 B 和磁场强度 H 之间的关系曲线称为磁化曲线，如图 4-8 所示。从图 4-8 中可知，磁感应强度 B 达到饱和值后，若将磁场强度 H 减到零，磁感应值并不为零，而保留着一定的数值，这种保留的磁感应值 B_r 称为剩磁。如果要使剩磁 B_r 全部消失，必须改变

磁场强度的方向，即从相反的方向加上一个磁场强度 H_c，另加的磁场强度 H_c 称为矫顽力。若相反方向的磁场强度继续增加，又可得到负的饱和磁感应强度。这样循环一周，所得的封闭曲线叫磁化曲线。磁化曲线所包围的面积，称为磁滞损失，即表示往复磁化一次所消耗的能量。

不同的磁性材料所测得的磁化曲线是不相同的。不同的磁化曲线有不同的磁滞损失。工程上按磁滞损失的大小将磁性材料分成两大类，磁滞损失大的称为硬磁材料，磁滞损失小的称为软磁材料。硬磁、软磁材料的磁化曲线分别如图 4-9 和图 4-10 所示。

由图 4-9 可知，该曲线的主要特征是矫顽力 H_c 大，磁滞损失也大，这说明硬磁材料磁化和退磁均要加较大的磁场强度，磁化和退磁一次所消耗的能量较多，简言之，硬磁材料既难以被磁化，也难以退磁，因此，硬磁材料可制作永久磁铁。

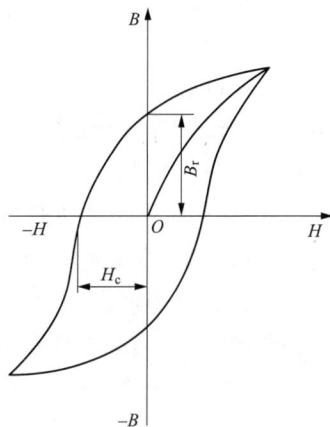

图 4-8　磁化曲线

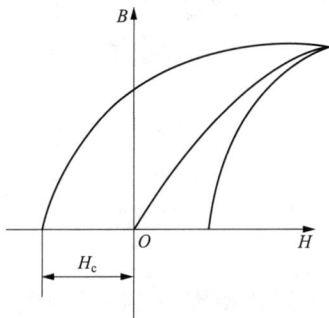

图 4-9　硬磁材料的磁化曲线

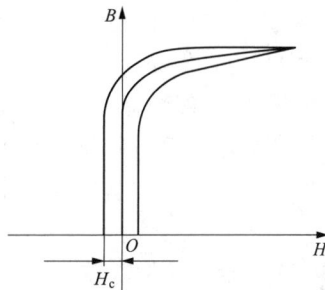

图 4-10　软磁材料的磁化曲线

由图 4-10 可知，该曲线的主要特征是矫顽力 H_c 小，磁滞损失也小，这说明软磁材料既易于被磁化，又易退磁，磁化和退磁一次消耗的能量较少。

（二）软磁材料

软磁材料常用的有两种，一种是 Fe-Si 合金（硅钢片），另一种是 Fe-Ni 合金，也称坡姆合金。

1. Fe-Si 合金

Fe-Si 合金是各种电动机、变压器和测量仪表的铁芯材料。这种钢含碳量很低（小于 0.1%），而含硅量较高（$1.0\%\sim4.5\%$）。含碳量低可减少磁滞损失；含硅量高会增加饱和磁感应强度 B 且减少矫顽力 H_c，但含硅量会增加钢的脆性，若超过 4.5% 后脆性过大，会造成加工成型的困难。

在电动机中一般使用含硅量较低（$1\%\sim3\%$）的热轧或冷轧硅钢片，厚度为 0.5mm 左右；在变压器中一般使用冷轧的硅钢片和热轧高硅钢片，厚度为 0.35mm 左右。

2. Fe-Ni 合金

在自动化仪表、无线电通信及电气测量技术中，常用的软磁材料是 Fe-Ni 合金。这种软磁材料，磁滞损失和矫顽力 H_c 比硅钢片更小，磁导率则更高。其中以含 Ni 量为 78.5% 的

Fe-Ni 合金性能为最好，在弱磁场中它的磁导率比硅钢片高 $10\sim20$ 倍。

（三）硬磁材料

硬磁材料应具有高的矫顽力 H_c 和高的剩余磁感应强度 B_r，而且这些参数能持久不变。常用的硬磁材料可分为马氏体型磁钢和弥散硬化型磁钢及磁合金。

1. 马氏体型磁钢

含碳 $1\%\sim1.5\%$ 的碳钢是最早使用的一种硬磁材料，因其 H_c 及 B_r 低且不稳定，因而加入了钨或铬或钴或铝等金属元素，得到钨钢、铬钢、钴钢和铝钢。这些合金钢硬磁材料均是淬火后使用，经过热处理后的组织是马氏体、残留奥氏体和弥散的碳化物，统称为马氏体型磁钢。

钨使钢的 H_c、B_r 及磁稳定性都有所提高，作为硬磁钢的钨钢含碳量 0.7%、含钨量 6% 时性能最好。钨易与碳形成弥散分布的碳化物，钨能降低碳在奥氏体中的溶解度，有利于提高钢中的 H_c 和 B_r。铬在钢中对磁性的作用与钨相似。

钴是扩大奥氏体区的合金元素，不与碳形成碳化物，但能有效提高钢的剩磁感应强度 B_r。为了达到用弥散碳化物来提高矫顽力 H_c，通常在钴钢中加入 $3\%\sim8\%$ 的钨和 $3\%\sim5\%$ 的铬，以形成钨及铬的碳化物。

铝钢是马氏体型磁钢中性能较好的一种，不含铬、镍，价格低廉。铝钢一般含 8% Al 及 2% C，铝不与碳形成碳化物，但能形成金属间化合物（Fe_3Al），因而使钢的剩磁感应强度 B_r 和矫顽力 H_c 均有所提高。

2. 弥散硬化型磁钢

工业上常用的弥散硬化型磁钢有 Fe-Ni-Al、Fe-Co-Mo、Fe-Co-W、Fe-Co-W-Mo 等系列，其特点是以 α-Fe 为基体，弥散析出金属间化合物来提高钢的剩磁感应强度 B_r 和矫顽力 H_c。

Fe-Ni-Al 系合金是指以铁、镍、铝为基本组元的弥散硬化型磁钢，以其磁性高、稳定性好著称，是目前用量最大、应用较广泛的硬磁材料。

二、不锈钢

金属因受外部介质的作用而发生的表面损坏称为腐蚀，习惯上又称为生锈。

（一）金属腐蚀的一般概念

按照腐蚀的原理可以将金属腐蚀分为化学腐蚀和电化学腐蚀。

1. 化学腐蚀

化学腐蚀是指金属与周围介质发生化学作用而引起的腐蚀损坏，氧化是一种典型的化学腐蚀。

钢的氧化，首先是铁元素的氧化。铁与氧可以生成 FeO、Fe_3O_4 和 Fe_2O_3 三种氧化物。碳钢在 $570℃$ 以下生成的氧化膜由 Fe_3O_4 和 Fe_2O_3 组成，这两种氧化膜都比较致密，能有效阻止氧原子与铁原子的扩散，可防止金属的进一步氧化，起到了保护膜的作用，因此有较好的抗氧化性。当温度高于 $570℃$ 时，碳钢所形成的氧化膜从金属表面向内依次是 Fe_2O_3-Fe_3O_4-FeO，其厚度比例大致为 $1:10:100$，Fe_2O_3 和 Fe_3O_4 的氧化膜较致密，而 FeO 氧化膜疏松多孔，原子很容易通过它进行扩散，因此当温度高于 $570℃$ 时，即使表面形成了氧化膜，但起不到保护膜的作用，铁的氧化过程继续进行。

提高钢的抗氧化性的基本方法是加入合金元素，使其在钢的表面生成一层稳定致密的保

护膜，且又能阻止疏松多孔的 FeO 生成，同时，形成的保护膜与钢的基体应结合紧密，不易剥落。铬、硅、铝都可满足上述条件。

2. 电化学腐蚀

电化学腐蚀是指金属与电解液接触时，有电流出现的腐蚀损坏过程。它是以各种金属具有不同的电极电位为依据的。当两种电极电位不同的金属插入电解液中时，将形成腐蚀电池，电极电位低的金属作为阳极而不断被腐蚀，电极电位高的金属作为阴极被保护。显然金属的电极电位越低，就越容易被腐蚀。

电极电位是指金属在某电解质溶液中与所接触的溶液之间的电位差。金属在不同浓度及不同种类的电解质溶液中都有不同的电极电位，因此目前还无法测出金属与电解质溶液之间的电极电位的绝对值，而只能采用一种电极电位作为标准来和其他电极比较，求出它们的相对值。现在采用的是氢电极，称为标准氢电极，并假定标准氢电极的电极电位为零，那么一种金属与标准氢电极之间的电位差就称为该金属的标准电极电位。金属的电化学次序见表 4-10。

表 4-10　　　　　　　　　　　　金属的电化学次序

元素	钾	钠	镁	铝	锰	锌	铬	铁	镉	钴
电位	-2.92	-2.76	-1.55	-1.33	-1.10	-0.76	-0.56	-0.44	-0.40	-0.29
元素	镍	锡	铅	氢	锑	铋	铜	汞	银	金
电位	-0.23	-0.16	-0.122	0	0.1	0.221	0.334	0.799	1.08	1.36

当低电位的金属与高电位的金属在电解液中相接触时，低电位的金属就将被腐蚀，而且这些金属在电化学次序中彼此相隔越远，电位低的金属被腐蚀损坏就越快。电化学腐蚀是最普通的腐蚀损坏现象，例子很多，如铁板用钢铆钉时，因铁的电极电位低于钢，因此钢铆钉周围的铁板会很快被腐蚀掉；镀锡铁板的锡层擦破后，铁板就容易被腐蚀，如果铁板镀的是锌，铁板就不易被腐蚀。

事实上，不仅两种不同的金属会产生电化学腐蚀，即使同一种金属也可能引起电化学腐蚀。这是由于金属的成分不均匀、组织不均匀（如多相）或有内应力，都会在局部区域形成微电池而产生电化学腐蚀。例如，具有铁素体和渗碳体两相的钢，其中铁素体的电极电位比渗碳体的低，当钢处于电解液（锅炉水）中时，铁素体将不断被腐蚀而下陷。

电化学腐蚀的电极反应如下：

阳极　$Fe-2e \longrightarrow Fe^{2+}$

阴极　$O_2+4e+2H_2O \longrightarrow 4OH^-$　　或　$2H^++2e \longrightarrow H_2 \uparrow$

由上述电极反应可知，电厂给水除氧和加氨的原因就是要通过除去阴极反应物，减缓阴极反应，从而降低电化学腐蚀对阳极的破坏。

3. 提高钢的耐蚀性的方法

由上述分析可知，要提高钢的耐蚀性，最根本的方法是在钢中加入合金元素。加入合金元素后提高钢的耐腐蚀性的途径主要有三个方面：

（1）使钢表面形成一层稳定、致密的氧化膜。钢中加入 Cr、Si、Al 后所生成的 Cr_2O_3、SiO_2、Al_2O_3 比较致密，起到了保护作用。这三种元素中以铬的影响最大，铬的氧化膜致密程度最高，保护作用最好。

（2）提高钢的电极电位。实践证明，钢的基体（铁素体、奥氏体、马氏体）中溶铬量超

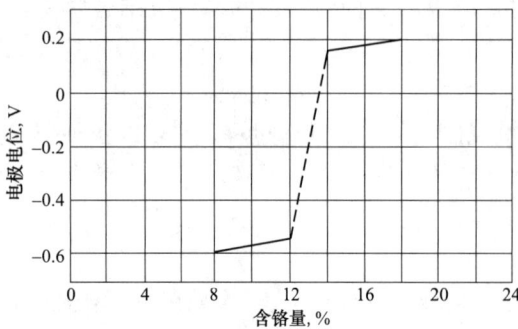

图 4-11　钢的含铬量对电极电位的影响

过 11.7% 时，钢的电极电位有一突变，其电极电位由 $-0.56V$ 跃升为 $0.20V$，提高了钢抗电化学腐蚀的能力。为了保证基体中含铬量不低于 11.7%，实际应用的不锈钢，其平均含铬量一般在 12%～13%。钢的含铬量对电极电位的影响如图 4-11 所示。

（3）使钢获得单相固溶体组织。钢中加入大量的铬或铬镍合金元素，使钢得到单相的铁素体或奥氏体组织，避免形成腐蚀电池，进一步提高了钢抗电化学腐蚀的能力。

（二）常用不锈钢

碳钢及低合金钢在大气、水及许多其他介质中，不能抵抗介质对金属的作用，故没有抗腐蚀的能力。在钢中加入铬并达到一定的含量后可以提高其抗腐蚀的能力，能减少甚至不受某些介质的腐蚀。因此，工程上就将含铬量超过 12% 的钢称为不锈钢。

常用的不锈钢有铬不锈钢和铬镍不锈钢两类，下面分别进行简单介绍。

1. 铬不锈钢

铬不锈钢的主要钢种有 1Cr13、2Cr13、3Cr13、4Cr13、1Cr17 等，常用铬不锈钢的化学成分、热处理、组织、力学性能及用途，见表 4-11。

表 4-11　　　　　常用铬不锈钢的化学成分、热处理、组织、力学性能及用途

类别	钢号	化学成分（%）		热处理	组织	力学性能						用途
		C	Cr			R_e(MPa)	R_m(MPa)	A(%)	Z(%)	A_k(J)	硬度	
马氏体型	1Cr13	0.08～0.15	12～14	1000～1050℃油或水淬，700～790℃回火	S	≥420	≥600	≥20	≥60	≥72	187HBS	制作能抗弱腐蚀性介质、能承受冲击负荷的零件，如汽轮机叶片、水压机阀门、结构架、螺栓、螺母等
	2Cr13	0.16～0.24	12～14	1000～1050℃油或水淬，700～790℃回火	S	≥450	≥660	≥16	≥55	≥64		
	3Cr13	0.25～0.34	12～14	1000～1050℃油淬，200～300℃回火	M回						48HRC	制作具有较高硬度和耐磨性的医疗工具、量具、滚珠轴承等，以及耐腐蚀的弹簧
	4Cr13	0.35～0.45	12～14	1000～1050℃油淬，200～300℃回火	M回						50HRC	

续表

类别	钢号	化学成分（%）		热处理	组织	力学性能						用途
		C	Cr			R_e(MPa)	R_m(MPa)	A(%)	Z(%)	A_k(J)	硬度	
铁素体型	1Cr17	≤0.12	16~18	750~800℃空冷	F	≥250	≥400	≥20	≥50			制作硝酸工厂设备如吸收塔、热交换器、酸槽、输送管道，以及食品加工设备等

注 M回表示回火后马氏体组织。

Cr13 型不锈钢的含碳量是适应力学性能需要的。必须指出，随着含碳量的增加，钢的强度与硬度虽有所提高，但其耐蚀性将下降。

1Cr17 型不锈钢属于铁素体类钢，它在升温时不发生 α→γ 相变，因而不能接受淬火强化。但是这种钢不仅耐蚀性好，而且塑性也较好，这是由于含铬量较高而且又具有单相铁素体组织。

2. 铬镍不锈钢

最早应用的铬镍不锈钢为含铬 18%、含镍 8%，习惯上称为 18-8 钢。这种钢具有很高的耐腐蚀性能，而且无磁性，塑性和韧性极好，有良好的焊接性能，但是有晶间腐蚀的倾向。为了进一步提高耐腐蚀性能，防止晶间腐蚀，就在 18-8 钢的基础上，多加了点镍，又加入了 0.4%~0.8% 的钛，做成 18-9 型或含钛的 18-9 型铬镍不锈钢。

常用的铬镍不锈钢的化学成分、力学性能及用途，见表 4-12。

表 4-12 　　　　　常用的铬镍不锈钢的化学成分、力学性能及用途

钢号	化学成分（%）					热处理	力学性能				用途
	C	Cr	Si	Ti	Mo		R_e(MPa)	R_m(MPa)	A(%)	Z(%)	
0Cr18Ni9	≤0.06	17~19	8~11			1080~1130℃水冷	200	500	45	60	焊芯
1Cr18Ni9	≤0.12	17~19	8~11			1100~1150℃水冷	200	550	45	50	发电机水接头、刷握罩及紧固件；不锈耐酸外壳；船舶控制设备的低磁性零件
2Cr18Ni9	0.13~0.22	17~19	8~11			1100~1150℃水冷	200	580	40	55	
0Cr18Ni9Ti	≤0.08	17~19	8~11	5×W_C~7		950~1050℃水冷	200	500	40	55	焊芯、抗磁仪表、医疗器械、耐酸容器及管道、航空发动机排气系统的尾喷管等
1Cr18Ni9Ti	≤0.12	17~19	8~11	0.5~0.8		950~1050℃水冷	200	550	40	55	
1Cr18Ni12-Mo2Ti	≤0.12	16~19	11~14	0.5~0.8	1.8~2.5	1000~1100℃水冷	200	550	40	55	用于耐硫酸、磷酸、蚁酸、醋酸腐蚀的设备

续表

钢号	化学成分（%）					热处理	力学性能				用途
	C	Cr	Si	Ti	Mo		R_e(MPa)	R_m(MPa)	A(%)	Z(%)	
00Cr18Ni10	≤0.03	17~19	8~11			1050~1100℃水冷	180	490	40	60	具有良好耐蚀和耐晶间腐蚀的能力，作为化学工业、化肥工业及化纤工业重要耐腐蚀零件
00Cr17Ni-14Mo2	≤0.03	16~18	12~16		1.8~2.5	1050~1100℃水冷	180	490	40	60	

铬镍不锈钢中的含碳量都很低，含碳量增高不利于耐腐蚀性。

钢中约含 18% 的铬，主要是为了提高钢耐腐蚀性能；约含 9% 的镍，主要作用是扩大奥氏体区域，降低钢的马氏体的开始转变温度（降低至室温以下），使钢在室温时具有单相的奥氏体组织。单相奥氏体钢能进一步改善耐腐蚀性能。

钢中加钛的目的是因为钛与碳的亲和力大，可以防止晶界上的铬析出，避免产生晶间腐蚀。

铬镍不锈钢淬火后并不能提高其硬度和强度，只是通过淬火使铬镍不锈钢成为单相的奥氏体组织，从而有高的耐腐蚀性能，故这种热处理又称为固溶处理。钢中加了钼后，可以提高固溶处理的效果。铬镍不锈钢有明显的加工硬化现象，故通过冷变形加工可提高钢的强度，这是铬镍不锈钢提高强度的唯一途径。

近十几年来，研制用锰元素代替镍做奥氏体不锈钢，锰也能有效地扩大奥氏体区域并降低马氏体的开始转变温度。新研制的以锰代镍奥氏体不锈钢有 Cr17Mn11Mo2N、Cr18Mn11Si2N 及 Mn18Cr10MoVB 等，这些钢种已在化工及动力设备上开始应用。

三、耐磨钢

磨损是机器零部件在工作中难以避免的一种损坏现象，也是机器零件失效的主要原因之一。所谓磨损是指两物体做相对运动时，物体表面不断损耗或产生塑性变形的现象。机械零件磨损后，往往要改变原来的尺寸甚至形状，失去了原来的精密度，严重磨损的零件将无法继续使用。因此，研究分析引起磨损失效的原因，探求防腐的方法，选用合适的耐磨材料，是一项十分重要的工作。

（一）磨损的类型

磨损虽是普遍存在的，然而却又是一个比较复杂的损坏现象。不同的机器零部件表现出不同的磨损现象，即使是同一机器的零部件，由于工作条件有所改变，表现出来的磨损现象也有所不同。为了分析磨损机理，采取相应的防磨措施，工程上将磨损进行分类。目前，比较统一的看法是按磨屑形成的过程及其特点来区分的，通常分为以下四种不同的磨损类型。

1. 黏着磨损

两个接触表面在相对运动过程中，如果表面实际接触点所受到的应力很大（≥R_e），这些实际接触点发生了黏合（即显微焊合），继而被剪切分离，并以磨屑的形式脱离本体，这种磨损称为黏着磨损。黏着磨损也称为咬合磨损。

2. 磨料磨损

由于硬颗粒或硬突出点沿着金属表面运动，使金属表面的物质不断损耗，这种磨损称为磨料磨损，也可称为磨粒磨损。在磨损损坏中这种磨损约占 50%。

磨料磨损的磨屑产生有以下三种假设：

（1）显微切削假设。这种假设认为磨料不断从金属的表面切下显微切屑。磨料磨损的磨屑与切削加工的切屑一样，是螺旋形的。

（2）疲劳假设。这种假设认为磨料在金属表面反复作用，最后导致疲劳裂纹的产生与扩展，从而引起磨损损坏。

（3）压痕假设。这种假设认为磨料颗粒在压力的作用下，压入金属表面而产生压痕，从表面层上挤压出剥落物。

3. 疲劳磨损

疲劳磨损是交变应力在金属表面作用的结果。滚动轴承中的滚珠与滚道之间的接触点，其作用力便属于交变应力。交变应力使金属表面产生疲劳裂纹，疲劳裂纹又在交变应力的作用下不断扩展引起表面开裂，以致剥落。疲劳剥落的部分是磨屑，这种磨损称为疲劳磨损，也可称为表面接触疲劳磨损。

4. 腐蚀磨损

腐蚀磨损是金属在腐蚀介质中发生的，金属表面的损坏既有因摩擦过程中产生的磨损，又有因腐蚀介质所引起的腐蚀损失，这种现象称为腐蚀磨损。腐蚀磨损还包括冲蚀和气蚀。

腐蚀性液体或气体中的细小磨料以高的相对速度，并以某种投射角射向工件表面，使工件表面与颗粒接触处产生磨损损坏，介质又引起腐蚀，这种磨损称为冲蚀。电厂中的风机叶片及输灰管道就是这种类型的磨损损坏。

液体介质中高速运动的零件，由于其表面的脱流而产生局部负压，迅速形成气泡。气泡在正压区会突然爆破，使零件表面受到了一种显微冲击波，从而产生点状塑性变形和点状疲劳，加之介质的化学和电化学腐蚀作用引起的损坏，会使金属表面出现蜂窝状的孔洞，这种腐蚀磨损称为气蚀，水电站中的水涡轮及火电厂的水泵均有气蚀损坏现象。

至今，磨损的分类还存在着许多争论，其原因是在每一个实际的磨损中，往往包含着多种磨损过程，而且工作条件（如外力大小、速度快慢、温度高低、介质的性质、金属和磨料的硬度等）不同，引起损坏的主要磨损类型便有所不同，况且各种磨损也还能相互影响。因此，研究磨损问题和磨损材料时，必须弄清零件的工作条件，分析引起损坏的主要的磨损类型，然后才能选择适当的方法——改变工作条件或零件的材料，以提高零件的耐磨性，延长零件的使用寿命。

磨损的类型不同，对金属材料的性能要求也就不同，例如气蚀磨损，除要求金属材料具有良好的强度和韧性外，还要求具有耐腐蚀性能。又如磨料磨损，是与磨料的硬度和金属材料表面的硬度有很大关系的，提高了金属材料表面的硬度，就能减少磨料磨损量。

（二）高锰钢

习惯上将高锰钢称为耐磨钢，它的主要成分是含碳量为 1.0%～1.3%，含锰量为 11%～14%（锰/碳＝10～12）。其钢号是 Mn13，由于该钢种是铸造成型的，常写成 ZGMn13。实践证明，高锰钢只有在全部获得奥氏体组织时才呈现出最为良好的韧性和耐磨性。

为了使高锰钢变成单相的奥氏体组织，铸态的高锰钢须进行"水韧处理"，其方法是：把钢加热至临界点温度以上（1000～1100℃），保温一段时间，然后迅速地把钢浸淬于水中冷却，加热到高温，使钢中的碳化物能全部溶解到奥氏体中去；快速冷却，碳化物来不及析出因而得到了均匀的单相奥氏体组织。水韧处理后高锰钢的硬度并不高，在180～220HB范围，当高锰钢受到剧烈的冲击或较大压力作用时，表面层的奥氏体将迅速产生加工硬化，并有马氏体及ε碳化物沿滑移面形成，从而使表面层硬度提高到450～550HB，因而具备了高的耐磨性，而心部则仍维持原来的奥氏体状态，具有高的韧性。

在使用高锰钢制件中，如果其受的冲击力不大或压力不大时，其耐磨性并不比硬度相同的其他钢种好，例如喷砂机的喷嘴，选用高锰钢或碳钢来制造，其使用寿命几乎是相同的。这是因为喷砂机的喷嘴所通过的小砂粒不能引起高锰钢的加工硬化，因此，喷砂机喷嘴的材料就用不着选择高锰钢。

为了进一步提高高锰钢的耐磨性，在高锰钢中添加了铬、铝、钒、钛等元素；还有用降低一些含锰量，做成中锰加铬、铅、钒、钛等元素的耐磨钢。加了合金元素后，既可以强化奥氏体基体，还能得到弥散分布的碳化物硬质点，这样就能提高钢的强度和硬度，提高钢的加工硬化能力及抗疲劳破坏的能力，增加了钢的耐磨性。

（三）低合金耐磨钢

高锰钢是传统的耐磨材料，具有高的韧性，但其耐磨性取决于工况条件，在冲击严重、应力较大的条件下，高锰钢是极好的耐磨材料，但在冲击不大、应力较小的工作条件下，高锰钢的优越性得不到发挥，耐磨性并不高，可用低合金耐磨钢替代高锰钢做易磨损的零部件。

低合金耐磨钢的含碳量视工作条件而定，对耐磨性要求高而韧性要求不太高时，可选较高含碳量的钢；若对韧性要求高时，可降低含碳量。

所加入的合金元素其作用为增加淬透性、强化基体、细化晶粒，有些则是形成弥散的碳化物。常用的元素有铬、锰、硅、钼、钛、硼及稀土等。

电力系统的修造厂这几年在研制低合金耐磨钢方面做了大量的工作，研制出了45Mn2、45Mn2B、40CrMnSiMoRe、60Cr2MnSiRe等钢种，用于制造煤粉制备系统中的易磨损件。国内外均很重视对低合金耐磨钢的研究，这是一种很有前途的耐磨钢。

（四）其他耐磨材料

受冲击力不大的易磨损件，已广泛地采用了耐磨合金铸铁。常用的有镍硬铸铁，含少量铬、锰、铜的合金白口铸铁，高铬白口铸铁等。

随着材料科学和焊接技术的发展，某些易磨损零件的表面可采用堆焊防磨层来解决防磨问题。堆焊材料随着磨损类型的不同而不同，如为抵御磨料磨损，可采用高铬白口铸铁电焊条；为减少和避免气蚀，可采用2C13或1Cr18Ni9Ti等不锈钢电焊条。若堆焊工作量很大，则可用焊丝进行自动堆焊。

近几年来，热喷涂技术在防磨工作中也得到了重视和应用。它是将合金粉末喷涂或喷熔到金属表面，既可作预防性的防磨覆盖，也可对已磨损的零件尺寸和形状进行修复。热喷涂工艺简单，合金粉末种类多，有很大的实用价值。

复习思考题

一、选择题

1. 合金元素总量大于 10% 的钢称为 （　　　）。

A. 低合金钢　　　　　B. 中合金钢　　　　　C. 高合金钢　　　　　D. 不锈钢

2. 用于制造各种机械零件及工程结构的钢称为 （　　　）。

A. 结构钢　　　　　　B. 工具钢　　　　　　C. 零件钢　　　　　　D. 特殊钢

3. 金属与电解液接触时，有电流出现的腐蚀破坏过程，称为 （　　　）。

A. 化学腐蚀　　　　　B. 电化学腐蚀　　　　C. 垢下腐蚀　　　　　D. 氢腐蚀

二、简答题

1. 何谓合金钢？合金钢与碳钢相比有哪些特点？

2. 合金钢中经常加入的合金元素有哪些？各主要起什么作用？

3. 合金元素加入后对组织和性能主要起什么作用？

4. 合金元素的加入，会对 $Fe-Fe_3C$ 相图产生什么影响？这些影响有何实际意义？

5. 什么是奥氏体钢、铁素体钢和莱氏体钢？

6. 合金元素在结构钢中的主要作用是什么？与碳元素的作用有什么区别？

7. 渗碳钢、调质钢、弹簧钢、滚动轴承钢是如何进行划分的？它们各自最主要的特点是什么？

8. 低合金工具钢、高速钢、模具钢是如何划分的？它们各自最主要的特点在哪里？

9. 何谓不锈钢？工程上常用的不锈钢有哪几种？

10. 耐磨钢要具备哪些主要的特性？工程上常用的耐磨材料有哪几种？

11. 在低合金耐磨钢中通常加入哪些合金元素？它们分别主要起什么作用？

12. 高锰钢为什么能够承受较大冲击载荷工况条件下的磨损？常用的高锰耐磨钢是什么牌号？

13. 为什么说高铬白口铸铁在抵御磨料磨损时具有较高的能力？耐磨高铬白口铸铁中主要加入哪些合金元素？它们分别起什么作用？

14. 何谓磁钢？工程上将磁钢分成哪几类？各具有何特征？

15. 金属腐蚀的形式有哪两种？运行中的火电厂热力设备以哪种腐蚀形式为主？

第五章　耐　热　钢

　　钢在高温下能够保持化学稳定性（耐腐蚀）的特性，称为钢的热稳定性；钢在高温下具有足够强度的特性，称为钢的热强性。具有热稳定性和热强性的钢称为耐热钢。

　　耐热钢的发展与电站锅炉、燃气轮机、内燃机、航空发动机等工业部门的技术进步密切相关。火电厂热力设备中很多零部件是在高温、高压和腐蚀介质中长期工作的。因此，这些零部件需用耐热钢制造。此外，耐热钢还用来制造汽车和飞机发动机的排气阀，化学热处理设备中的耐热构件等。

第一节　耐热钢牌号的编制方法

　　耐热钢在电厂得到大量应用，以 12Cr-Mo、15Cr-Mo 为代表的珠光体型耐热钢以及 Cr13、Cr17、Cr18 型不锈耐热钢都是其中的典型代表。

　　根据我国钢铁产品表示方法的国家标准规定，产品牌号的命名采用汉语拼音字母、化学元素符号及阿拉伯数字相结合的方式表示。汉语拼音字母用于表示产品名称、用途、特性和工艺方法。

　　1. 珠光体型耐热钢的牌号编制方法

　　珠光体型耐热钢的牌号编制方法与合金结构钢相同，即前两位用阿拉伯数字表示平均含碳量的万分数，后面为元素符号和数字，数字表示相应合金元素平均含量的百分数。耐热铸钢和一般耐热钢的牌号表示方法基本相同，只是在牌号前冠以"ZG"字母（"Z""G"分别为"铸""钢"汉语拼音的首位字母）。

　　例如 ZG1Cr18Ni9Ti 是与 1Cr18Ni9Ti 成分相近的耐热铸钢。

　　2. 不锈耐热钢的牌号编制方法

　　不锈耐热钢与不锈钢的牌号表示方法相同，一般采用规定的合金元素符号和阿拉伯数字表示。通常在牌号的第一位用一位阿拉伯数字，表示其平均含碳量（以千分之几计）；

　　当 $W_c \geqslant 1.00\%$ 时，采用两位阿拉伯数字表示；

　　当 $W_c \leqslant 0.1\%$ 时，以"0"表示含碳量；

　　当 $W_c \leqslant 0.01\%$ 时（极低碳），以"01"表示含碳量；

　　当 $0.01\% \leqslant W_c \leqslant 0.03\%$ 时（超低碳），以"03"表示含碳量。

　　合金元素平均含量小于 1.50％时，牌号中仅标明元素符号，一般不标明含量；合金元素平均含量为 1.50％～2.49％，2.50％～3.49％，…，22.50％～23.49％时，相应地标注成 2、3、…、23。

　　例如，2Cr13 表示平均含碳量为 0.2％、平均含铬量为 13％的铬耐热钢；0Cr18Ni10Ti 表示含碳量低于 0.1％但大于 0.03％、平均含铬量为 18％、含镍量为 10％且含钛量低于 1.5％的低碳铬镍耐热钢；03Cr19Ni10 表示含碳量低于 0.03％、平均含铬量为 19％、含镍量为 10％的超低碳铬镍钢；01Cr19Ni11 表示含碳量低于 0.01％、平均含铬量为 19％、含镍量为 11％的极低碳铬镍钢；11Cr17 表示平均含碳量为 1.10％、平均含铬量为 17％的高碳铬钢；4Cr10Si2Mo 表示平均含碳量为 0.40％、平均含铬量为 10％、平均含硅量为 2％、含钼量低于 1.5％的铬硅钼钢。

第二节　耐热钢的高温性能

钢材在高温下与室温下所表现出来的力学性能有很大差别。在室温条件下，钢材的金相组织一般都相当稳定。但是，在高温条件下，金属原子的扩散活动能力增大，钢材的组织结构将不断发生变化，因而导致钢材的性能发生变化。温度越高，原子的扩散能力越强，在高温下使用的时间越长，原子扩散得越多，钢材的组织结构变化也就越大。长期在高温条件下工作的钢材，其组织结构会发生显著的变化，并引起力学性能的变化。因此，电厂金属材料不能仅仅用钢在室温时的力学性能来评定和选用材料，还必须研究和了解钢材在高温时力学性能的变化。

一、高温对钢材强度的影响

钢材的工作温度超过某一温度后，钢的抗拉强度 R_m 要降低，钢材在高温下使用的时间越长，其强度也会越低，这些已经得到了科学的检验。

二、持久强度

钢材在高温下进行长时间的拉伸试验，其断裂时的应力值，称为持久强度。金属材料的持久强度，是在给定温度（T）下，恰好使材料过规定时间（t）发生断裂的应力值，用 kgN/mm^2 表示。这里所指的规定时间是以机组的设计寿命为依据。例如，对于锅炉、汽轮机等，机组的设计寿命为数万以至数十万小时。某材料在 700℃ 承受 $30kgN/mm^2$ 的应力作用，经 1000h 后断裂，则称这种材料在 700℃、1000h 的持久强度为 $30kgN/mm^2$。

对于设计某些在高温运转过程中不考虑变形量的大小，而只考虑在承受给定应力下使用寿命的机件来说，金属材料的持久强度是极其重要的性能指标。

金属材料的持久强度是通过做持久试验测定的。持久试验与蠕变试验相似，但较为简单，一般不需要在试验过程中测定试样的伸长量，只要测定试样在给定温度和一定应力作用下断裂时间。

通过持久强度试验，测量试样在断裂后的伸长率及断面收缩率，能反映出材料在高温下的持久塑性。持久塑性是衡量材料蠕变脆性的一项重要指标，过低的持久塑性会使材料在使用中产生脆性断裂。

如锅炉管道材料是以 10^5h 断裂的应力值作为持久强度，并以 $\sigma 10^5$ 表示，单位为 MPa。有时以 $\sigma^\tau 10^5$ 表示温度为 τ、时间为 10^5h 的持久强度。

持久强度表示钢材在高温和应力长期作用下抵抗断裂的能力，其数值越大，说明使之断裂所需的外力越大，即钢材在高温期能够承受外力的能力就越大。持久强度是耐热钢高温强度计算的依据，也是选用锅炉和汽轮机零部件用钢的重要技术指标。由于 10^5h 是个相当长的时间，钢材的高温持久试验一般不可能真正进行到 10^5h，通常只试验到 5000～10 000h，再外推到 10^5h 的断裂应力值，持久强度曲线如图 5-1 所示。

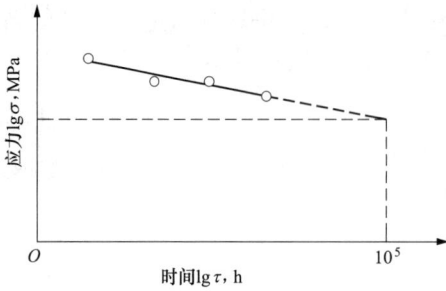

图 5-1　持久强度曲线

持久强度试验通常是用 5～6 根试样，在一定的温度下，让每根试样承受不同的外力做拉伸试验。因为不同的应力就有不同的断裂时间，将所得的断裂应力和时间数据描绘到应力和时间的双对数坐标上，然后将各点（即不同的试验应力和断裂时间的坐标点）连成一根直线，再延长此线外推到 10^5h，从纵坐标上找出应力值，即为在某一温度下 10^5h 的应力值。

三、蠕变

蠕变的概念如下：

金属在一定的温度和应力作用下，随着时间的增加，缓慢地发生塑性变形的现象，称为蠕变。有些低熔点金属（如铅、锡等）在室温下也会发生蠕变。碳钢在温度超过 350℃，低合金钢在温度超过 350～400℃时，在长期应力作用下都有蠕变现象。温度越高、应力越大，蠕变的速度就会越快。蠕变的变形量称为蠕胀。

高压锅炉和汽轮机设备中，可能引起蠕变的零部件很多，例如蒸汽过热器的蛇形管及其出口联箱，过热器管道及其联箱等。如果蠕变现象严重会造成管壁变薄，甚至引起爆管。因此，抗蠕变能力的大小（蠕变强度）是衡量耐热钢高温力学性能的一个重要技术指标。

蠕变强度通常有两种表示方法：一种方法是以一定工作温度下引起规定的第二阶段蠕变速度的应力值来表示；第二种方法是以一定的工作温度下，规定的工作时间内，钢材发生一定的总变形量时的应力值来表示的。热力设备零部件用钢中规定的工作时间为 10^5h（约 12a），总变形量小于等于 1%，蠕变强度就写成 $\sigma_1/10^5$。

四、应力松弛

零件在高温和应力作用下，随着时间的增加，如果总的变形量不变，应力值却在缓慢地降低，这种现象称为应力松弛，简称为松弛。在应力松弛的过程中，应力是逐渐下降的变量，总变形量虽然没有变化，但是其弹性变形量向塑性变形量转化。

锅炉、汽轮机和燃气轮机中的许多零部件，如紧固件、弹簧、汽封等，会产生应力松弛现象，当这些零件应力松弛达到一定程度后，就会影响设备的安全可靠性。

第三节　耐热钢的化学稳定性

火电厂热力设备用钢不仅要满足热强性的要求，还需要具有较高的化学稳定性，即耐腐蚀性能。

锅炉设备中过热器管和水冷壁管等受热面管，在运行过程中其外壁直接与高温火焰和具有腐蚀性的烟气相接触，其内壁与汽、水相接触，因而受热面管会产生腐蚀现象。

汽轮机中的许多零部件也是在与腐蚀性介质相接触的条件下长期运行的，也存在着腐蚀的问题。特别是汽轮机叶片工作时转速很高，又与蒸汽介质直接接触，不仅要受到蒸汽的锈蚀和冲蚀，还可能产生应力腐蚀和腐蚀疲劳，引起损坏。

一、腐蚀的原理

金属的腐蚀按照腐蚀的原理可以分为化学腐蚀和电化学腐蚀。其相关内容已经在前面章节做了详细介绍，这里就不论及了。

1. 腐蚀损坏的形式

腐蚀损坏的形式一般可分均匀腐蚀和局部腐蚀。几种腐蚀形式示意如图 5-2 所示。

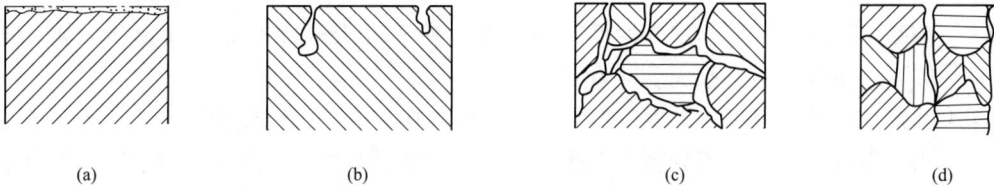

(a)　　　　　　　　　(b)　　　　　　　　　(c)　　　　　　　　　(d)

图 5-2　几种腐蚀形式示意

(a) 均匀腐蚀；(b) 点腐蚀；(c) 晶间腐蚀；(d) 穿晶腐蚀

腐蚀若是在整个金属表面均匀地进行，就称为均匀腐蚀。这种腐蚀虽然也降低钢材的使用寿命，但比局部腐蚀危害性小。晶间腐蚀、点腐蚀、穿晶腐蚀等均属于局部腐蚀，这些腐蚀虽然只损坏钢的某一部分，但危害很大，有时会引起事故。

晶间腐蚀是沿钢的晶粒边界进行的。钢材产生晶间腐蚀后，外形虽然未变化，但是破坏了晶粒之间的连接，使钢材变脆，强度急剧下降，有时会突然破坏，引起严重事故。晶间腐蚀是不锈钢的主要腐蚀损坏形式，这是因为晶界和晶粒之间在成分和组织上的差别而造成了电位差，晶界成为小阳极区，晶粒成为大阴极区，以致腐蚀沿晶界迅速发展。

产生点腐蚀的原因是金属的表面缺陷（裂纹、折叠）以及疏松、夹杂等引起的。点腐蚀一般是在不同的区域内产生的，往往迅速向深处发展，致使穿透金属，形成腐蚀坑。

二、电厂常见的腐蚀损坏类型

1. 蒸汽腐蚀

锅炉受热面管道，特别是锅炉的过热器管道，由于蒸汽的停滞或流速很小时，会产生"蒸汽腐蚀"，其化学反应如下：

$$3Fe + 4H_2O \longrightarrow Fe_3O_4 + 4H_2 \uparrow$$

产生蒸汽腐蚀后所生成的氢气，如果不能较快地被汽流带走，就将与钢材作用，使钢材表面脱碳并使钢材变脆。故有时也把蒸汽腐蚀称为氢腐蚀或氢脆。

从化学反应式可以看出，蒸汽腐蚀实质上是个氧化过程，一旦生成 Fe_3O_4 之后，这种氧化物没有金属的特性，很容易脱落，俗称"铁锈"。钢材的氧化过程与其工作温度及化学成分有密切的关系，工作温度越高，蒸汽腐蚀就越严重。如果钢材中有铬等能形成致密氧化膜的合金元素时，高温抗氧化性能就好。

严重的氢脆将会引起锅炉管壁的爆破，图 5-3 为 20 钢水冷壁管因氢脆爆管的实物。对破口内壁表面检查时，发现有许多裂纹，对破口附近的组织进行分析时，可以看出这些裂纹均是沿晶产生并扩展的。

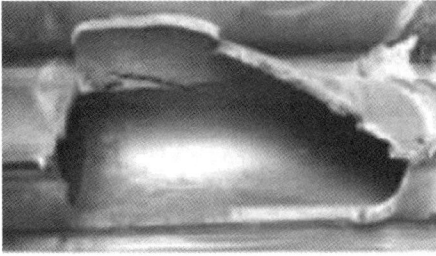

图 5-3　20 钢水冷壁管因氢脆爆管的实物

性破坏，因此是腐蚀中破坏最大的一种。

2. 应力腐蚀

应力腐蚀是介质与应力同时作用下引起的一种腐蚀。在锅炉管道中的应力腐蚀往往发生在蠕变过程中，由于金属表面氧化膜破裂，导致部分裸出的金属承受更大的应力，又在腐蚀性介质（蒸汽或烟气）渗入下，因电化学作用而迅速被腐蚀。汽轮机的叶片、叶轮和螺栓等有这种损坏现象。由于应力腐蚀的裂纹常常诱发疲劳或脆

图 5-4 为应力腐蚀损坏的实物，由于钢管本身存在着较大的内应力，在与腐蚀介质的接触中，应力与腐蚀共同作用而导致开裂了。图 5-5 为开裂处的显微形貌，从图 5-5 中可以看出应力腐蚀的裂纹，一根主裂纹的边缘往往还有许多细小裂纹。裂纹大多数是穿晶的，裂纹中也会有腐蚀产物。

图 5-4　应力腐蚀损坏的实物

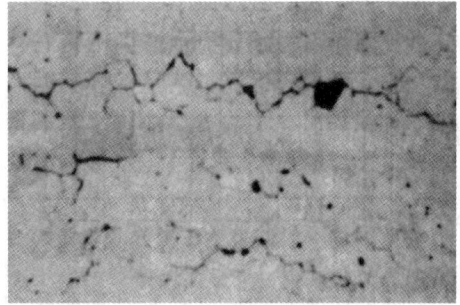

图 5-5　开裂处的显微形貌

3. 腐蚀疲劳

在交变应力作用下，钢在腐蚀性介质（蒸汽或烟气）中的腐蚀破坏称为腐蚀疲劳。汽轮机叶片、轴类、弹簧等零部件常因腐蚀疲劳而破坏。在锅炉设备中有些构件也会因为经常发生温度的变化而引起交变的热应力，在这种交变热应力和介质的共同作用下也会发生腐蚀性热疲劳破坏。

图 5-6 和图 5-7 分别为 20 钢省煤器管道腐蚀性热疲损的实物及显微组织。

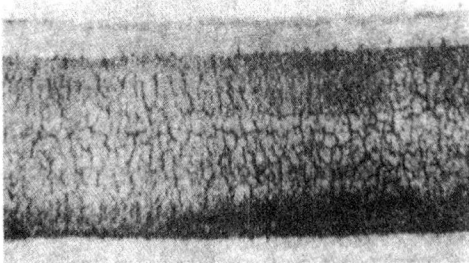

图 5-6　20 钢省煤器管道腐蚀性热疲损实物

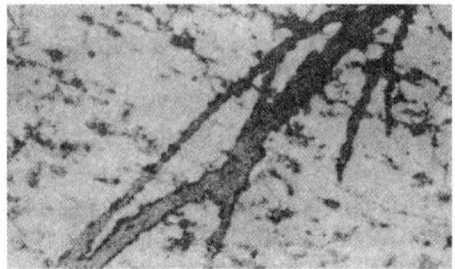

图 5-7　20 钢省煤器管道腐蚀性热疲损的显微组织

对产生腐蚀疲劳的零部件进行分析时，发现其裂纹多为穿晶性的，端部圆钝内有灰色腐蚀产物，断口内有带疲劳特征的脆性断面。

从图 5-6、图 5-7 中可以看出许多纵横交错的裂纹，这是由于交变应力不停作用的结果。图 5-7 中的组织为珠光体和铁素体，裂纹端部圆钝，裂纹内充满了腐蚀产物。

4．烟气腐蚀

燃烧含硫量高的燃料时，在烟气中产生较多的 SO_2，当烟气在锅炉的尾部受热面（省煤器、空气预热器）冷却到一定温度（通常称为露点）时，烟气中的水蒸气开始凝结并与 SO_2 生成硫酸溶液，使受热面管道受到严重的腐蚀破坏。烟气腐蚀又称为硫腐蚀。

5．垢下腐蚀

在锅炉受热面管道中有时沉淀含有氧化铁或氧化铜的水垢。垢下的腐蚀介质浓度很高，又处于静滞状态，因此，水垢与管壁金属之间产生电化学腐蚀，氧化铁与氧化铜为阴极，而受热面的管道内壁为阳极，因而管材内壁被不断腐蚀而减薄。此外，水垢导热性差，容易造成管道堵塞，使管道局部过热，严重时造成管道鼓包或爆破。

垢下腐蚀一般均发生于受热面管道的向火侧内壁，尤其以过热器管道和水冷壁管道为最常见。

6．苛性脆化

锅炉汽包等设备的铆接（或胀接）缝隙处，由于介质的不断浓缩，产生高浓度的碱溶液，在钢材处于一定的内应力状态下，导致碱性腐蚀脆化，又称碱性脆化。

图 5-8 和 5-9 分别为苛性脆化开裂的实物、苛性脆化裂纹的显微组织。图 5-8 中箭头所指即为苛性脆化裂纹，这种裂纹由于受到介质的化学性腐蚀，由沿晶裂纹转变为穿晶裂纹。图 5-9 为其显微组织，其组织为 P+F，裂纹内有灰黑色的腐蚀产物。

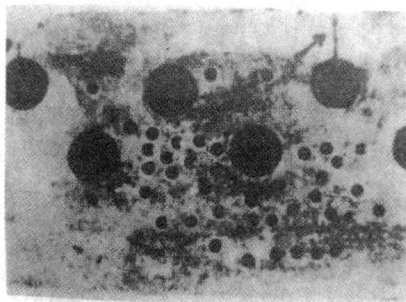

图 5-8 苛性脆化开裂的实物

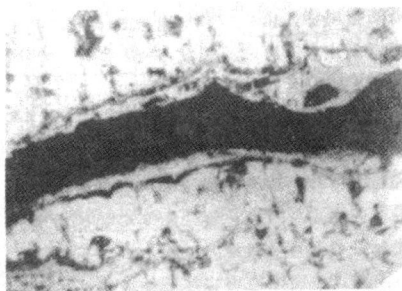

图 5-9 苛性脆化裂纹的显微组织

第四节　　耐热钢的组织稳定性

钢材在高温下长期工作时，由于原子的扩散，其组织结构也要发生变化。钢在高温下运行的时间越长，原子扩散能力就增强，钢的组织结构变化也就越大。其组织结构发生变化必然引起力学性能的改变。

一、碳化物的球化

1．球化的概念及危害

碳化物的球化是指珠光体中的碳化物由片状逐渐转变成球状，故也常称为珠光体的球化。20 钢及 15CrMo、12Cr1MoV 等低合金耐热钢所制造的锅炉管道，经长期运行后，就会出现碳化物的球化现象。

图 5-10 和图 5-11 分别为 12Cr1MoV 钢高温过热器管道球化前后的金相显微组织。图 5-10 是运行前的显微组织，其金相结构为铁素体和珠光体。该钢材在 540℃高温和 100 个大气压的应力下运行 85 672h 后，珠光体中的渗碳体已显著球化，金相结构为铁素体及颗粒状的碳化物，有些碳化物已连成链状。

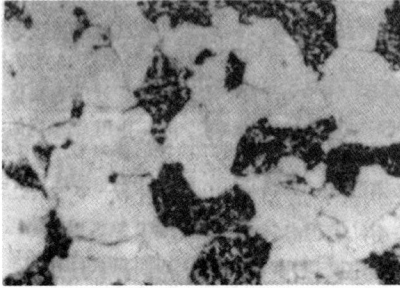

图 5-10　12Cr1MoV 钢高温过热器管道
球化前的金相显微组织

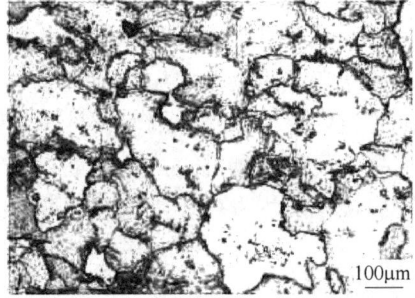

图 5-11　12Cr1MoV 钢高温过热器管道
球化后的金相显微组织

球化过程包括碳化物从片状转化成球状和球状微粒长大两个过程。由于晶界上的原子扩散速度较大，因此球状的碳化物首先在晶粒边界上析出。温度越高或在高温下运行的时间越长，晶界上的球状碳化物也就越多。而且，珠光体区域中所形成的球状碳化物也有向晶界聚集的倾向。球化现象严重时，珠光体的区域形态完全消失，球状的碳化物则聚集在铁素体的晶界上成为链状组织。

钢中的碳化物球化后，钢的蠕变强度和持久强度会下降。球化现象越严重，高温性能就越差。试验证明，12Cr1MoV 钢完全球化后，持久强度降低约三分之一。钢的持久强度下降后，其承载能力就相应地减少。在火电厂中，因锅炉钢管严重球化所引起的爆管事故时有发生。

2. 球化的原因

珠光体中片状渗碳体表面积较大，具有较大的表面能量，存在着从较高的能量状态向较低的能量状态转化的趋势。在常温或温度较低时，原子的活动能力较弱，一般不能完成上述的转变，故这时片状碳化物比较稳定。但是，在高温和应力的长期作用下，原子的活动能力增强，扩散速度也增大，碳化物从片状向球状的转变也就具备了条件。由于球的表面积最小，它的表面能量也最小，因此片状碳化物就向球状转变。

电厂用钢引起球化的原因：一是高温；二是在高温下工作的时间长。尤其是当超温运行或工作温度经常上、下波动时，会促进球化的产生和发展。

3. 球化的监督

火电厂对锅炉管道用钢的球化情况进行经常性的金属技术监督，特别是我国部分电厂高温高压蒸汽管道的运行时间达到或超过设计使用年限时，珠光体类耐热钢球化现象已经很普遍，要对这些管道更加密切注意，定期检查球化发展的情况。因此，为了加强金属技术监督，编制出了球化级别标准，供各电厂金属监督评定球化时参考。

二、石墨化

在高温和应力的长期作用下，碳钢和含钼的低合金耐热钢组织中的渗碳体易分解为铁和石墨，这个分解过程称为石墨化，其反应式如下：

$$Fe_3C \longrightarrow 3Fe + C(石墨)$$

其中 C 呈游离状态聚集于钢中，由于石墨的脆性大，而塑性几乎等于零，故游离状的石墨析出后，钢中便如出现了孔洞和裂缝，造成钢材内部应力集中，使钢材的强度和塑性显著下降，脆性增加。国内外均发生过因石墨化而引起的爆管事故。国内某热电厂用碳钢制造的过热器管道，规定的工作温度为 450℃，但超温至 500℃运行还不到 200h，就因石墨化而发生了爆管事故。石墨颗粒形态分为 6 类，石墨分类示意图见图 5-12。

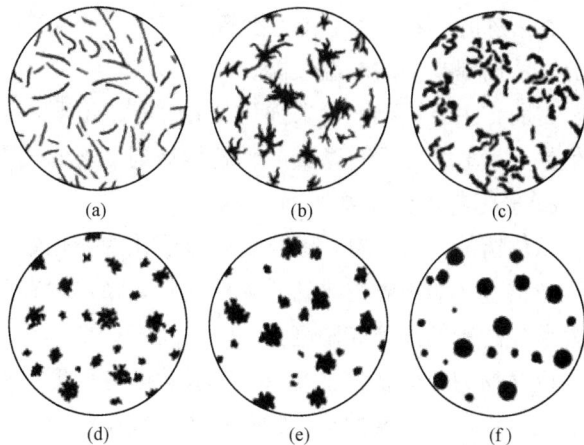

图 5-12 石墨分类示意图

(a) 片状石墨；(b) 聚集的片状石墨；(c) 蠕虫石墨；
(d) 团絮状石墨；(e) 团状石墨；(f) 球状石墨

钢材的化学成分对石墨化的影响最大，铝和硅是促进石墨化的元素；铬、钛、铌、钒等碳化物形成元素，可以有效地阻止石墨化，其中铬元素的效果为最好。

第五节 耐热钢中的合金元素及其作用

钢材的耐热性能主要是通过合金化来达到的。所谓合金化，就是在碳钢的基础上加入可提高热稳定性和热强性的合金元素。最常用的合金元素是铬、钼、钒、钨、钛、铌、硼、硅、稀土元素等。加入的合金元素种类和含量不同，钢的组织和耐热性能就不一样，使用时参数也就不相同。

一、耐热钢的强化原理

耐热钢的高温强度主要取决于固溶体的强度、晶界强度和碳化物的强度。钢中加入合金就是为了使这三者强化。

1. 固溶体强化

低合金耐热钢的组织是以固溶体为基体的。提高固溶体的强度，增加固溶体的组织稳定性，能有效地提高耐热钢的高温性能。故固溶体强化是耐热钢高温强化的重要方法之一。

加入合金元素，可增加原子之间的结合力，可使固溶体强化。此外，外来原子溶入固溶体使晶格畸变，也能提高强度；有些元素能提高再结晶温度，延缓再结晶过程的进行，从而增加了组织的稳定性，也同样能提高强度。

常用于强化固溶体的合金元素有铬、钼、钨、锰、铌等。实践证明，多种元素的综合溶入，会使强化的效果更好。

2. 晶界强化

晶界强度在高温时下降很快。故增加晶界的强度是提高耐热钢高温强度的重要方法。

耐热钢中加入微量的硼或锆或稀土元素后，可以提高晶界的强度。这是因为这些元素增加后易在晶界偏聚，能填充晶界上的空位，使原子排列得较为致密，减缓晶界处的扩散过程。在冶炼时这些元素还能起到除去有害气体和硫、磷等有害杂质的作用，也可间接地净化晶界，从而提高钢的高温性能。

目前，主要用硼元素来强化晶界。实践证明，若硼和钛或铌一起加入钢中，则强化晶界的效果更为显著，而且微量的硼就能达到显著的效果。

3. 碳化物的弥散硬化

从位错的观点来看，碳化物弥散硬化的强化效果比上述两种方法更为显著。碳化物相沉淀在位错上，能锁固位错的攀移。而且，稳定的碳化物若以弥散的状态分布在固溶体内，就能显著提高钢的强度和硬度。

碳化物的弥散硬化主要取决于碳化物的硬度、稳定性、形状、颗粒大小和分布状况等因素。钒、铌、钛元素的碳化物在钢中呈细小颗粒状的弥散分布，这些碳化物硬度高、稳定性好，高温时又不易产生聚集长大，故其弥散硬化的效果较好。

二、合金元素的作用

（一）碳的作用

碳对钢的力学性能影响很大。随着含碳量的增加，钢的室温强度提高，塑性下降，碳对钢的高温性能影响就比较复杂。随着含碳量的增加，钢的抗蠕变性能会降低，而且在高温下长期使用时，其蠕变速度会加快。因为含碳量多，在高温时从固溶体中析出的碳化物必然增多，会使固溶体中合金元素贫化，从而降低热强性。但是，含碳量也不宜过低，否则强度就太低了。

（二）铬的作用

铬能使钢的性能在很多方面得到改善和提高。因此，耐热钢中几乎都含有一定数量的铬元素。铬的作用主要如下：

（1）提高钢的耐腐蚀性能。铬的氧化物 Cr_2O_3 比较致密，钢的表面生成的 Cr_2O_3 能起到保护膜的作用，可有效地阻止钢被继续氧化。钢中含铬量越高，钢的抗氧化性也就越好，铬对钢抗氧化性的影响如图5-13所示。若含铬量超过12%，则还能提高钢的电极电位，从而增加抗电化学腐蚀的能力。

（2）增加铁素体的强度，提高组织稳定性。

（三）钼的作用

钼是耐热钢中强化固溶体的主要元素，几乎所有的耐热钢中均含有一定数量的钼。钼溶入铁素体可使原子之间的结合力增大，会使晶格发生畸变，因而提高钢的强度；钼的熔点为2625℃，溶入钢中后可提高其再结晶温度，进一步增加钢的高温强度。图5-14为钼对钢抗蠕变能力的影响。

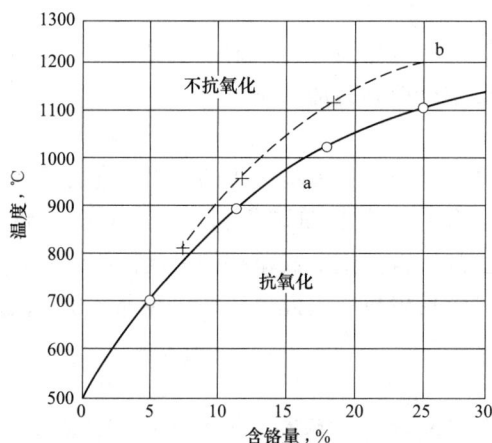

图 5-13 铬对钢抗氧化性的影响
a—铁素体钢；b—奥氏体钢

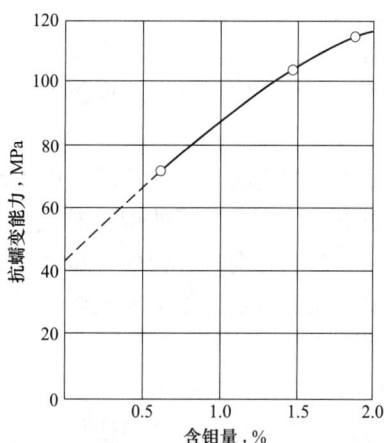

图 5-14 钼对钢抗蠕变能力的影响

（四）钒的作用

钒是强碳化物形成元素，在钢中能够形成细小、均匀且高度弥散分布的团絮状碳化物和氮化物微粒，这种化合物在 550～600℃ 比较稳定，因而能有效地提高钢的高温持久强度和抗蠕变能力。

钒对碳的亲和力比钼和铬大，能阻碍钼和铬元素由固溶体向碳化物中迁移，避免和减少固溶体中钼和铬的贫化，进一步提高钢的强化效果。

（五）其他元素的作用

1. 钛和铌

钛和铌也是强碳化物形成元素，钢中形成 TiC 和 NbC 后，在高温时其强度和稳定性均比 VC 高。由于钛和铌与碳的亲和力较大，因此常用钛和铌来防止或减少固溶体中钼和铬的贫化。钛和铌与钒一样还能有效地防止不锈钢的晶间腐蚀。钛和铌常常与钼和铬等元素一起复合加入钢中，加入量通常也比较少，高合金耐热钢中铌的含量一般为 1%～2%。

2. 硼和稀土元素

硼和稀土都是提高晶界强度的合金元素。

硼与氮和氧都有很强的亲和力，钢中微量硼（0.001%）就能成倍提高其淬透性。在珠光体耐热钢中，微量硼可以提高钢的高温强度；在奥氏体耐热钢中，加入 0.025% 的硼，可以显著提高其抗蠕变性能。但硼的加入量如果过多，将会严重地降低钢的热加工工艺性能，在耐热钢中均属微量加入元素。

稀土元素对提高钢的抗氧化性能有显著的提高作用。稀土元素的氧化物可以增强基体金属与氧化膜之间的附着力，因此稀土元素对于基体金属有"钉扎"作用。稀土元素对钢的晶粒细化也有一定的作用，稀土金属与氧、硫、磷、氮、氢等的亲合力也很强，是很好的脱氧、脱硫及清除其他有害杂质的添加剂。稀土元素也能提高钢种的抗蠕变能力。

3. 铝和硅

铝和硅这两种元素在钢中也能显著地提高钢的抗氧化性，加入钢中主要是为了提高耐腐蚀性能。但是，铝和硅均能促进石墨化，故需要予以控制其加入量。

4. 镍

镍能增加钢的淬透性，因而能提高钢的强度。镍还是扩大奥氏体的元素，在奥氏体类耐热钢中用得较多。为了使钢具有纯奥氏体组织，钢中镍的含量就得超过 25%，但当钢中加入其他的合金元素时，镍的含量就可相应减少。加入镍使钢变成单相的奥氏体组织后，钢就具备了较高的抗蠕变能力和耐腐蚀性能。由于镍价格较贵，因此可用锰代替镍，使钢变为单相的奥氏体组织。

5. 氮

氮作为合金化元素在奥氏体型耐热钢中的作用与碳有些类似。在铬镍奥氏体型不锈钢中含氮可提高钢的热强性，几乎对脆性无影响，其原因可能是出于析出弥散分布的氮化物。

第六节　耐热钢的分类

根据正火后的金相组织不同，耐热钢可以分为珠光体耐热钢、马氏体耐热钢、铁素体耐热钢和奥氏体耐热钢四类。

一、珠光体耐热钢

珠光体耐热钢中所加入的合金元素主要为铬、钼、钒，且其总含量一般在 5% 以下，因此，有时也称为低合金耐热钢。这类钢的组织为铁素体和珠光体，若正火时冷却速度较快，或合金元素含量较高，元素的种类较多，其组织则为铁素体和下贝氏体。Cr-Mo 系及 Cr-Mo-V 系珠光体耐热钢在火电厂热力设备中应用得很广泛，最常用的成熟的钢种有 12CrMo、15CrMo、13CrMo44、10CrMo910、12CrMoV、12Cr1MoV 等。合金元素含量较低的铬钼钢，主要用于 500～510℃ 以下的蒸汽管道、联箱等零部件及 540～550℃ 以下的锅炉受热面管；合金元素含量较高的低碳铬钢和铬钼钒钢主要用于 550℃ 以下的汽轮机主轴、叶轮、汽缸、隔板及高温紧固件等。但铬钼钢及铬钼钒钢在使用温度分别超过 550℃ 和 580℃ 后，其组织不稳定性加剧，高温氧化速度增加，持久强度显著下降。为适应 580℃ 以上温度的需要，多采用提高含铬量并添加钛、硼等多种合金元素。如 12Cr3MoVSiTiB、12Cr2MoWVB（钢 102），其使用温度高达 600～620℃。

二、马氏体耐热钢

钢中如加入含量较多的能使等温转变曲线右移的合金元素，钢在空冷时就可转变为马氏体组织，这类钢称为马氏体钢。应用得最早的马氏体耐热钢就是 Cr13 型钢，这类钢不仅有热强性，还具有较高的耐腐蚀性能。因此，1Cr13 和 2Cr13 钢既可作为耐热钢，又可作为不锈钢使用。

为了提高 Cr13 型钢热强性，常在这类钢的基础上添加钼、钨、钒、硼等合金元素。如 1Cr11MoV、1Cr12MoWV 和 1Cr12WMoNbVB 钢，这类钢使用温度可提高，由于热强性能好，可用作汽轮机的末级叶片。

三、铁素体耐热钢

钢中加入相当多的铬、铝、硅等缩小奥氏体区域的合金元素，使钢具有单相的铁素体组织，称为铁素体耐热钢。常用的有 1Cr25Si2、1Cr25Ti 等，这类钢抗高温氧化和耐腐蚀性能好，但热强性较差、脆性大。铁素体耐热钢不宜用作受冲击载荷的零部件，而只宜用作受力不大的构件，如锅炉吹灰器、过热器吊架，热交换器等。

四、奥氏体耐热钢

钢中加入的合金元素，如不仅使等温转变曲线右移，而且使 M_s 线降低至室温以下，钢在空冷后的组织则仍然是奥氏体，这种钢称为奥氏体钢。由于奥氏体晶格致密度比铁素体大，原子间结合力大，合金元素在奥氏体中扩散较慢，因此奥氏体耐热钢不仅热强性很高，而且还有较高的塑性、韧性和良好的焊接性能。加之是单相的奥氏体组织，因而又有优良的耐腐蚀性能。

奥氏体耐热钢是高合金多组元的钢种，在火电厂热力设备中常用的有 1Cr18Ni9Ti、1Cr18Ni9Mo、4Cr14Ni14W2Mo、1Cr15Ni36W3Ti。此外，还有以锰代镍的奥氏体耐热钢钢种，如 2Cr20Mn9Ni2Si2N、Mn17Cr7MoVNbBZr、Mn18Cr10MoVB、Cr18Mn11SiN 等。

1Cr18Ni9Ti 是一种应用最为广泛的奥氏体耐热钢，其抗氧化工作温度可达 $700\sim900℃$，在 600℃ 左右时有足够的热强性，可用于 610℃ 以下的锅炉过热器管、主蒸汽管，以及汽轮机导管、阀体等。

4Cr14Ni14W2Mo 钢具有更高的热强性和组织稳定性，常用于 650℃ 以下超高参数锅炉，汽轮机的过热器管、主蒸汽管及其他重要零件。

1Cr15Ni36W3Ti 钢主要用于高压汽轮机汽封弹簧和 650℃ 以下燃气轮机叶片及紧固体，2Cr20Mn9Ni2Si2N 钢抗氧化性能优良，可用于 $900\sim1000℃$ 过热器吊架及管夹等。

同样，奥氏体耐热钢也可作不锈钢用。

复习思考题

一、选择题

1. 珠光体型耐热钢的牌号编制方法，用两位阿拉伯数字表示平均含碳量的（　　）。

　　A. 十分数　　　　B. 百分数　　　　C. 千分数　　　　D. 万分数

2. 碳钢在温度超过 350℃，低合金钢在温度超过（　　）时，在长期应力作用下都有蠕变现象。

　　A. $350\sim400℃$　　B. $400\sim450℃$　　C. $500\sim550℃$　　D. $600\sim650℃$

3. 汽轮机叶片工作时转速很高，又与蒸汽介质直接接触，不仅要受到蒸汽的锈蚀和冲蚀，而且可能产生（　　）和腐蚀疲劳，引起损坏。

　　A. 晶间腐蚀　　　B. 应力腐蚀　　　C. 氢脆　　　　　D. 硬化

4. 铬能使耐热钢的性能在很多方面得到改善和提高，下列哪项不是铬的主要性能（　　）？

　　A. 提高钢的耐腐蚀性能　　　　　B. 增加钢的强度

　　C. 提高组织稳定性　　　　　　　D. 是强碳化物形成元素

5. 硼与氮和氧都有很强的亲和力，钢中微量硼（0.001%）就能成倍提高其（　　　）。

　　A. 强度　　　　　　　B. 淬透性　　　　　C. 硬度　　　　　　D. 抗腐蚀能力

6. 耐热钢可以分为（　　　）、马氏体耐热钢、铁素体耐热钢和奥氏体耐热钢四类。

　　A. A＋F 耐热钢　　　B. 贝氏体耐热钢　C. 珠光体耐热钢　D. 莱氏体耐热钢

7. 1Cr18Ni9Ti 是一种应用最为广泛的奥氏体耐热钢，主要用于（　　　）。

　　A. 汽轮机叶片　　　　　　　　　B. 过热器吊架

　　C. 锅炉过热器管、主蒸汽管　　　D. 锅炉吹灰器

8. 1Cr25Si2、1Cr25Ti 钢是属于（　　　）不锈钢。

　　A. 铁素体　　　　B. 奥氏体　　　　　C. 马氏体　　　　D. 贝氏体

二、判断题

1. 0Cr18Ni10Ti 表示含碳量低于 0.01%，平均含铬量为 18%，含镍量为 10% 且含钛量低于 1.5% 的低碳铬镍耐热钢。

2. 钢具有足够强度的特性，称为钢的热强性。

3. 钢材在高温下与室温下所表现出来的力学性能有很大差别。

4. 持久强度是耐热钢高温强度计算的依据，也是选用锅炉和汽轮机零部件用钢的重要技术指标。钢材的高温持久试验要超过 10^5 h 才能算达标。

5. 在铬镍奥氏体型不锈钢中含氮可提高钢的热强性，几乎对脆性无影响，其原因可能是出于析出弥散分布的氮化物。

6. Cr13 型钢热强性可用作汽轮机的末级叶片。

7. Cr-Mo 系及 Cr-Mo-V 系珠光体耐热钢主要用于 550℃ 以下的汽轮机主轴、叶轮、汽缸、隔板及高温紧固件等。

8. 珠光体耐热钢中所加入的合金元素主要为铬、钼、钒，而且其总含量一般在 10% 以下。

三、简答题

1. 提高钢热强性的途径有哪些？

2. 什么叫抗氧化钢？常用在什么地方？

3. 为什么低合金热强钢都用 Cr、Mo、V 合金化？

第六章　有色金属及其合金

通常将铁及其合金以外的金属统称为有色金属。有色金属种类繁多，往往具有某些特殊的性能，也是现代工业技术中不可缺少的工程材料。在火电厂热力设备中常用铝、铜、钛及其合金。本章将对上述有色金属材料进行简要介绍。

第一节　铝及其合金特性

相对于通常使用的钢铁材料，铝具有以下的重要特点和优点，基于这些特点与优点，铝及其合金在许多领域得到广泛的应用。

（1）质量轻。铝的密度约为 $2.7g/cm^3$，仅是钢铁的 1/3，铝合金不仅应用于飞机制造等方面，而且由于当前节省能源的需要，车辆与舟船等常用交通运输工具的轻量化更加突出，铝合金在这方面也得到更加广泛的应用。此外，在土木结构和建筑门窗等方面，铝合金制造的结构也已经被广泛采用。

（2）耐腐蚀。具有较大的亲和力，因此，当铝的表面曝露在大气中时，其表面很快就能生成一层附着力强、致密、有一定保护性的自然氧化膜，既可以保持铝原有的金属质感，又可以大幅地提高金属铝原表面硬度、耐磨性及耐腐蚀性，从而大大拓宽铝及铝合金的应用范围。

（3）加工成形性能好。铝及其合金的压力加工产品，如管、板、棒、型、线、箔、粉都可以生产，并且其产品在工业上得到广泛应用。

（4）热传导性高。铝的热传导性虽次于铜，其热导率相当高，为铜的 50%～60%，而单位重量的热导性则优于铜。不论加热还是冷却，铝都是很好的金属介质。为此，在食品工业、化学工业、石油工业和航空工业中，铝材是被广泛采用的热交换器材料。此外，铝是生产金属厨具的首选材料。

（5）导电性好。铝是两个常用的高电导率金属之一，电导体级别的铝是 IACS（国际退火铜标准）的 62%，然而铝的密度只有铜的 1/3。因此，单位重量的铝却是相同单位重量的铜导电性的两倍。

（6）冲击吸收性比较好。铝和铝合金的耐冲击性能好，适于制造汽车的保险杠。

（7）非磁性，冲击不产生火花。铝和铝合金是非磁性的，冲击不产生火花。这一性能在某些特殊的用途时是一非常可贵的品质，由此可作为电器材料的屏蔽材料，或制作易燃易爆的器材、仪表材料等。

（8）可焊接。铝材在惰性气体保护下进行焊接，其外观、力学性能、耐腐蚀性能都很好，可满足焊接结构的需要。

一、工业纯铝

铝是地球上储量最丰富的金属元素，比铁的储量多约两倍，比其他有色金属的总储量还多。铝的产量仅次于铁占第二位，应用也十分广泛。

铝在空气中有优良的抗蚀性，这是因为铝的表面易生成一层稳定而致密的 Al_2O_3 薄膜，从而能阻止其进一步氧化。但是铝不耐碱、盐溶液及热的稀硝酸或稀硫酸的腐蚀。

工业纯铝中最常见的杂质是铁和硅。铝中所含杂质数量越多，其导电性、导热性、抗蚀性及塑性就越低。我国工业纯铝的牌号用"铝"字的汉语拼音字首"L"加上按杂质限量编号的数字组成，有 L1、L2、L3、……、L6 等。数字越大，纯度就越低。

纯铝主要杂质为铁和硅，次要杂质为铜、锌、锰、镍、钛等。

铁在铝中溶解度为 0.052%，硅为 1.65%，随温度下降而急剧减小。铁、硅含量及相对比例（铁硅比）影响纯铝性能。少量铁或硅就可形成 $FeAl_3$ 或 β(Si)，降低纯铝塑性，针状 $FeAl_3$ 使纯铝塑性降低更为显著。铁、硅共存时，出现 $FeAl_3$、β(Si) 相、α(Fe_3SiAl_{12}) 相及 β($Fe_2Si_2Al_9$) 相。

$FeAl_3$、α、β 相的电位比铝高，破坏了纯铝表面氧化膜的连续性，降低了纯铝的耐蚀性、导电性。

二、铝合金

工业纯铝的强度很低，$R_m = 80\sim100MPa$。工业纯铝中加入适量的铜、硅、锰、镁、锌等合金元素就成为铝合金了，铝合金的强度显著提高。铝合金经热处理或冷加工硬化后，R_m 可增高到 $500\sim600MPa$，而且铝合金的密度小，比强度较高，广泛地应用于要求重量轻的承载构件。

（一）铝合金的分类

铝合金按其成分、组织、性能及生产工艺的不同，可以分为两大类：一类为形变铝合金，一类为铸造铝合金。

合金元素 B 的含量小于最大溶解点 D 时的含量，加热时能形成单相的固溶体，其塑性好，适于进行压力加工，这种铝合金称为形变铝合金。合金元素 B 的含量大于最大溶解点 D 时的含量，铝合金组织中就有了低熔点的共晶体，因此塑性较差，不宜进行压力加工，但其凝固温度较低，液态合金流动性好，适于铸造成型，这种铝合金就称为铸造铝合金。

（二）形变铝合金

形变铝合金中如其合金元素 B 的含量介于 F%～D% 之间，在加热或冷却过程中，固溶体的溶解度将有变化，因此就可采用淬火的方法进行强化。这种成分范围的铝合金即为热处理能强化的合金。而 B 元素含量如果小于 F 点含量的铝合金，在固态时始终是单一的固溶体，采用淬火的方法已不能进行强化。这种成分的铝合金即为热处理不能强化的合金。

在工程上形变铝合金通常分为防锈铝合金、硬铝、锻铝、超硬铝。

1. 防锈铝合金

防锈铝合金属于热处理不能强化的合金，只能靠冷变形加工硬化来提高强度。这类合金主要是 Al-Mg 或 Al-Mn 合金，防锈铝合金耐蚀性高，塑性、韧性及焊接性能好，具有比纯铝高的强度。在火电厂中常用于热交换器、管道、容器、壳体及铆钉等。

防锈铝合金的牌号用拼音字母"LF"再加数字序号表示，如 LF5、LF21 等，数字越大表示含锰或镁越多。

2. 硬铝

Al-Cu-Mg 系硬铝称为普通硬铝；Al-Cu-Mn 系硬铝称为耐热硬铝。可通过热处理（固溶＋时效）强化，也可形变强化。

硬铝的缺点：抗蚀性差，合金中含有大量的铜，而含铜固溶体和化合物的电极电位均高于晶界，因此易产生晶界腐蚀，使用过程中需采取包铝阴极保护、喷漆等防腐措施；固溶处理温度范围窄，如 2A12 为 495～503℃，低于该温度时固溶体的过饱和度不足，影响时效效果；高于该温度时，又易产生晶界熔化。

硬铝具有优良的加工工艺性能，可加工成板、管、棒、线、型材等，用于制作飞机蒙皮、壁板、隔框等。

3. 锻铝

锻铝有 Al-Mg-Si、Al-Cu-Mg-Si、Al-Cu-Mg-Fe-Ni 等合金系。该类合金的合金元素种类多而含量少，具有良好的热塑性和锻造性，并可热处理强化。

Al-Mg-Si 系合金（4AXX）：制造形状复杂的型材和锻件，如飞机和发动机中工艺性和耐蚀性要求较高的零件；有较严重的停放效应，淬火后不立即时效处理，则会降低人工时效强化效果。

Al-Cu-Mg-Si 系合金（2AXX）：制造形状复杂、承受中等载荷的各类大型锻件和模锻件，但该类合金有应力腐蚀和晶界腐蚀的倾向，不宜作薄壁零件。

Al-Cu-Mg-Fe-Ni 系合金（6AXX）：因含有较多的 Fe、Ni，因而具有较高的耐蚀性能，适宜于制造发动机的活塞、汽轮机叶片等耐高温和耐腐蚀的零件。

4. 超硬铝

锌、镁为主要合金元素，有时还加入少量铜、锰、铬、钛等元素；合金中的强化相 $\eta(MgZn_2)$ 和 $T(Al_2Mg_3Zn_3)$ 相高温溶解于 α 固溶体，低温产生强烈的时效强化效应。加入的铜可改善抗应力腐蚀性能，形成 $S(Al_2CuMg)$ 和 $\theta(CuAl_2)$ 相起补充强化作用，还可提高沉淀强化相的弥散度，消除晶界网状脆性相，改善晶界腐蚀倾向。但铜降低超硬铝的焊接性，故一般超硬铝采用铆接和粘接。

超硬铝 R_m 达 600～700MPa，韧性高；热处理强化效果（固溶＋时效）最显著，热塑性好，易加工成形；但缺口敏感性大，疲劳极限低，应力集中敏感，应力腐蚀倾向较大，其耐热性低于硬铝，高温下软化快，只能在 120℃ 以下使用。其用于飞机结构材料，如翼梁、蒙皮。

（三）铸造铝合金

铸造铝合金有 Al-Si、Al-Mg 及 Al-Cu 等合金，其中以 Al-Si 合金（常称为硅铝明）应用最广。铸造铝合金由于铸造性能好，适于制造形状复杂的零部件，如仪表零件、油泵、活塞、汽缸体和小型电机外壳等。

铸造铝合金的牌号用 ZL 加上数字序号来表示。

铸造铝合金所含的合金元素较形变铝合金高，二元铝合金相图的一般形式见图 6-1。从图 6-1 中可以看出，铸造铝合金中有共晶体，熔点也较低，这样可以增加液态金属的流动性，增

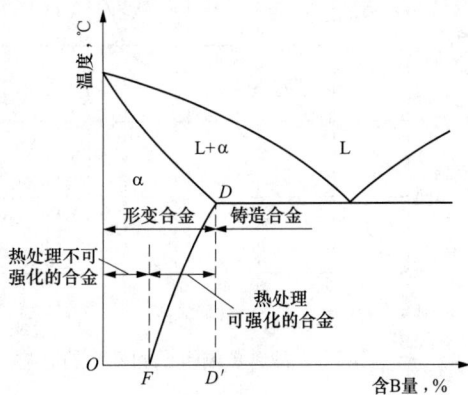

图 6-1 二元铝合金相图的一般形式
B—合金组元；L—液相；α—固溶体

大铸件的致密度，减少收缩率，有利于改善铸造性能。合金中的共晶体越多，铸造性能就越好。共晶成分的合金的铸造性能最佳。

第二节 铜 及 其 合 金

一、工业纯铜

工业纯铜呈玫瑰红色，表面氧化后呈紫色，故常称为紫铜。纯铜的熔点为1083℃，密度为8.9g/cm³，固态下具有面心立方晶格。

纯铜具有优良的导电性、导热性和无磁性。其电导率仅次于银，居金属元素的第二位。

铜还具有很高的化学稳定性，在大气、淡水、水蒸气中均有良好的耐蚀性。

纯铜有极好的塑性（$A=40\%\sim50\%$，$Z\leqslant70\%$）、较低的强度（$R_m=200\sim400MPa$）和硬度（35HBS左右），易于接受冷热压力加工和焊接。纯铜经冷变形后有明显的加工硬化现象，其强度、硬度升高（$R_m=400\sim500MPa$，布氏硬度值为120），塑性降低（$A=6\%$，$Z=35\%$），而且电导率也下降，但降低得不多。纯铜主要用于电气导体，抗磁性干扰的仪表零件、铜管及配制合金不宜作结构材料。

工业纯铜的杂质主要有铅、铋、氧、硫、磷等，这些杂质的存在会降低铜的电导率，并使铜的加工工艺性能恶化。我国的工业纯铜按其所含杂质的多少分为四级，即T1、T2、T3、T4。T是汉语拼音铜字的首字母，后面附以数字序号。纯铜牌号中的数字越大，其纯度就越低。

二、黄铜

黄铜是铜、锌两种元素为主的铜合金。按其化学成分可分为普通黄铜和特殊黄铜两种。

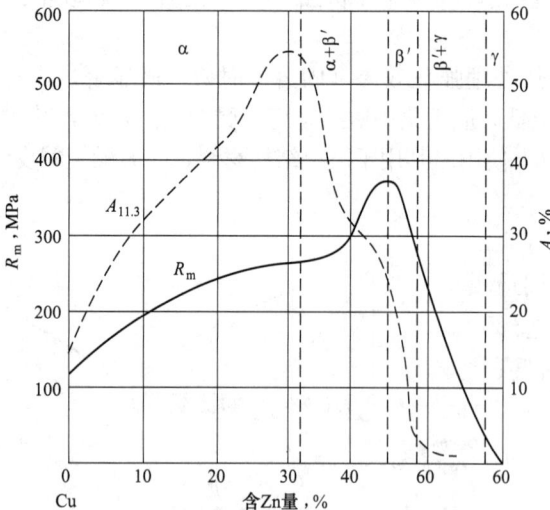

图6-2 锌对黄铜组织和性能的影响

1. 普通黄铜

普通黄铜是铜和锌的二元合金，锌对黄铜组织和性能的影响如图6-2所示。

当含锌量小于32%时，锌完全溶于铜的晶格中，形成α固溶体，黄铜的强度R_m和塑性A随着含锌量的增加而提高。这种单相α黄铜具有优良的冷变形能力，适用于冷热压力加工，称为压力加工黄铜。当含锌量大于32%时，合金组织中开始出现硬度高、脆性也大的β′相。它是以化合物CuZn为基的固溶体，在高温下塑性较好，而在室温下则脆性较大，因而使黄铜的塑性逐渐下降，而强度继续提高。组织为α+β′的双相黄铜适于热加工和铸造，又称为铸造黄铜。若含锌量增至45%～47%时，合金组织已全部为β′相；再增加含锌量并将出现γ相，于是强度和塑性都急剧下降。因此，含锌量大于45%～

47％的不同铜锌合金在工业上已没有实用值。

普通黄铜的编号是用汉语拼音字母 H 加上数字表示，H 表示黄铜，数字则指含铜量。例如 H70 即表示含铜量为 70％，含锌量为 30％的普通黄铜。

2. 特殊黄铜

在铜和锌的基础上，再加入少量的其他元素（如铝、锰、锡、硅、铅等）的铜合金，称为特殊黄铜。加入铝或锰，能进一步提高铜合金的力学性能；加入铝、锰、锡，能提高铜合金的耐腐蚀能力；加入硅和铅，可以提高铜合金的耐磨性；加入少量的铅，能改善铜合金的切削加工性能。

特殊黄铜的牌号要标明所加入的元素及其含量。例如 HAl67-2.5 表示含铜量为 67％，含铝量为 2.5％，含锌量为 30.5％的铝黄铜。牌号前若有 Z，则表示是铸造黄铜。常用黄铜的牌号、成分、力学性能及用途见表 6-1。

表 6-1　　　　　　　　　　常用黄铜的牌号、成分、力学性能及用途

类别	牌号	化学成分（％）		力学性能			用途
		Cu	其他	R_m(MPa)	A（％）	布氏硬度	
普通黄铜	H80	79～81	余量为 Zn	320	52	53	用于镀层及散热器管道
	H70	69～72	余量为 Zn	320	55		用于弹壳及凝汽器管道
	H62	60.5～63.5	余量为 Zn	330	49	56	散热器垫圈、弹簧、垫片、螺钉
	H59	57～60	余量为 Zn	390	44		热压及热轧的零件
特殊黄铜	HPb59-1	57～60	0.8～0.9Pb，余量为 Zn	620	5	149	用于热冲压和切削方法制作零件
	HAl59-3-2	57～60	2.5～3.5Al，2.0～3.0Ni，余量为 Zn	380	50	75	在常温下高强度、高稳定性的零件
	HMn58-2	57～60	1.0～2.0Mn，余量为 Zn	400	40	85	制造海轮及弱电流工业用零件
	ZHSi80-3-3	79～81	2.0～4.0Pb，2.5～4.5Si，余量为 Zn	250 300	7 15	90 100	耐磨性好，用作轴承衬套
	ZHAl67-2.5	66～68	2.0～3.0Al，余量为 Zn	300 400	12 15	90	用作耐蚀零件

三、青铜

铜合金中主要的加入元素如果不是锌而是锡、铅、铝等元素，这种铜合金称为青铜。习惯上把青铜分为锡青铜和无锡青铜两大类。

（一）锡青铜

以锡为主要加入元素的铜合金称为锡青铜，这是人类历史上应用最早的金属材料。锡对锡青铜组织和性能的影响如图 6-3 所示。

从图 6-3 中可以看出，当含锡量小于 6％时，其组织为单相 α 固溶体（锡在铜中的置换

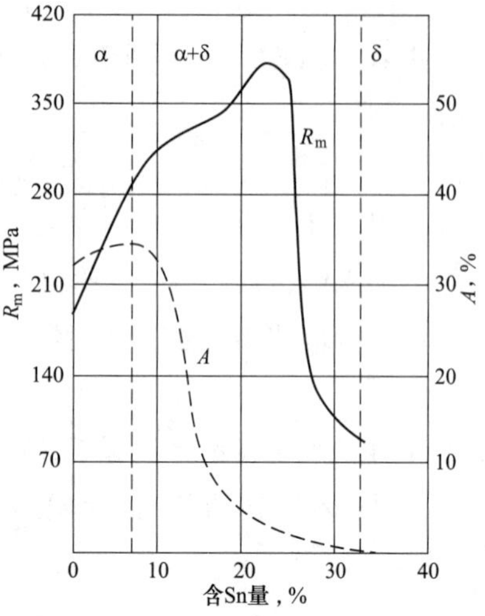

图 6-3　锡对锡青铜组织和性能的影响

固溶体），随含锡量的增加，锡青铜的强度和塑性逐渐提高，当含锡量大于 7％以后，由于合金中出现硬而脆的 δ 相（以化合物 Cu31Sn8 为基的固溶体），强度虽然仍在提高，但塑性急剧下降。当含锡量超过 20％时，由于 δ 相较多，强度也急剧下降。故工业上应用的锡青铜，其含锡量一般在 3％～14％；用于压力加工的锡青铜，其含锡量一般不超过 6％～7％；用于铸造的锡青铜，其含锡量一般为 10％～14％。

锡青铜有一定的力学性能，熔点较低，具有良好的铸造性、减磨性和耐腐蚀性。因而广泛用来制造蒸汽锅炉、海船及其他机械设备的耐磨和耐蚀零部件（如低压蒸汽管配件、泵体、叶轮、轴承、轴套、齿轮、蜗轮等），也常用锡青铜来铸造人像等工艺美术品。

锡青铜的牌号用铜和锡化学元素的符号及数字表示，数字指含锡量的百分数，余数即为含铜量。对铸造用的锡青铜，则在牌号前加字母 Z。例如 ZCuSn10 表示铸造锡青铜，含锡量为 10％，含铜量则为 90％。如在铜锡的基础加入一些其他元素，可以提高锡青铜某一方面的性能，则在牌号中也应标出其所加的元素的化学符号，并在符号后用数字标出所加元素的含量。

（二）无锡青铜

除锌和锡以外，其他元素与铜的合金称无锡青铜。无锡青铜也称为特殊青铜。按所加入的主要元素的不同，分别称为铝青铜、铍青铜、锰青铜、铅青铜等。

1. 铝青铜

铝青铜中的含铝量为 5％～10％，这种青铜的价格低廉，强度、硬度和韧性均比黄铜和锡青铜高，并可通过淬火和回火进行进一步强化。铝青铜的化学稳定性比纯铜、黄铜还要好。铝青铜在盐酸、磷酸、有机酸的稀溶液、乳酸、海水以及大气中能耐腐蚀，但由于碱会破坏铝青铜的保护膜（Al_2O_3），因此不能用铝青铜制造在碱溶液中工作的零件。

为了进一步改善铝青铜的性能，通常在 Cu-Al 合金的基础上加入一些铁、锰、镍等元素来配制成铝青铜。例如加入 4％Fe，便可细化晶粒，提高铝青铜的强度和硬度，进一步提高耐磨性能。

铝青铜主要用来制造耐磨抗蚀的零件，如重要的弹簧、泵、齿轮、蜗轮、轴套等。国外海边的火电厂曾试用铝青铜制造凝汽器管，已获得成功。

2. 铍青铜

铍青铜的含铍量为 2％，铍青铜经过淬火和人工时效后，其强度、硬度、弹性和疲劳强度都有很大提高。铍青铜的耐磨性、耐蚀性、导电性和导热性，均比其他的铜合金好。因此，铍青铜是优良的导电弹性材料，可用于制造各种精密仪表和仪器的弹簧及弹性元件，制造电接触器、电焊机电极、钟表和罗盘中的零件。

3. 锰青铜

锰青铜的含锰量为 5% 左右，锰能溶于铜中，可提高合金的力学性能和耐腐蚀性。加入锰还能改善铸造性能，降低合金的脆性。含锰量为 5% 的锰青铜，能抵御碱溶液和高压力 CO 和 H_2 的混合气体在 $170 \sim 350℃$ 时的腐蚀。锰青铜还有较好的耐热性，可用来制造在高温下工作的零件。因此，锰青铜是化工及造船工业中应用较广泛的合金。

4. 铅青铜

铅青铜是含铅量为 30% 左右，这也是一种铸造青铜。铅青铜的显微组织中有固溶体软相和化合物硬相，也是一种理想的轴承材料，可用于制造高速高负荷的大型轴瓦和衬套。

常用青铜的牌号、成分、力学性能及用途，见表 6-2。

表 6-2　　　　　　　　　　常用青铜的牌号、成分、力学性能及用途

类别	牌号	化学成分（%）		力学性能			用途
		Sn	其他	R_m(MPa)	A(%)	布氏硬度	
铸造锡青铜	ZCuSn10	9~11	余量为 Cu	200~250, 200~250	10, 3~10	70~80, 70~80	形状较复杂的铸件，管道的配件等
	ZCuSn10P1	9~11	0.8~1.2P, 余量为 Cu	200~300, 250~350	3, 7~10	80~106, 90~120	高速运转的轴承、齿轮、套圈和轴套
	ZCuSn6Zn6Pb3	5~7	5~7Zn, 2~4Pb, 余量为 Cu	100~200, 180~250	8~12, 4~8	60, 65~75	飞机、汽车、拖拉机工业用的轴承和轴套的衬垫
压力加工锡青铜	CuSn4Zn3	3.4~4	2.7~3.3Zn, 余量为 Cu	350	40	60	弹簧，管配件和化工器械
	CuSn4Zn4Pb2.5	3~5	3~5Zn, 1.5~3.5Pb, 余量为 Cu	300~350	35~40	60	飞机、汽车、拖拉机及其他行业中用的轴承和轴套的衬垫
	CuSn6.5P0.4	6~7	0.3~0.4P, 余量为 Cu	350~450	60~70	70~90	弹簧及其他耐磨零件，造纸工业用的铜网
无锡青铜	ZCuAl9Fe4	Al8~9	2~4Fe, 余量为 Cu	400, 500	10, 12		重要用途的耐磨、耐蚀零件，如齿轮、蜗轮、轴套等
	ZCuPb30	Pb30	余量为 Cu	76	5	28	大功率航空发动机及汽车上发动机的轴承
	ZCuMn5	Mn4.5~5.5	余量为 Cu	300	40	80	有较高的强度和塑性，还具有良好的热强性、耐蚀性。可用于制作化工、船舶零件
	CuBe2	Be2~2.3	余量为 Cu	500	30	100	制造重要的弹簧和弹性零件，电接触器

第三节 钛 及 其 合 金

钛和钛合金具有许多优良的性能，具体表现在如下几个方面：

（1）比强度高。钛合金具有很高的强度，其抗拉强度 $\sigma_b=686\sim1176$MPa，而密度仅为钢的 60% 左右，故比强度很高。

（2）硬度高。钛合金在退火状态下的硬度值高达 $32\sim38$HRC。

（3）弹性模量低。钛合金（退火状态）的弹性模量约为钢和不锈钢的一半。

（4）高温和低温性能优良。在高温状态下，钛合金仍能保持良好的机械性能，其耐热性远高于铝和铝合金，其工作温度范围甚宽，目前新型耐热钛合金的工作温度可达 $550\sim600$℃；在低温下，钛合金的强度比常温时反而增加，且有良好的韧性，低温钛合金在 -250℃下还有很好的韧性。

（5）钛的抗腐蚀性强。钛在 550℃ 以下的环境中会在其表面迅速形成一层致密的氧化膜。故在大气、海水、硝酸、硫酸等氧化性介质及强碱中，其抗腐蚀能力优于大多数不锈钢。

（6）钛还有形状记忆、吸氢、超导、无磁、低阻尼等优异性能。

1954 年美国成功研制出第一个实用钛合金 Ti-6A1-4V，由于其具有优异的综合性能，成为钛合金中的王牌合金。随后，高强钛合金、钛铝金属间化合物、钛基和钛铝基复合材料及其相关的高新技术用在航空、海洋开发、地热发电以及制作放射性废物处理的容器等方面，其发展的趋势是由军工到民品，由飞机发动机到机体，由航空航天到一般产业。近年来开发出的新型钛合金主要有 4 类：高强高韧 β 型钛合金、高温钛合金、钛铝基合金及其复合材料和阻燃钛合金。但应用最广泛的是多用途的 α+β 型 Ti-6A1-4V 合金和 Ti-6A1-2Sn-4Zr-2Mo 高温钛合金。

近年来，钛除了在航空工业的应用外，仍以民用为主，而且以提高结构钛合金材料强度、改善加工性能、提高使用温度及改善熔炼技术为重点。中国的钛工业经过近 50 年的发展，科技和生产都取得了长足进步，各研究院所、高等院校与生产企业进行纵横向联合，对在不同领域使用的钛合金进行了卓有成效的研究工作。我国研发的钛合金可分为：高温钛合金、高强钛合金、低温钛合金、耐蚀钛合金、船用钛合金、生物医用钛合金等。这些合金中大部分为仿制俄、美、英、日等，少部分为自主研发。在钛工业发展中，我国呈现出许多技术上的创新，其中工艺性创新较成分创新多，体现在阻燃钛合金、钛基复合材料、纤维/钛层板等研发方面。

一、工业纯钛

钛在地壳中的分布也很广泛。钛具有密度小（$\rho=4.5$g/cm^3），强度高的特点。钛合金的抗拉强度 R_m 可高达 1300MPa，是金属材料中比强度最高的一种合金。钛的耐腐蚀性能好，在海水中其抗蚀能力相当于 1Cr18Ni9Ti 不锈钢；在 600℃ 以下还具有良好的抗氧化性能。

纯钛在固态也有同素异构特性，在 882℃ 以下为密排六方晶格，称为 α 钛（或用 α-Ti 表示）；在 880℃ 以上转化为体心立方晶格，称为 β 钛（或用 β-Ti 表示）。

工业纯钛与工业纯铁差不多，强度不高（$R_m = 300MPa$），塑性较好（$A = 40\%$）。但是，钛也可以通过合金化及热处理来强化。由于钛合金是比强度最高的金属材料，近几年来发展很快，已成为飞机、船舶以及其他重要设备的结构材料。火电厂热力设备中的一些零部件也开始应用钛合金来制造。

二、钛合金

钛合金的主要加入元素有铝、铬、锰、铁、钼、钒等，这些元素能与钛形成置换固溶体，有些还能与钛化合成为金属化合物。加入的元素起固溶强化和弥散硬化的效果，从而显著地提高钛合金的强度。加入锡和锆等元素，还能够提高钛合金的耐热性能。

钛合金中加入的元素按其作用的不同可以分成两类。一类是扩大 α-Ti 区域元素；另一类是缩小 α-Ti 即扩大 β-Ti 区域元素。所加的合金元素和加入量的不同，钛合金在室温下的组织和性能也就有所不同。

钛合金按组织结构的不同分为 α 型、β 型、α+β 型三种。

1. α 型钛合金

主要加入元素是扩大 α-Ti 区域的铝元素或锡、锆等中性元素，便可得到单相 α 型钛合金。这类钛合金具有中等的强度，焊接性能好、密度小，不能用热处理强化，可用冷变形引起加工硬化以提高强度。α 型钛合金牌号用拼音字母 TA 加序号表示，序号数字大表示所加入的合金元素含量多。

2. β 型钛合金

主要加入元素是扩大 β-Ti 区域的铬、钼、钒等元素，当 Cr>7% 或 Mo>11% 或 V≥15% 时，室温下仍保持体心立方晶格，得到单相 β 型钛合金。这类钛合金塑性很好，可冲压成型，强度也比较高，且能通过淬火和时效进一步强化。β 型钛合金的牌号是用 TB 加序号表示。

3. α+β 型钛合金

α+β 型钛合金通常属于多元合金，即钛合金中既有稳定 α-Ti 的元素，又有稳定 β-Ti 的元素，室温下其组织为 α+β。α+β 型钛合金适于锻造、冲压、轧制，并有较好的切削加工性能。这类钛合金具有高综合的力学性能，通过淬火和时效可进一步提高合金的强度，用化学热处理（如氮化）可提高钛合金表面的强度，提高抗疲劳和抗氧化的性能。α+β 型钛合金应用得最为广泛，其牌号用 TC 加序号来表示。

常用钛合金的牌号、成分、力学性能及用途见表 6-3。

表 6-3   常用钛合金的牌号、成分、力学性能及用途

牌号	化学成分（%）						力学性能		性能及用途
	Al	Cr	Mn	Mo	V	其他	R_m(MPa)	A(%)	
TA4	3					余量为 Ti	700	12	焊接性能好，650℃时能保持足够的强度。用于制造飞行器蒙皮、压气机机匣、叶片、叶轮等。不能通过热处理强化
TA5	4					0.05B，余量为 Ti	700	15	
TA7	5					2.5Sn，余量为 Ti	800	10	

续表

牌号	化学成分（%）						力学性能		性能及用途
	Al	Cr	Mn	Mo	V	其他	R_m(MPa)	A(%)	
TB1	3	11		8		余量为 Ti	1300	5	强度高、塑性好，可冲压，淬火和失效后能进一步强化。用于制造火箭、超声速飞机的结构件
TB2	3	8		5	5	余量为 Ti	1350	8	
TC2	3		1.5			余量为 Ti	700	12	具有良好的综合力学性能，可热处理强化，锻、冲、焊接性能都好，可进行切削加工。用于制造飞机蒙皮、导流叶轮等
TC4	6				4	余量为 Ti	950	10	
TC7	6	0.6				0.4Fe, 0.4Si, 0.01B, 余量为 Ti	1195	8	
TC10	6			6		2Sn, 余量为 Ti	1080	10	

复习思考题

一、选择题

1. 滑动轴承轴承衬常用材料为（　　）。

    A. 铜合金　　　　　　B. 轴承合金　　　　　　C. 合金钢　　　　　　D. 铝合金

2. 钟表齿轮常用（　　）制造。

    A. 黄铜　　　　　　　B. 青铜　　　　　　　　C. 白铜　　　　　　　D. 铝

3. ZCuSn10P1 表示平均含锡量为（　　）的铸造青铜。

    A. 10%　　　　　　　B. 1%　　　　　　　　 C. 5%　　　　　　　 D. 3%

4. 青铜是铜与（　　）元素的合金。

    A. Zn　　　　　　　　B. Ni　　　　　　　　 C. Zn、Ni 以外　　　D. Zn 和 Ni

5. 黄铜、青铜和白铜的分类是根据（　　）。

    A. 合金元素　　　　　B. 密度　　　　　　　　C. 颜色　　　　　　　D. 主加元素

6. 将相应牌号填入括号内：普通黄铜（　　），特殊黄铜（　　），锡青铜（　　），特殊青铜（　　）。

    A. H68　　　　　　　B. QSn4-3　　　　　　 C. QBe2　　　　　　　D. HSn90-1

7. （　　）适用铸造铝合金制造。

    A. 铆钉　　　　　　　B. 螺栓　　　　　　　　C. 活塞　　　　　　　D. 轴

8. 制造弹壳一般选用（　　）。

    A. 黄铜　　　　　　　B. 青铜　　　　　　　　C. 白铜　　　　　　　D. 铸造铝

9. 制造飞机、火箭、导弹的结构件，应选用（　　）。

    A. 铝合金　　　　　　B. 铜合金　　　　　　　C. 钛合金　　　　　　D. 铁碳合金

10. 常用的铝合金门窗选用（　　）。

    A. 防锈铝　　　　　　B. 硬铝　　　　　　　　C. 超硬铝　　　　　　D. 锻铝

二、判断题

1. 防锈铝是可以用热处理方法进行强化的铝合金。

2. 铸造铝合金中没有成分随温度变化的 α 固溶体，故不能用热处理方式进行强化。

3. 以锌为主要合金元素的铜合金称为白铜。

4. 以镍为主要合金元素的铜合金称为黄铜。

5. 除黄铜、白铜外其他的铜合金统称为青铜。

6. H70 表示含铜量为 70％的普通黄铜。

7. ZSnSb11Cu6 表示铸造锡青铜。

8. 锰黄铜具有良好的耐腐蚀性。

9. 青铜具有良好的铸造性。

10. 硬铝是形变铝合金中强度最低的。

11. 钛和钛合金没有同素异构转变。

12. 硬铝主要用于制作航空仪表中形状复杂、要求强度高的锻件。

三、简答题

1. 铝合金是如何分类的?

2. 什么是有色金属材料? 常用的有色金属材料有哪些?

3. 简述纯钛的特性。

第七章　电厂常用金属材料

本章主要介绍几种火电厂常用的金属材料，给出了各主要部件材料及性能要求表、汽水管道选材推荐表等。

第一节　金属材料的选用原则

材料科学被称为人类文明的四大支柱之一。金属材料的选用同其他各类材料一样，是一个比较复杂的问题。它是各机械产品设计中极为重要的一环。要生产出高质量的产品，必须从产品的结构设计、选材、冷热工艺、生产成本等方面进行综合考虑。

正确、合理选材是保证产品最佳性能、工作寿命、使用安全和经济性的基础。下面将介绍金属材料选用的一般原则。

一、所选用材料必须满足产品零件工作的要求

各种产品，由于它们的用途、工作条件等的不同，对其组成的零部件也自然有着不同的要求，具体表现在受载大小、形式及性质的不同，受力状态、工作温度、环境介质、摩擦条件等的不同。

例如，电厂对锅炉管道用钢有下列要求：

（1）足够高的蠕变强度、持久强度和良好的持久塑性。在进行过热器管道和蒸汽管道的强度计算时，常以持久强度作为主要依据，然后再按蠕变强度进行校核。

（2）高的抗氧化性能和耐腐蚀性。

（3）足够的组织稳定性。

（4）良好的工艺性能，特别是焊接性能要好。

选择锅炉管道用钢，其主要依据是其工作温度。进行强度计算时，必须确定在工作温度下的许用应力 $[\sigma]$。

这样，电厂锅炉管道用钢一般就选用 20G、15CrMo、12Cr1MoV 钢，国外的钢种有美国的 P22，日本的 STBA24，德国的 10CrMo910 等钢种。

在选材时，应根据零件工作条件的不同，具体分析对材料使用性能的不同要求。一般来说，机械零件的失效形式有以下三种：①断裂失效，包括塑性断裂、疲劳断裂、蠕变断裂、低应力断裂、介质加速断裂；②过量变形失效，主要包括过量的弹性变形和塑形变形失效；③表面损伤的失效，如磨损、腐蚀、表面疲劳失效等。

二、所选材料必须满足产品零件工艺性能的要求

材料工艺性能的好坏对零件加工的难易程度、生产效率和生产成本等方面都起着十分重要的作用。

金属材料的基本加工方法包括切削加工、压力加工、铸造、焊接和热处理等。

切削加工（包括车、铣、刨、磨、钻等）性能：一般通过切削抗力大小、零件表面粗糙度、切屑排除的难易及切削刀具磨损程度来衡量其好坏。例如，1Cr18Ni9Ti 材料的切削加工性能就比较差。

压力加工性能（包括锻造性能、冲压性和轧制性能）：一般来说，低碳钢的压力加工性能比高碳钢好，而碳钢则比合金钢好。

铸造性能：主要包括流动性、收缩率、偏析及产生裂纹、缩孔等。不同的材料，其铸造性能差异很大，在铁碳合金中铸铁的铸造性能要比铸钢好。

焊接性：一般以焊缝处出现裂纹、脆性、气孔或其他缺陷的倾向来衡量焊接性能的好坏。

热处理工艺性：主要包括淬硬性、淬透性、淬火变形、开裂、过热敏感性、回火脆性、回火稳定性等。

例如，汽轮机转子是主轴和叶轮的组合部件，转子是汽轮机设备的心脏，因此必须十分重视转子部分的安全性。随着高温高压大容量锅炉汽轮机机组的发展，汽轮机转子的重量和尺寸也越来越大。例如，300MW 汽轮机的高压转子直径为 1m，质量为 8t 多；低压转子直径为 2m，质量为 27t。要制造如此巨大的转子，就要求用大型钢锭来加工。大型钢锭的熔炼、铸造、锻压、热处理、机械加工，直到转子的安装、调整，都存在着一系列技术问题。

高参数大功率机组的转子因在高温蒸汽区工作，还要考虑到材料的蠕变、腐蚀、热疲劳、持久强度、断裂韧性等问题。

由此对制造汽轮机转子的材料提出了下列要求：

（1）严格控制钢的化学成分。钢中含硫量不大于 0.035%。

（2）综合力学性能要好。既要强度高，又要塑性、韧性好，还要求材料的缺口敏感性小。

（3）有一定的抗氧化、抗蒸汽腐蚀的能力；对于在高温下运行的主轴和叶轮，还要求高的蠕变强度和持久强度，以及足够的组织稳定性。

（4）有良好的淬透性、焊接性等工艺性能。

因此，汽轮机转子常选用如下钢种：34CrMoA、34CrMo1A、30Cr2Ni4MoV、17CrMo1V、20Cr3MoWV、I8Cr2MnMoB、12%Cr 等。

三、所选材料应满足经济的要求

在满足零件使用性能和质量的前提下，应注意材料的经济性。

对设计选材来说，保证经济性的前提是准确计算，按零件使用的受力、温度、耐腐蚀等条件选用适合的材料，而不单纯追求某一项指标。另外，还应从材料的加工费来考虑，尽量采用无切屑或少切屑新工艺（如精铸、精锻等新工艺）。

此外，在选材时还应尽量立足于国内条件和国家资源，同时应尽量减少材料的品种、规格等，这些都直接影响到选材的经济性。

在选用代用材料时，一般应考虑原用材料的要求及具体零件的使用条件和对寿命的要求，以保证选用材料的经济性。

第二节　火电厂常用金属材料

一、电厂各主要部件用钢要求

（一）转子材料要求

转子属于大型锻件，为了获得良好的综合力学性能和组织，转子必须采用适当的热处理工艺。但由于转子尺寸和质量较大，对转子的热处理工艺提出了更高的要求，为获得良好的芯部组织，还必须通过合金元素的复合作用来提高材料的淬透性。一般加入 Ni、Cr、Mo、V 等合金元素。Cr 元素既可提高钢的强度，又可以右移等温转变曲线，增加淬透性，在钢中一部分形成碳化物，一部分溶入铁素体。Ni 元素对钢的塑性和韧性都有良好的作用，尤其可以提高低温时的冲击韧性，不形成碳化物，几乎全部溶入铁素体，会使共析成分的碳含量减少，使共析温度下降，降低马氏体转变开始温度，提高钢的淬透性。试验表明，Cr 和 Ni 的复合作用远比单独元素的作用大，Cr 与 Ni 的比例在 1∶3 时效果最佳。Mo 元素可有效地减少钢的回火脆性，也可进一步提高钢的高温强度。V 元素是强碳化物形成元素，可以起到细化晶粒的作用。

基于以上考虑，Cr、Ni、Mo、V 是转子的主要合金元素，随着汽轮机的大型化和蒸汽参数的提高，CrNiMoV 的使用温度受到限制，因此需要开发新型的耐高温、强度优良的转子材料，在 12%Cr 钢的基础上添加强化元素 W，调整 Mo 含量，同时降低 S、P、As、Sn、Sb 等有害杂质，进一步降低含碳量，从而大幅提高蠕变强度。

（二）护环材料要求

由于护环的主要失效是腐蚀，其环境介质又比较复杂，因此不同材料的腐蚀敏感性有很大的差别。为减少发电机端部的电磁损耗，提高发电效率，要求护环无磁性，以减少漏磁，因此护环锻件材料一般都选用无磁性奥氏体钢。另外，护环在运行时受到很大的离心力，为了保证汽轮发电机组的长期安全运行，护环材料应该有较高的强度，特别是较高的屈服强度，同时具有尽可能高的塑性和韧性。此外，还要求护环的残余应力小而分布均匀，以防止由于变形、疲劳、应力腐蚀的发展及各种应力叠加造成的破坏事故。

奥氏体不锈钢能满足电磁性能和力学性能方面的要求。此外，护环钢要达到上述的性能要求，需经过特殊的热处理过程。

目前，主要的护环材料是 18Mn5Cr 和 18Mn18Cr 两个系列，由于 18Mn5Cr 抗应力腐蚀较差，即使验收合格，但是在库房存放时间较长，再次使用时最好进行一次表面探伤和金相检查，在大修中也应作为重点监督对象。18Mn18Cr 护环相比 18Mn5Cr 抗应力腐蚀较好，在检修中可以适当延长无损探伤或微观裂纹检查周期。

（三）叶片材料要求

根据叶片的工作条件和工作环境，叶片材料在工作温度下应具有良好的耐腐蚀性能、良好的减振性能、优良的抗疲劳性能、足够的室温和高温力学性能、高温组织稳定性。此外材料还应具备一定的焊接性能。火电机组最常用的叶片材料为 1Cr13 和 2Cr13，它们属于马氏体型耐热钢，具有足够的室温和高温力学性能、良好的抗疲劳性能，以及较高的耐蚀性和减振性。1Cr13 和 2Cr13 的区别在于 2Cr13 比 1Cr13 的含碳量高，因而 2Cr13 比 1Cr13 强度高、塑韧性低。一般 1Cr13 用于前几级叶片，2Cr13 用于后几级叶片。1Cr13 和 2Cr13 虽然具有许多优点，但是它们的热强性较低，当温度超过 500℃ 时，热强性明显降低。

为了提高材料的热强性，在 1Cr13 和 2Cr13 钢的基础上添加 Mo、W、V、Nb、N 等元素，形成了如 1Cr12Mo、1Cr11MoV、12CrMoVNbN 等强化型不锈钢。它们的热强性能有了大幅度的提高，可以在 550～600℃ 下长期运行。这些材料可以概括成 13％Cr 型和强化 12％Cr 型不锈钢。

随着超（超）临界机组的发展，叶片材料中增添了许多新的成员。一方面，超（超）临界机组的主蒸汽温度和再热蒸汽温度达到了 566℃ 或超过了 600℃，其至达到了 650℃，为了进一步提高材料的蠕变强度和组织稳定性，在强化 12％Cr 型不锈钢的基础上进一步调整化学成分，增加 Mo 当量，使 Mo/W 比值保持合适的范围，并添加 Co 和 B，降低 N 含量等。另外，超（超）临界机组叶片的长度和重量明显增加，尤其末级叶片的长度将会达到或超过 1000 mm，这样大幅度提高了叶片的离心力，使得叶片的受力状态更加复杂。因此，在叶片材料中还有沉淀硬化型马氏体不锈钢，如 0Cr17Ni4Cu4Nb 钢，其强度等级很高，可用于低压级长叶片和拉金中。

（四）螺栓材料要求

螺栓材料在工作温度下应具有良好的抗松弛性、良好的强度和塑性配合、小的蠕变缺口敏感性、小的热脆性倾向、良好的抗氧化性能、优良的抗疲劳性能、足够的室温和高温力学性能、高的组织稳定性。同时还要考虑材料的线膨胀系数，使螺栓及被紧固部件的线胀值尽可能一致，从而使附加应力最小。抗松弛性能是螺栓设计时强度核算的主要依据。采用高抗松弛性能的材料可使螺栓在同样的初紧力和同样的运行时间内，应力降低最少。

为了使螺栓初紧时不产生屈服，就要求材料具有高的屈服强度，但屈服强度过高会增大钢的应力集中敏感性，从而增加钢的蠕变脆性倾向。螺栓材料要求强度和塑性的良好配合，以有利于防止螺纹根部应力集中部位发生脆性断裂。良好的抗氧化性可以防止螺栓长期运行后因螺纹氧化而发生螺栓与螺纹的咬死现象。为防止螺纹咬死和减少磨损，选材时螺栓和螺母应采用不同钢号材料，因为螺母的工作条件要好于螺栓，所以螺母材料强度级别应比螺栓材料低一级，硬度比螺栓低 20～50HBW。

目前常用的螺栓主要有 CrMoV 系列，争气钢（争气一号、争气二号），10％～12％Cr 马氏体钢以及高温合金（R26、GH4145、In783 等）。25Cr2MoV 主要用于 510℃ 以下螺栓，该钢在高温长期运行中会发生热脆性而引起螺栓断裂；25Cr2Mo1V 属于中碳珠光体耐热钢，主要用于 550℃ 以下螺栓，该钢对热处理敏感，存在回火脆性倾向。在 540℃ 长期运行会出现硬度明显升高、室温冲击大幅下降的现象。25Cr2Mo1V 长期在高温下运行会在奥氏体晶界上形成网状碳化物，也会在亚晶界上形成碳化物。

争气钢是我国自行开发的低合金高强钢，包括争气一号（20Cr1Mo1VNbTiB）和争气二号（20Cr1Mo1VTiB），使用温度可以达到 570℃，这两种钢采用多元复合强化，大幅提高了持久强度、蠕变极限、抗松弛性能、持久塑形和缺口敏感性。争气一号 20Cr1Mo1VNbTiB 在生产过程中会出现粗晶的情况，也就是程度不同的混晶，造成冲击韧性大幅下降，在实际检验中争气二号（20Cr1Mo1VTiB）也同样存在粗晶的现象。避免使用宏观粗晶的材料是防止螺栓发生断裂的关键。

10％～12％Cr 马氏体钢螺栓包括 C-422、2Cr12WMoVNbB、2Cr11Mo1NiWVNbN、

1Cr11MoNiW1VNbN、1Cr10Co3MoWVNbNB 等，这些钢采用多元复合强化，进一步提高了热强性和抗松弛性能，降低了缺口敏感性，可用于 600℃以下的高温螺栓。

（五）汽缸材料要求

汽缸在机组运行时主要因承受蒸汽的内压力、转子重量引起的静应力、温差产生的热应力而产生了热疲劳现象。

在超（超）临界机组中，主汽阀、喷嘴室、高中压内外缸等是温度最高、受力较大的构件，如常规材料在设计上就要比以往的机组增大壁厚，这样在启停时会产生大的内外温差，造成过大的热应力。随着频繁地启停，材料的抗热疲劳能力会不断降低。因此，对于超（超）临界汽轮机，为把壁厚控制在以往部件的同样水平上，除考虑材料的制造性、热处理性及焊接性外，还必须考虑材料的持久强度。

（六）受热面材料要求

用于受热面管的材料大致分为两类：一类为铁素体钢，在工作中人们习惯称之为珠光体钢、贝氏体钢、马氏体钢，主要应用于亚临界参数的机组中；另一类是奥氏体不锈钢，主要应用于亚临界参数机组的高温段和超（超）临界参数机组中。

为了适应超（超）临界机组的发展需求，国外经过近 20 年的研究、开发、实验、应用，使新型的锅炉用钢系列发生了一些变化，增添了一些新成员。高压锅炉钢管从早期的碳钢、碳锰钢发展成低合金铬（钼）钢，再到中合金铬钼钢，形成了完整的用钢系列，基本满足了从低参数到高参数机组不同档次的锅炉用钢的要求。这些新钢种的特点基本上是在 T91、TP304H、TP347H 及 HR3C 奥氏体不锈钢的基础上添加 Nb、W、V、Ti、N、Cu、B 等强化元素，综合性能比以前的钢种性能更为优越，能够适应常规参数和更高参数压力和温度的机组，且能降低用钢成本。

在选用受热面管材料时，就技术而言，要综合考虑以下几方面的因素：

（1）抗高温蠕变性能。

（2）抗烟气腐蚀性能。

（3）抗蒸汽氧化性能。

（4）加工性能、焊接性能和短时力学性能等。

对于设计者而言，还要考虑材料成本。然而安全和成本是一对矛盾，安全性高，成本就大；成本低，安全性就低。受热面材料使用的都是极限温度，对于超（超）临界机组的安装，受热面的安全性非常重要。

（七）锅筒材料要求

锅炉锅筒由钢板焊接而成，锅筒钢板在中温（360℃）、高压状态下工作，它除承受较高的内压外，还会受到冲击、疲劳载荷及水和蒸汽介质的腐蚀作用。其工作条件要比一般机械件恶劣得多。随着锅炉设计参数的提高，锅筒的工作压力和温度也不断提高，锅炉启停时，锅筒上下部分和内外壁温差会产生很大的热应力，特别是管孔周围等部位，由于温度的交变造成的低周疲劳和应力集中的作用，容易造成事故。根据锅筒的工作条件和工作环境，锅筒材料应在工作温度下具有足够高的力学性能、优良的抗疲劳性能、良好的耐蚀性能。此外，由于锅筒产生裂纹性缺陷后，修复难度较大，材料还应具备一定的焊接性能。

（八）集箱材料要求

集箱所用材料由其工作条件决定，集箱用钢基本上与同参数蒸汽管道一致，集箱构造较为复杂，上面有许多的接管座。由于集箱和蒸汽管道一旦发生泄漏事故将对人身及设备带来严重危害，因此，对于同一钢号，用于蒸汽管道或集箱的最高使用温度应比用于过热器管的最高使用温度低 $30\sim50℃$。

（九）管道材料要求

蒸汽管道部件材料的选择主要取决于部件工质的温度、应力和服役环境，应具有足够高的蠕变强度、持久强度、持久塑性和抗氧化性能。

火电机组汽水管道主要指主蒸汽管道、高温再热蒸汽管道、低温再热蒸汽管道和高压给水管道。锅炉高温部件则包括集汽集箱、高温过热器集箱和高温再热器集箱，以及高温过热器管。选材时，应根据工作温度，优先考虑钢材的热强性和组织稳定性。对于同一钢号钢材，用于蒸汽管道时所允许的最高使用温度应比用于过热器管的耐热温度低一些。

二、电厂各主要部件材料及性能要求表

电厂各主要部件材料及性能要求见表 7-1。

表 7-1　　　　　　　　　　电厂各主要部件材料及性能要求

序号	部件	材料性能要求	主要金属材料
1	低压转子和发电机转子	强度、塑性、韧性，力学均匀性，残余应力，材料均匀性，细小均匀的晶粒度，高疲劳强度	34CrMoA、34CrMo1A、34CrNi1Mo、34CrNi2Mo、34CrNi3Mo、25CrNi1MoV、30Cr2Ni4MoV
2	高、中压转子	较好的综合力学性能，轴向和周向性能要均一一致，足够的热强性能和持久塑性，良好的淬透性和工艺性能	17CrMo1V、35CrMoV、30Cr1Mo1V、27Cr2MoV、28CrNiMoV、25Cr2NiMoV、30Cr2Ni4MoV、20Cr3MoWV、33Cr3MoWV、I8Cr2MnMoB、12%Cr
3	护环	均匀性，残余应力，晶粒度，力学性能	1Mn18Cr18N、50Mn18Cr5、50Mn18Cr5Ni、50Mn18Cr4WN
4	叶片	良好的耐蚀性能，良好的减振性能，优良的抗疲劳性，足够的室温和高温力学性能，高的组织稳定性	1Cr13、2Cr13、1Cr12Mo、1Cr11MoV
5	高温螺栓	良好的抗松弛性能，良好的强度和塑性配合，小的蠕变缺口敏感性，小的热脆性倾向，良好的抗氧化性能，优良的抗疲劳性能，足够的室温和高温力学性能，高的组织稳定性，材料的线膨胀系数	20CrMo、35CrMo、42CrMo、25Cr2MoV、25Cr2Mo1V、20Cr1Mo1V1、20Cr1Mo1VNbTiB、20Cr1Mo1VTiB、C-422、R-26、GH4145
6	汽缸	良好的浇筑性能，较高的持久强度、塑性，一定的冲击韧性和良好的组织稳定性，良好的抗氧化性能、耐磨性能和抗疲劳性能，良好的焊接性能	ZG230-450、ZG20CrMo、ZG20CrMoV、ZG15Cr1Mo1V、12%Cr 铸钢
7	受热面管	高温蠕变性能，抗烟气腐蚀性能，抗蒸汽氧化性能，加工、焊接和短时力学性能，许用应力和最高使用温度	20G、15CrMo、12Cr1MoV、10CrMo910、G102、T91、T92、TP304H、TP347H、super304H、TP347HFG、HR3C、NF709

序号	部件	材料性能要求	主要金属材料
8	锅筒	足够高的力学性能，优良的抗疲劳性能，良好的耐腐蚀性能，一定的焊接性能	20g、22g、12Mng、16Mng、19Mn5、SA299、15MnVg、14MnMoVg、18MnMoNbg、13MnNiMo54（BHW35）
9	集箱、管道	高的强度和良好的持久塑性，良好的导热性能和低的线膨胀系数，高的组织稳定性，高的抗氧化和耐腐蚀性能，良好的工艺性能	P22、12Cr1MoV、15Cr1MoV、P91、P92、A672B70CL32（低温再热器）、WB36（给水管道）

火电机组汽水管道选材推荐见表 7-2。

表 7-2 火电机组汽水管道选材推荐

机组类别	主蒸汽管道	高温再热蒸汽管道	低温再热蒸汽管道	主给水管道
高温高压	12Cr1MoVG、10CrMo910(P22)			20G
超高压	12Cr1MoVG、10CrMo910(P22)、X20CrMoV121(F12)	12Cr1MoVG、10CrMo910(P22)	20G、P11、15SiMn	20G、St45.8/Ⅲ、SA106B、STB42
亚临界	12Cr1MoVG、10CrMo910（P22）、15Cr1Mo1V、X20CrMoV121（F12）	12Cr1MoVG、10CrMo910（P22）、15Cr1Mo1V	20G、P11、15SiMn、15MoG、SA515Gr60、SA106B	20G、St45.8/Ⅲ、SA106B、STB42
超临界	10CrMo910（P22）、15Cr1Mo1V、P91、X20CrMoV121（F12）	12Cr1MoVG、P91、X20CrMoV121（F12）、15Cr1Mo1V、SA387-22	P11、15Mo3、SA515Gr60、SA106B	St45.8/Ⅲ、15SiMn、SA106C、WB36、SA106B
超超临界	P92、P122、E911	10CrMo910（P22）、15Cr1Mo1V、P91	A672B70CL32、A691Cr1-1/4、SA106B	SA106C、WB36、SA106B

三、常用金属材料简介

（一）30Cr1Mo1V、30Cr2Ni4MoV

30Cr1Mo1V、30Cr2Ni4MoV 主要用于汽轮机转子，30Cr2Ni4MoV 增加了 Cr 含量，同时添加了 3.5% 的 Ni，进一步提高了淬透性，因而提高了强度和韧性，由于属于大型铸件，对其化学成分中的杂质和气体均有严格要求。30Cr1Mo1V、30Cr2Ni4MoV 的化学成分及力学性能分别见表 7-3、表 7-4。

表 7-3 30Cr1Mo1V、30Cr2Ni4MoV 的化学成分

牌号	C	Mn	Si	P	S	Cr	Ni	Mo	V	Cu	Al	Sn	Sb	As
30Cr1Mo1V	0.27~0.34	0.70	0.20~0.35	≤0.012	≤0.012	1.05~1.35	≤0.50	1.00	0.21	≤0.15	≤0.010	≤0.0015	≤0.0015	≤0.020
30Cr2Ni4MoV	≤0.35	0.20	0.10	≤0.010	≤0.010	1.5	3.25~3.75	0.25~0.60	0.07	≤0.15	≤0.010	≤0.0015	≤0.0015	≤0.020

表 7-4　　　　　　　　　　　　　30Cr1Mo1V、30Cr2Ni4MoV 的力学性能

项目	取样位置	锻件强度级别		
		590	690	760
屈服强度 （MPa）	本体径向、轴端	590～690	690～790	760～860
	中心孔（纵向）	≥550	≥660	≥720
抗拉强度 （MPa）	本体径向、轴端	≥720	≥790	≥860
	中心孔（纵向）	≥690	≥760	≥830
断后伸长率 （%）	本体径向、轴端	≥15	≥18	≥17
	中心孔（纵向）	≥15	≥18	≥16
断面收缩率 （%）	本体径向、轴端	≥40	≥56	≥53
	中心孔（纵向）	≥40	≥53	≥45
冲击吸收能量 （J）	本体径向	≥8	≥95	≥81
	中心孔（纵向）	≥7	≥61	≥41
韧脆转变温度 （℃）	本体径向	≤116	≤−18	≤−7
	中心孔（纵向）	≤121	≤10	≤27
上平台能量 （J）	本体径向	≤75	≤95	≤81
	中心孔（纵向）	≤47	≤68	≤54
推荐用钢		30Cr1Mo1V	30Cr2Ni4MoV	

（二）50Mn18Cr5

50Mn18Cr5 属于 18Mn-5Cr 系列，用于发电机护环，该钢耐应力腐蚀较差，因此在投运前以及检修中要增加表面无损检测和微观裂纹检测，一般在每次 A 级检修时进行检测。特别要说明的是入库经检测合格的此种材料护环，如果放置时间较长，在投运前要再做一次表面无损检测。50Mn18Cr5 的化学成分及力学性能分别见表 7-5、表 7-6。

表 7-5　　　　　　　　　　　　　　　　50Mn18Cr5 的化学成分

牌号	C	Mn	Si	P	S	Cr	N	Al	W
50Mn18Cr5	0.40～0.60	17～19	0.30～0.80	≤0.060	≤0.25	3.5～6.00	—	—	—

表 7-6　　　　　　　　　　　　　　　　50Mn18Cr5 的力学性能

锻件强度级别	屈服强度（MPa）	抗拉强度（MPa）	断后伸长率（%）	断面收缩率（%）	推荐用钢
1	≥585	≥735	≥25	≥35	50Mn18Cr5

（三）1Mn18Cr18N

1Mn18Cr18N 属于 18Mn-18Cr 系列，用于发电机护环，该钢具有较好的耐应力腐蚀的能力，一般在每次 A 级检修时进行检测。1Mn18Cr18N 的化学成分及力学性能分别见表 7-7、表 7-8。

表 7-7　　　　　　　　　　　　　　　　1Mn18Cr18N 的化学成分

牌号	C	Mn	Si	P	S	Cr	N	Al	B
1Mn18Cr18N	≤0.12	17.50～20.00	≤0.80	≤0.050	≤0.015	17.50～20.00	≥0.47	≤0.03	≤0.001

表 7-8　　　　　　　　　　　　　　　　1Mn18Cr18N 的力学性能

锻件强度级别	屈服强度 （MPa）	抗拉强度 （MPa）	断后伸长率 （%）	断面收缩率 （%）	冲击吸收能量 （J）
1	≥830	≥760	≥25	≥60	≥95
2	≥860	≥830	≥23	≥58	≥88
3	≥930	≥930	≥19	≥56	≥81
4	≥965	≥965	≥17	≥55	≥79
5	≥1000	≥1000	≥15	≥54	≥75
6	≥1030	≥1030	≥14	≥53	≥72
7	≥1070	≥1070	≥13	≥52	≥68
8	≥1140	≥1140	≥10	≥51	≥54
9	≥1170	≥1170	≥10	≥50	≥47

（四）1Cr13

1Cr13 为马氏体不锈钢，淬透性好，一般油淬或空冷即可得到马氏体组织，该钢具有较高的硬度、韧性、较好的耐磨性、热强性和冷变形能力，减振性也很好。其使用温度一般为450～475℃，常用作汽轮机末级叶片，也可以用作其他耐蚀部件。1Cr13 的化学成分及力学性能分别见表 7-9、表 7-10。

表 7-9　　　　　　　　　　　　　　　　1Cr13 的化学成分

牌号	化学成分（质量分数，%）													
	C	Mn	Si	P	S	Cr	Ni	Mo	W	V	Cu	Al	N	Nb+Ta
1Cr13	0.10～ 0.15	≤ 1.00	≤ 1.00	≤ 0.030	≤ 0.025	11.50～ 13.50	≤ 0.60				≤ 0.30			

表 7-10　　　　　　　　　　　　　　　　1Cr13 的力学性能

序号	牌号	热处理		力学性能					
		淬火温度 （℃）	回火温度 （℃）	伸长率为0.2%时规定非比延伸强度 （MPa）	抗拉强度 （MPa）	断后伸长率 （%）	断面收缩率 （%）	冲击吸收能量 （J）	布氏硬度 HBW
1	1Cr13	980～1040 油冷	660～770 空冷	≥440	≥620	≥20	≥60	≥35	187～229

（五）2Cr13

2Cr13 属于马氏体不锈钢，跟 1Cr13 相比，2Cr13 含碳量高，因此室温强度和室温硬度较高，耐蚀性稍低。2Cr13 使用温度一般为400～450℃，常用作汽轮机低温段长叶片、阀杆以及发电机模锻风叶等。用于汽轮机末段叶片时，其抗水滴冲蚀性能不足，需要进行表面强化或镶焊硬质合金处理。2Cr13 的化学成分及力学性能分别见表 7-11、表 7-12。

表 7-11　　　　　　　　　　　　　　　2Cr13 的化学成分

牌号	化学成分（质量分数，%）													
	C	Mn	Si	P	S	Cr	Ni	Mo	W	V	Cu	Al	N	Nb+Ta
2Cr13	0.16~0.24	≤0.60	≤0.60	≤0.030	≤0.025	12.00~14.00	≤0.60				≤0.30			

表 7-12　　　　　　　　　　　　　　　2Cr13 的力学性能

牌号	热处理		力学性能					
	淬火温度（℃）	回火温度（℃）	伸长率为0.2%时规定的非比延伸强度（MPa）	抗拉强度（MPa）	断后伸长率（%）	断面收缩率（%）	冲击吸收能量（J）	布氏硬度HBW
2Cr13	950~1020 空冷、油冷	660~770 油冷、水冷、空冷	≥490	≥665	≥16	≥50	≥27	207~241

（六）1Cr12Mo

1Cr12Mo 是 12%型马氏体不锈钢，是根据美国 AIS403 汽轮机叶片钢研制，该钢具有较高的室温强度、较高的韧性和冷变形能力，以及较高的热强性和耐蚀性，用于 450℃以下汽轮机叶片和耐蚀性零件。1Cr12Mo 的化学成分及力学性能分别见表 7-13、表 7-14。

表 7-13　　　　　　　　　　　　　　　1Cr12Mo 的化学成分

牌号	化学成分（质量分数，%）												
	C	Mn	Si	P	S	Cr	Ni	Mo	W	V	Cu	Al	Ti	Nb+Ta
1Cr12Mo	0.10~0.15	0.30~0.60	≤0.50	≤0.030	≤0.025	11.50~13.00	0.30~0.60	0.30~0.60			≤0.30			

表 7-14　　　　　　　　　　　　　　　1Cr12Mo 的力学性能

牌号	热处理		力学性能					
	淬火温度（℃）	回火温度（℃）	屈服强度（MPa）	抗拉强度（MPa）	断后伸长率（%）	断面收缩率（%）	冲击吸收能量（J）	布氏硬度HBW
1Cr12Mo	950~1000 油冷	650~700 油冷、空冷	≥550	≥685	≥18	≥60	≥78	217~248

（七）1Cr11MoV

1Cr11MoV 属于马氏体耐热不锈钢，具有良好的组织稳定性、热强性、减振性及工艺性能，线膨胀系数小，对回火脆性不敏感。该钢可通过氮化处理来提高其表面耐磨性，可用在 540℃以下工作的汽轮机叶片、围带、阀杆。1Cr11MoV 的化学成分及力学性能分别见表 7-15、表 7-16。

表 7-15　　　　　　　　　　　　　　　1Cr11MoV 的化学成分

牌号	化学成分（质量分数，%）												
	C	Mn	Si	P	S	Cr	Ni	Mo	W	V	Cu	Al	Ti	Nb+Ta
1Cr11MoV	0.11~0.18	≤0.60	≤0.50	≤0.030	≤0.025	10.00~11.50	≤0.60	0.50~0.70		0.20~0.40	≤0.30			

表 7-16   1Cr11MoV 的力学性能

牌号	热处理		力学性能					
	淬火温度（℃）	回火温度（℃）	屈服强度（MPa）	抗拉强度（MPa）	断后伸长率（%）	断面收缩率（%）	冲击吸收能量（J）	布氏硬度 HBW
1Cr11MoV	1000～1050 空冷、油冷	700～750 空冷	≥490	≥685	≥16	≥56	≥27	217～248

（八）2Cr12NiMoWV（C-422）

2Cr12NiMoWV 是强化的 12％Cr 型马氏体耐热不锈钢，由于加入了 Ni 和 W，提高了其强度。该钢缺口敏感性小，具有良好的减振性和抗松弛性，综合性能较好，相当于美国的 C-422 钢和日本的 SUH616 钢，用于 550℃ 以下的汽轮机叶片、围带及工作温度不超过 540℃ 的高温螺栓、阀杆等。2Cr12NiMoWV（C-422）的化学成分及力学性能分别见表 7-17、表 7-18。

表 7-17   2Cr12NiMoWV（C-422）的化学成分

牌号	化学成分（质量分数，%）													
	C	Mn	Si	P	S	Cr	Ni	Mo	W	V	Cu	Al	Ti	Nb+Ta
2Cr12NiMoWV	0.20～0.25	0.50～1.00	0.50	≤0.040	≤0.030	11.00～13.00	0.50～1.00	0.75～1.25	0.75～1.25	0.20～0.40				

表 7-18   2Cr12NiMoWV（C-422）的力学性能

牌号	热处理			退火后的硬度 HB	经淬回火后的力学性能					
					拉伸试验				冲击试验	硬度试验
	退火温度（℃）	淬火温度（℃）	回火温度（℃）		屈服强度（MPa）	抗拉强度（MPa）	断后伸长率（%）	断面收缩率（%）	冲击吸收能量（J）	布氏硬度 HBW
2Cr12NiMoWV	830～900 缓冷	1020～1050 油冷或空冷	600 以上 空冷	≤269	≥735	≥885	≥10	≥25	—	≤341

（九）2Cr12NiMo1W1V

2Cr12NiMo1W1V 属于马氏体不锈钢，是在 2Cr12NiMoWV 基础上调整 C、W、Ni、Mo 的含量而得到，用作汽轮机长叶片和高温螺栓。2Cr12NiMo1W1V 的化学成分及力学性能分别见表 7-19、表 7-20。

表 7-19   2Cr12NiMo1W1V 的化学成分

牌号	化学成分（质量分数,%）													
	C	Mn	Si	P	S	Cr	Ni	Mo	W	V	Cu	Al	Ti	Nb+Ta
2Cr12NiMo1W1V	0.20～0.25	0.50～1.00	≤0.50	≤0.030	≤0.025	11.00～12.50	0.50～1.00	0.90～1.25	0.90～1.25	0.20～0.30	≤0.30			

表 7-20　　　　　　　　　　　　　　　2Cr12NiMo1W1V 的力学性能

牌号	热处理		力学性能					
	淬火温度（℃）	回火温度（℃）	屈服强度（MPa）	抗拉强度（MPa）	断后伸长率（%）	断面收缩率（%）	冲击吸收能量（J）	布氏硬度HBW
2Cr12NiMo1W1V	980～1040油冷	650～750空冷	≥760	≥930	≥12	≥32	≥11	277～311

（十）35 钢

35 钢具有较好的塑性和中等强度，大多在正火或调质状态下使用，广泛用于锻件、无缝钢管等，用于作业的紧固件工作温度小于或等于 400℃。35 钢的化学成分及力学性能分别见表 7-21、表 7-22。

表 7-21　　　　　　　　　　　　　　　35 钢的化学成分

牌号	化学成分（质量分数,%）										
	C	Mn	Si	P	S	Cr	Ni	Mo	W	V	Cu
35	0.32～0.40	0.50～0.80	0.17～0.32	≤0.035	≤0.035	≤0.25	≤0.25	—	—	—	—

表 7-22　　　　　　　　　　　　　　　35 钢的力学性能

牌号	室温力学性能					布氏硬度HBW	高温强度		
	屈服强度（MPa）	抗拉强度（MPa）	断后伸长率（%）	断面收缩率（%）	冲击吸收能量（J）		试验温度（℃）	蠕变极限δ_{10}^{-5}（MPa）	持久强度δ_{10}^{5}（MPa）
35	≥265	≥510	≥18	≥43	≥55	146～196	400	118	—

（十一）35CrMo

35CrMo 用于制作高温螺栓，以及使用温度低于 480℃的螺栓和使用温度低于 510℃的螺母，调质处理后其组织为回火索氏体。35CrMo 的化学成分及力学性能分别见表 7-23、表 7-24。

表 7-23　　　　　　　　　　　　　　　35CrMo 的化学成分

牌号	化学成分（质量分数,%）										
	C	Mn	Si	P	S	Cr	Ni	Mo	W	V	Cu
35CrMo	0.32～0.40	0.40～0.70	0.17～0.37	≤0.025	≤0.025	0.80～1.10	≤0.30	0.15～0.25	—	—	≤0.25

表 7-24　　　　　　　　　　　　　　　35CrMo 的力学性能

牌号	室温力学性能					布氏硬度HBW	高温强度		
	屈服强度（MPa）	抗拉强度（MPa）	断后伸长率（%）	断面收缩率（%）	冲击吸收能量（J）		试验温度（℃）	蠕变极限δ_{10}^{-5}（MPa）	持久强度δ_{10}^{5}（MPa）
35CrMo（厚度大于50mm）	≥590	≥765	≥14	≥40	≥47	241～285	475	—	167
35CrMo（厚度不大于50mm）	≥686	≥834	≥12	≥40	≥47	255～311	—	—	—

（十二）25Cr2MoV

25Cr2MoV 是中碳耐热合金钢，其综合力学性能良好，热强性较高，有较高的抗松弛性能，但对热处理敏感，改变回火状态会显著影响力学性能，一般在调质状态下使用，可用于制作工作温度小于 510℃的紧固件。25Cr2MoV 的化学成分及力学性能见表 7-25、表 7-26。

表 7-25　　　　　　　　　　　　25Cr2MoV 的化学成分

牌号	化学成分（质量分数，%）										
	C	Mn	Si	P	S	Cr	Ni	Mo	W	V	Cu
25Cr2MoV	0.22~0.29	0.40~0.70	0.17~0.37	≤0.025	≤0.025	1.50~1.80	≤0.30	0.25~0.35	—	—	≤0.25

表 7-26　　　　　　　　　　　　25Cr2MoV 的力学性能

牌号	室温力学性能					布氏硬度 HBW	高温强度		
	屈服强度（MPa）	抗拉强度（MPa）	断后伸长率（%）	断面收缩率（%）	冲击吸收能量（J）		试验温度（℃）	蠕变极限 δ_{10}^{-5}（MPa）	持久强度 δ_{10}^{5}（MPa）
25Cr2MoV	≥686	≥785	≥15	≥50	≥47	248~296	500	78	196

（十三）25Cr2Mo1V

25Cr2Mo1V 用于制作高温螺栓，通常应用在 550℃以下，调质处理后其组织为回火索氏体，该钢对热处理敏感，存在回火脆性倾向，在 540℃长期运行会出现硬度明显升高及室温冲击大幅下降的现象。25Cr2Mo1V 长期在高温下运行会在奥氏体晶界上形成网状碳化物，也会在亚晶界上形成碳化物。25Cr2Mo1V 的化学成分及力学性能分别见表 7-27、表 7-28。

表 7-27　　　　　　　　　　　　25Cr2Mo1V 的化学成分

牌号	化学成分（质量分数，%）										
	C	Mn	Si	P	S	Cr	Ni	Mo	W	V	Cu
25Cr2Mo1V	0.22~0.29	0.50~0.80	0.17~0.37	≤0.025	≤0.025	2.10~2.50	≤0.30	0.90~1.10	—	0.30~0.50	≤0.25

表 7-28　　　　　　　　　　　　25Cr2Mo1V 的力学性能

牌号	室温力学性能					布氏硬度 HBW	高温强度		
	屈服强度（MPa）	抗拉强度（MPa）	断后伸长率（%）	断面收缩率（%）	冲击吸收能量（J）		试验温度（℃）	蠕变极限 δ_{10}^{-5}（MPa）	持久强度 δ_{10}^{5}（MPa）
25Cr2Mo1V	≥685	≥785	≥15	≥50	≥47	248~293	550	53	139

（十四）20Cr1Mo1VNbTiB（争气一号）

20Cr1Mo1VNbTiB（争气一号）是我国自行研制的低合金高强度钢，具有良好的综合力学性能和较好的淬透性，在 570℃以下具有较高的抗松弛能力、较高的持久强度和持久塑性，用于制作 570℃以下的高温螺杆及阀杆。由于组织遗传性，使用前要注意粗晶的情况。20Cr1Mo1VNbTiB（争气一号）的化学成分及力学性能分别见表 7-29、表 7-30。

表 7-29　　　　　　　　　　　　　20Cr1Mo1VNbTiB（争气一号）的化学成分

牌号	化学成分（质量分数，%）												
	C	Mn	Si	P	S	Cr	Ni	Mo	W	V	Cu	Nb	Ti	B
20Cr1Mo1VNbTiB	0.17~0.23	0.40~0.65	0.40~0.60	≤0.025	≤0.025	0.90~1.30	≤0.30	0.75~1.00	—	0.50~0.70	≤0.30	0.11~0.22	0.05~0.14	0.001~0.005

表 7-30　　　　　　　　　　　　　20Cr1Mo1VNbTiB（争气一号）的力学性能

牌号	室温力学性能					布氏硬度 HBW	高温强度		
	屈服强度（MPa）	抗拉强度（MPa）	断后伸长率（%）	断面收缩率（%）	冲击吸收能量（J）		试验温度（℃）	蠕变极限 δ_{10}^{-5}（MPa）	持久强度 δ_{10}^{5}（MPa）
20Cr1Mo1VNbTiB	≥735	≥834	≥12	≥45	≥39	252~302	550	182	210

（十五）20Cr1Mo1VTiB（争气二号）

20Cr1Mo1VTiB（争气二号）相比 20Cr1Mo1VNbTiB（争气一号）少了合金元素 Nb，与争气一号同样用于 570℃ 以下高压螺栓用阀杆，使用时要注意粗晶的问题。20Cr1Mo1VTiB（争气二号）的化学成分及力学性能分别见表 7-31、表 7-32。

表 7-31　　　　　　　　　　　　　20Cr1Mo1VTiB（争气二号）的化学成分

牌号	化学成分（质量分数，%）												
	C	Mn	Si	P	S	Cr	Ni	Mo	W	V	Cu	Al	Ti	B
20Cr1Mo1VTiB	0.17~0.23	0.40~0.65	0.40~0.60	≤0.025	≤0.025	0.90~1.30	≤0.30	0.75~1.00	—	0.45~0.65	≤0.30		0.16~0.28	0.001~0.005

表 7-32　　　　　　　　　　　　　20Cr1Mo1VTiB（争气二号）的力学性能

牌号	室温力学性能					布氏硬度 HBW	高温强度		
	屈服强度（MPa）	抗拉强度（MPa）	断后伸长率（%）	断面收缩率（%）	冲击吸收能量（J）		试验温度（℃）	蠕变极限 δ_{10}^{-5}（MPa）	持久强度 δ_{10}^{5}（MPa）
20Cr1Mo1VTiB	≥685	≥785	≥14	≥50	≥39	255~293	570	—	172

（十六）R-26

R-26 是美国钢号，属于镍铬钴铁混合基沉淀硬化型高温合金，具有高的持久强度和抗松弛性能，用作最高温度达 677℃ 的高温螺栓。R-26 的化学成分及力学性能分别见表 7-33、表 7-34。

表 7-33　　　　　　　　　　　　　　　　R-26 的化学成分

牌号	化学成分（质量分数，%）												
	C	Mn	Si	P	S	Cr	Ni	Mo	W	V	Cu	Al	Ti	B
R-26	≤0.08	≤1.00	≤1.50	≤0.030	≤0.030	16~20	35~39	2.5~3.5	8~22	余量为 Fe	≤0.30	≤0.25	2.50~3.00	0.001~0.001

表 7-34　　　　　　　　　　　　　　　　R-26 的力学性能

牌号	室温力学性能					布氏硬度 HBW	高温强度		
	屈服强度（MPa）	抗拉强度（MPa）	断后伸长率（%）	断面收缩率（%）	冲击吸收能量（J）		试验温度（℃）	蠕变极限 δ_{10}^{-5}（MPa）	持久强度 δ_{10}^{5}（MPa）
R-26	≥555	≥1000	≥14	≥20	—	262~311	—	—	—

（十七）IN783

IN783 是美国牌号，高温合金钢，目前主要用在超临界机组上，该钢是钴基高温合金，同时含有 5%～6% 的 Al，在界面上析出 β 相，提高了晶界稳定性。

IN783（国外对应牌号为 Alloy-783）是美国于 20 世纪 90 年代末开发出的新型抗氧化性低膨胀高温合金，用于航空发动机的机匣、密封环等部件，可有效控制间隙，提高燃油效率，提高飞行性能。该合金以一定比例的 Ni、Fi 和 Co 为基体，加入 3% 的 Cr 以提高抗氧化能力，并添加一定的 Nb 和 Ti，以及 5.4% 的 Al，从而形成 γ-γ′-β 三相共存的组织，许用温度达到 750℃。近几年德国西门子将其作为超超临界汽轮机用螺栓，我国对其也进行了采用。IN783 的化学成分及力学性能分别见表 7-35、表 7-36。

表 7-35　　　　　　　　　　　　　　IN783 的化学成分

试样编号	C	Mn	Si	P	S	Cr	Ni
标准要求值（TLV9540）	≤0.03	≤0.50	≤0.50	≤0.015	≤0.005	2.50～3.50	26.0～30.0

试样编号	Si	Nb	Ti	Al	B	Co	Fe
标准要求值（TLV9540）	≤0.50	2.50～3.50	0.10～0.40	5.00～6.00	0.003～0.012	其余含量为 Cr	24.0～27.0

表 7-36　　　　　　　　　　　　　　IN783 的力学性能

试样编号	抗拉强度（MPa）	屈服强度（MPa）	断后伸长率（%）	断面收缩率（%）
标准要求值（TLV9540）	≥1103	≥724	≥12	≥20

（十八）ZG15Cr1Mo1V

ZG15Cr1Mo1V 是一种综合性能较好的珠光体类热强铸钢，可在 570℃ 以下长期工作，该钢铸造工艺稍差，对热处理冷却速度相当敏感，易产生裂纹，在铸件中也易产生不均匀的组织从而影响其性能。常用于 570℃ 以下的汽轮机汽缸、喷嘴室、锅炉阀壳和精密铸造零件，如发电机、风扇等。ZG15Cr1Mo1V 的化学成分和力学性能分别见表 7-37、表 7-38。

表 7-37　　　　　　　　　　　　　ZG15Cr1Mo1V 的化学成分

牌号	C	Mn	Si	P	S	Cr	Mo	V
ZG15Cr1Mo1V	0.12～0.20	0.40～0.70	0.20～0.60	≤0.030	≤0.030	1.20～1.70	0.90～1.20	0.35～0.40

表 7-38　　　　　　　　　　　　　ZG15Cr1Mo1V 的力学性能

牌号	抗拉强度（MPa）	屈服强度（MPa）	断后伸长率（%）	断面收缩率（%）	冲击吸收能量（J）	布氏硬度 HBW
ZG15Cr1Mo1V	≥490	≥345	≥15	≥30	24	140～201

（十九）9%～12%Cr 铸钢

随着机组参数的提高，普通的 CrMoV 耐热铸钢难以满足 570℃ 以上的高温蠕变强度的要求，9%～12%Cr 铸钢成为温度超过 593℃ 时的汽缸和主汽门的候选钢种。

（二十）20G

20G 为优质碳素结构钢，除基本性能与 20 相同外，还增加了对高温性能的要求。20G 的化学成分和力学性能分别见表 7-39、表 7-40。

表 7-39　　　　　　　　　　　　　　20G 的化学成分

牌号	C	Mn	Si	P	S	Cr	Mo	V
20G	0.17～0.23	0.35～0.65	0.17～0.37	≤0.025	≤0.025	—	—	—

表 7-40　　　　　　　　　　　　　　20G 的力学性能

牌号	拉伸性能				冲击吸收能量（J）		硬度		
	抗拉强度（MPa，不小于）	屈服强度（MPa）	断后伸长率（%）		纵向	横向	布氏硬度 HB	维氏硬度 HV	洛氏硬度 HRC 或 HRB
			纵向	横向					
20G	410～550	≥245	≥24	≥22	≥40	≥27	—	—	—

（二十一）SA210C

SA210C 是美国牌号的无缝钢管，其含碳量比 20G 稍高，故强度比 20G 高。目前其多用于省煤器和水冷壁。SA210C 的化学成分和力学性能分别见表 7-41、表 7-42。

表 7-41　　　　　　　　　　　　　SA210C 的化学成分

元素	化学成分（质量分数,%）	
	A-1 级	C 级
C	≤0.27	≤0.35
Mn	≤0.93	0.29～1.06
S	≤0.035	≤0.035
P	≤0.035	≤0.035
Si	≥0.10	≥0.10

表 7-42　　　　　　　　　　　　　SA210C 的力学性能

牌号	A-1 级	C 级
抗拉强度（MPa）	60（415）	70（485）
抗拉强度（MPa）	37（255）	40（275）
断后伸长率（标距为 50mm,%）	30	30
对于纵条试验，壁厚小于 8mm，每减少 0.8mm 从基本最小伸长率可减少的百分值	1.50	1.50
当采用标准圆试样，标距为 50mm；或者较小比例尺寸的试样，其标距为 4D 时（D 为大径）	22	20 标注

注　括号中数据表示抗拉强度。

（二十二）15CrMo

15CrMo 是常用的一种铬钼钢，最高使用温度为 540℃，与美国的 T11/P11 相近，15CrMo 的化学成分和力学性能分别见表 7-43、表 7-44。

表 7-43   15CrMo 的化学成分

牌号	C	Mn	Si	P	S	Cr	Mo	V
15CrMo	0.12～0.18	0.40～0.70	0.17～0.37	≤0.025	≤0.015	0.80～1.10	0.40～0.55	—

表 7-44   15CrMo 的力学性能

牌号	拉伸性能				冲击吸收能量（J）		硬度		
	抗拉强度（MPa，不小于）	屈服强度（MPa）	断后伸长率（%）		纵向	横向	HB	HV	HRC 或 HRB
			纵向	横向					
15CrMo	440～640	≥295	≥21		≥19	≥40	≤27	—	—

（二十三）T11/P11

T11/P11 是美国钢种，属于 1Cr-0.5Mo 系列，相当于国内的 15CrMo，T11/P11 的化学成分和力学性能分别见表 7-45、表 7-46。

表 7-45   T11/P11 的化学成分

牌号	化学成分（质量分数，%）							
	C	Mn	P	S	Si	Cr	Mo	Ti
T11	0.05～0.15	0.30～0.60	≤0.025	≤0.025	0.50～1.00	1.00～1.50	0.44～0.65	—

牌号	UNS标号	化学成分（质量分数,%）						
		C	Mn	P	S	Si	Cr	Mo
P11	K11597	0.05～0.15	0.30～0.60	≤0.025	≤0.025	0.50～1.00	1.00～1.50	0.44～0.65

注　UNS 是统一编号系统的缩写。

表 7-46   T11/P11 的力学性能

牌号	抗拉强度（MPa）	屈服强度（MPa）	断后伸长率（标距为50mm，%）	备注
T11	≥415	≥205	≥30	伸长率与厚度有关
P11	≥415	≥205	纵向：≥30 横向：≥20	伸长率与厚度有关

（二十四）T12/P12

T12/P12 是美国钢种，属于 1Cr-0.5Mo 系列，相当于国内的 15CrMo，与 T11/P11 相比含铬量有所下降，T12/P12 的化学成分和力学性能分别见表 7-47、表 7-48。

表 7-47   T12/P12 的化学成分

牌号	化学成分（质量分数,%）							
	C	Mn	P	S	Si	Cr	Mo	Ti
T12	0.05～0.15	0.30～0.61	≤0.025	≤0.025	≤0.50	0.80～1.25	0.44～0.65	—

牌号	UNS标号	化学成分（质量分数,%）						
		C	Mn	P	S	Si	Cr	Mo
P12	K11597	0.05～0.15	0.30～0.61	≤0.025	≤0.025	≤0.50	0.80～1.25	0.44～0.65

表 7-48　　　　　　　　　　　　T12/P12 的力学性能

牌号	抗拉强度（MPa）	屈服强度（MPa）	断后伸长率（标距为 50mm，%）	备注
T12	≥415	≥220	≥30	伸长率与厚度有关
P12	≥415	≥220	纵向：≥30；横向：≥20	伸长率与厚度有关

（二十五）12Cr1MoV

12Cr1MoV 是以 CrMoV 为主要合金元素的珠光体低合金热强钢，具有较高的热强性和持久塑性及高温抗氧化性。580℃以下 10 万 h 持久强度比 2.25Cr-1Mo 钢高。其主要用于亚临界锅炉的过热器、再热器、集箱及超临界锅炉的水冷壁、省煤器等低温受热面管以及高压锅炉的主蒸汽管道、再热蒸汽热段管道中。

12Cr1MoV 在长期运行中会出现珠光体球化现象，轻度至中度球化对持久强度影响不大，但完全球化的组织会显著降低钢的热强性。

12Cr1MoV 工艺性能如下：

（1）冶炼：采用碱性电弧炉或平炉冶炼。

（2）锻造：始锻温度为 1180～1145℃，终锻温度为 850℃，锻后堆冷。

（3）穿孔：加热温度为 1180～1220℃，保温 10min 后出炉穿孔，穿孔温度为 1180～1165℃，空冷。

（4）冷拔：进行 770～780℃保温 1h 空冷的软化处理。

（5）冷热弯曲加工：对小口径管道，可以进行冷弯，弯后需要进行 600～650℃的退火处理。热弯时的热弯温度为 980～1020℃，热弯后还应进行热处理。

（6）热处理：12Cr1MoVG 钢管对热处理比较敏感，正火温度、回火温度、保温时间和冷却速度对钢的组织和持久强度都有一定的影响。GB 5310《高压锅炉用无缝钢管》规定：正火温度为 980～1020℃，回火温度为 720～760℃。当壁厚大于 30mm 时，进行淬火＋回火或者正火＋回火处理，淬火温度为 950～990℃时，回火温度为 720～760℃；正火温度为 980～1020℃时，回火温度为 720～760℃，但正火后应进行快速冷却。

（7）焊接：该钢的焊接性良好。手工电弧焊焊条采用热 317（E5515-B2-V），钨极氩弧焊采用 TIG-R30 焊丝，气焊采用 H08CrMoV 焊丝。小口径薄壁管一般可不进行焊前预热和焊后热处理。

（二十六）10CrMo910

10CrMo910 是德国牌号，属于 2.2Cr-1Mo 型耐热钢，可用于亚临界机组的蒸汽管道、集箱等，与我国的 12Cr2Mo 以及美国的 T22/P22 相近，10CrMo910 的化学成分和力学性能分别见表 7-49、表 7-50。

表 7-49　　　　　　　　　　　10CrMo910 的化学成分

牌号	化学成分（质量分数，%）							
	C	Mn	Si	P	S	Cr	Mo	V
10CrMo910	0.08～0.15	0.40～0.70	≤0.50	≤0.035	≤0.035	2.00～2.50	0.90～1.20	

表 7-50   10CrMo910 的力学性能

牌号	抗拉强度 (MPa)	屈服强度（MPa）			断后伸长率（%）		冲击吸收能量（J）
		壁厚（mm）			纵向	横向	横向
		16	16～40	40～60			
10CrMo910	450～600	280	280	270	20	18	34

（二十七）T22/P22

T22/P22 是美国牌号，属于 2.2Cr-1Mo 型耐热钢，可用于亚临界、超临界机组的主蒸汽管道、再热蒸汽管道等，与我国的 12Cr2Mo 以及德国的 10CrMo910 相近，T22/P22 的化学成分和力学性能分别见表 7-51、表 7-52。

表 7-51   T22/P22 的化学成分

牌号	化学成分（质量分数,%）							
	C	Mn	P	S	Si	Cr	Mo	Ti
T22	0.05～0.15	0.30～0.60	≤0.025	≤0.025	≤0.50	1.90～2.60	0.87～1.13	—

牌号	UNS标号	化学成分（质量分数,%）						
		C	Mn	P	S	Si	Cr	Mo
P22	K21590	0.05～0.15	0.30～0.60	≤0.025	≤0.025	≤0.50	1.90～2.60	0.87～1.13

表 7-52   T22/P22 的力学性能

牌号	抗拉强度 (MPa)	屈服强度 (MPa)	断后伸长率 (标距为50mm,%)	备注
T22	≥415	≥205	≥30	伸长率与厚度有关
P22	≥415	≥205	纵向：≥30；横向：≥20	伸长率与厚度有关

（二十八）G102（12Cr2MoWVTiB）

G102（12Cr2MoWVTiB）是我国自主开发的低合金耐热钢，主要采用钨钼固溶强化、钒钛复合弥散强化和微量硼的硬化，在低于 600℃ 的工况下具有优良的综合力学性能。正常组织为贝氏体，分为粗晶贝氏体和细晶贝氏体，相关研究表明粗晶贝氏体的高温性能优于细晶贝氏体。G102（12Cr2MoWVTiB）的化学成分和力学性能分别见表 7-53、表 7-54。

表 7-53   G102（12Cr2MoWVTiB）的化学成分

牌号	化学成分（质量分数,%）								
	C	Mn	Si	P	S	Cr	Mo	V	Ti	B
12Cr2MoWVTiB	0.08～0.15	0.45～0.65	1.60～2.10	≤0.025	≤0.015	1.60～2.10	0.50～0.65	0.28～0.42	2.50～3.00	0.001～0.001

表 7-54   G102（12Cr2MoWVTiB）的力学性能

牌号	拉伸性能				冲击吸收能量（J）		布氏硬度 HB	维氏硬度 HV	洛氏硬度 HRC 或 HRB
	抗拉强度 (MPa, 不小于)	屈服强度 (MPa)	断后伸长率（%）		纵向	横向			
			纵向	横向					
12Cr2MoWVTiB	640～735	≥345	≥18	—	≥40	—	—	—	—

（二十九）T23

T23 是日本开发出的低合金耐热钢，与 G102 有近似的合金系统和含量，是在 G102 的基础上添 W 降 Mo，同时降低 C 的含量而得到的，由于降低了 C 的含量和其他杂质，使其焊接性能提高，焊前不需要预热，焊后不用热处理。该钢在使用中要注意再热裂纹的问题。T23 的化学成分和力学性能分别见表 7-55、表 7-56。

表 7-55　　　　　　　　　　　　　　　　　T23 的化学成分

牌号	化学成分（质量分数,%）									
	C	Mn	Si	P	S	Cr	Mo	V	Ti	B
T23	0.04～0.10	0.10～0.60	≤0.50	≤0.030	≤0.010	1.90～2.60	0.05～0.30	0.20～0.30	0.005～0.006	0.001～0.006
牌号	Ni	Nb	N	Al	W					
T23	≤0.40	0.02～0.08	≤0.015	≤0.030	1.45～1.75					

表 7-56　　　　　　　　　　　　　　　　　T23 的力学性能

牌号	拉伸性能			硬度
	抗拉强度（MPa）	屈服强度（MPa）	断后伸长率（标距为 50mm,%）	HB/HV/HRC
T23	≥510	≥400	≥20（标距为 50mm，壁厚为 8mm；壁厚小于 8mm，延伸率递减）	≤250HB、≤265HV、≤25HRC

（三十）T24

与 T23 相比，T24 不含 W 但增加了 Mo 含量，Cr 的含量下限有所提高，降低了 P 的含量。T24 的化学成分和力学性能分别见表 7-57、表 7-58。

表 7-57　　　　　　　　　　　　　　　　　T24 的化学成分

牌号	化学成分（质量分数,%）									
	C	Mn	Si	P	S	Cr	Mo	V	Ti	B
T24	0.05～0.10	0.30～0.70	0.15～0.45	≤0.020	≤0.010	2.20～2.60	0.90～1.10	0.20～0.30	0.06～0.10	0.001 5～0.007
牌号	Ni	Nb	N	Al						
T24	≤0.40	0.02～0.08	≤0.012	≤0.020						

表 7-58　　　　　　　　　　　　　　　　　T24 的力学性能

牌号	拉伸性能			硬度
	抗拉强度（MPa）	屈服强度（MPa）	断后伸长率（标距 50mm,%）	HB/HV/HRC
T24	≥585	≥415	≥20（标距为 50mm，壁厚为 8mm；壁厚小于 8mm，断后伸长率递减）	≤250HB、≤265HV、≤25HRC

（三十一）T91/P91

T91/P91 是由美国橡树岭国家试验室研制开发的高温受压部件的材料。其是在原 9Cr-1Mo 钢基础上，进一步优化改进了化学成分，以达到细化晶粒、提高钢管的持久强度要求，从而形成的新型耐热合金钢。该钢综合力学性能、焊接性能和工艺性能良好。与奥氏体 TP304H 相比，具有比奥氏体不锈钢更低的热膨胀系数和较高的导热系数，持久强度的等强温度和等应力温度较高，分别达到 625℃ 和 607℃。

与 T9（9Cr-1Mo）钢相比，其在 600℃ 的持久强度是后者的三倍，且保持了原 T9（9Cr-1Mo）钢的优良的抗高温腐蚀性能。由于改良 9Cr-1Mo 钢的优良特性，其先后于 1983 年、1984 年被纳入 ASME SA213、SA335 规范，牌号分别为 T91/P91。我国于 1995 年也将该钢移植到 GB 5310 标准中，牌号定为 10Cr9Mo1VNb。

P91 钢主要用于制作高压锅炉的过热器和再热器管及火力发电站的主蒸汽管道。由于这种耐热钢具有较好的热强性能、焊接性能和工艺性能，以及对应力腐蚀开裂不敏感和生产成本较低，所以是亚临界压力、超临界压力火力发电机组和核电机组的理想用材。

T91/P91 的化学成分和力学性能分别见表 7-59、表 7-60。

表 7-59　　　　　　　　　　　　T91/P91 的化学成分

牌号	化学成分（质量分数，%）									
	C	Mn	Si	P	S	Cr	Mo	V	N	Al
SA-213 T91、SA-335 P91	0.08~0.12	0.30~0.60	0.20~0.50	≤0.020	≤0.010	8.00~9.50	0.85~1.05	0.18~0.25	0.030~0.070	≤0.040

牌号	Ni	Nb
SA-213 T91、SA-335 P91	≤0.40	0.06~0.10

表 7-60　　　　　　　　　　　　T91/P91 的力学性能

技术条件	抗拉强度（MPa）	屈服强度（MPa）	断后伸长率（%）	布氏硬度 HBW
SA-213 T91、SA-335 P91	≥585	≥415	≥20	≤250

（三十二）T92/P92

T92/P92 是日本科学家在 91 钢的基础上进行添 W 减 Mo 而研制成功的新一代耐热钢。W 的含量为 1.5%~2%，降低 Mo 含量至 0.3%~0.6%，形成以 W 为主 W-Mo 复合固溶强化，V、Nb 及 N 形成弥散强化沉淀相，形成以马氏体强化、界面强化、位错强化、颗粒强化和固溶强化的结合，提升了其高温性能。

其供货状态为正火＋回火，正火温度为 1040~1080℃；回火温度为 760~790℃。对于厚度大于 70mm 的钢管，为加速其冷却速度，可以淬火＋回火，淬火温不低于 104℃，回火温度为 760~790℃，正常组织为回火马氏体。

T92/P92 的化学成分和力学性能分别见表 7-61、表 7-62。

表 7-61　　　　　　　　　　　　　　　T92/P92 的化学成分

牌号	化学成分（质量分数，%）									
	C	Mn	Si	P	S	Cr	Mo	V	N	Al
T92/P92	0.07~0.13	0.30~0.60	≤0.50	≤0.020	≤0.010	8.50~9.50	0.30~0.60	0.15~0.25	0.030~0.070	≤0.020
牌号	Ni	Nb								
SA-213 T91、SA-335 P91	≤0.40	0.04~0.09								

表 7-62　　　　　　　　　　　　　　　T92/P92 的力学性能

技术条件	抗拉强度（MPa）	屈服强度（MPa）	断后伸长率（%）	硬度
				HB/HV/HRC
T92/P92	≥620	≥440	≥20（标距为 50mm，壁厚为 8mm；壁厚小于 8mm，断后伸长率递减）	≤250HB、≤265HV、≤25HRC

（三十三）T911/P911

T911/P911 属于 9%Cr-1%Mo-1%W 型马氏体耐热钢，对应欧洲煤炭钢铁协会开发的 E911，主要用于高压锅炉的过热器管、再热器管、主蒸汽管道、再热热段管道以及高温集箱等。T911/P911 的化学成分和力学性能分别见表 7-63、表 7-64。

表 7-63　　　　　　　　　　　　　　　T911/P911 的化学成分

牌号	化学成分（质量分数，%）									
	C	Mn	Si	P	S	Cr	Mo	V	N	Al
T911/P911	0.09~0.13	0.30~0.60	0.10~0.50	≤0.020	≤0.010	8.50~9.50	0.90~1.10	0.18~0.25	0.040~0.090	≤0.020
牌号	Ni	Nb	B	W	Ti	Zr				
T911/P911	≤0.40	0.06~0.10	0.000 3~0.006	0.90~1.10	≤0.01	≤0.021				

表 7-64　　　　　　　　　　　　　　　T911/P911 的力学性能

牌号	抗拉强度（MPa）	屈服强度（MPa）	断后伸长率（%）	硬度
				HB/HV/HRC
T911/P911	≥620	≥440	≥20（标距为 50mm，壁厚为 8mm；壁厚小于 8mm，断后伸长率递减）	≤250HB、≤265HV、≤25HRC

（三十四）T122/P122

HCM12A（T122/P122）是日本住友研制的含 Cr12% 的锅炉用耐热钢，可以说 HCM12A 是德国 X20CrMoV121 的改进型钢种。HCM12A 将碳含量从 0.20% 降至 0.10% 左右，大大改进了钢的焊接性，同时加入约 2% 的 W。HCM12A 比改进型 9Cr1Mo 具有更高的蠕变断裂强度，在 600~650℃ 可替代部分 TP304H、TP347H 等不锈耐热钢，具有较高的经济价值。T122/P122 的化学成分和力学性能分别见表 7-65、表 7-66。

表 7-65　　　　　　　　　　　T122/P122 的化学成分

牌号	化学成分（质量分数,%）								
	C	Mn	Si	P	S	Cr	Mo	V	N	Al
T911/P911	0.07～0.14	≤0.70	≤0.50	≤0.020	≤0.010	10.00～12.50	0.25～0.60	0.15～0.30	0.04～0.10	≤0.020

牌号	Ni	Nb	B	W	Cu
T911/P911	≤0.50	0.04～0.10	0.000 5～0.005	1.50～2.50	0.30～1.70

表 7-66　　　　　　　　　　　T122/P122 的力学性能

牌号	抗拉强度（MPa）	屈服强度（MPa）	断后伸长率（标距为 50mm,%）
T122	≥620	≥400	≥20（标距为 50mm，壁厚为 8mm；壁厚小于 8mm，断后伸长率递减）
P122	≥620	≥440	纵向大于等于 20（标距为 50mm，壁厚为 8mm；壁厚小于 8mm，断后伸长率递减）

（三十五）X20CrMoV121

该钢是按照德国 DIN17175 标准生产的耐热钢，简称 F12（注意与 SA182 中的 F12 相区分），属于马氏体型耐热不锈钢，一般用于制作管道。该钢合金元素含量高，可焊性差，其最高使用温度为 650℃，在进口火电高温高压机组中应用较多。F12 的化学成分和力学性能分别见表 7-67、表 7-68。

表 7-67　　　　　　　　　　　F12 的化学成分

牌号	化学成分（质量分数,%）								
	C	Mn	Si	P	S	Cr	Mo	V	Ni	Al
X20CrMoV121	0.17～0.23	≤1.00	≤0.50	≤0.030	≤0.030	10.00～12.50	0.80～1.20	0.25～0.35	0.30～0.80	

表 7-68　　　　　　　　　　　F12 的力学性能

牌号	抗拉强度（MPa）	屈服强度（MPa）	断后伸长率（%）	
T122	≥540	≥490	纵向	横向
P122	≥540	≥490	17	14

（三十六）super 304H

super 304H 是奥氏体不锈热强钢，属于 18Cr-9Ni 型不锈钢，具有良好的弯管、焊接工艺性能，高的持久强度，良好的耐腐蚀性能和组织稳定性，冷变形能力非常高。且由于 Cu 和 Nb 的加入，具有极高的蠕变断裂强度，是超超临界锅炉过热器、再热器的首选材料。

super 304H 的化学成分和力学性能分别见表 7-69、表 7-70。

表 7-69 super 304H 的化学成分

牌号	化学成分（质量分数，%）									
	C	Mn	Si	P	S	Cr	Nb	N	Ni	Cu
super 304H	0.07~0.13	≤0.50	≤0.30	≤0.045	≤0.030	17.00~19.0	0.20~0.60	0.05~0.12	7.50~10.50	2.50~3.50

表 7-70 super 304H 的力学性能

牌号	抗拉强度（MPa）	屈服强度（MPa）	断后伸长率（%）
super 304H	≥590	≥235	≥35

（三十七）TP347H

TP347H 是用铌稳定的奥氏体热强钢，具有较高的热强性和抗晶间腐蚀的能力，在碱和酸中具有很好的耐腐蚀性，抗氧化性也好，具有良好的弯管和焊接性能，以及好的组织稳定性。TP347H 的化学成分和力学性能分别见表 7-71、表 7-72。

表 7-71 TP347H 的化学成分

牌号	化学成分（质量分数，%）							
	C	Mn	Si	P	S	Cr	Nb	Ni
TP347H	0.04~0.10	≤2.00	≤0.75	≤0.040	≤0.030	17.00~20.0	Nb+Ta≥8×C%~1.00	9.00~13.00

表 7-72 TP347H 的力学性能

牌号	抗拉强度（MPa）	屈服强度（MPa）	断后伸长率（%）	硬度 HB/HV/HRB
TP347H	≥515	≥205	≥35（标距为 50mm，壁厚为 8mm；壁厚小于 8mm，断后伸长率递减）	≤250HB、≤265HV、≤25HRC

（三十八）TP347HFG

TP347HFG 是通过特定的热加工和热处理工艺得到的细晶奥氏体耐热钢。比 TP347H 粗晶钢的许用应力高 20% 以上。TP347HFG 具有抗蒸汽氧化能力强，已被广泛应用于超超临界机组锅炉过热器管、再热器管。TP347HFG 的化学成分和力学性能分别见表 7-73、表 7-74。

表 7-73 TP347HFG 的化学成分

牌号	化学成分（质量分数，%）							
	C	Mn	Si	P	S	Cr	Nb	Ni
TP347HFG	0.06~0.10	≤2.00	≤1.00	≤0.040	≤0.030	17.00~19.0	Nb+Ta≥8×C%~1.10	9.00~13.00

表 7-74 TP347HFG 的力学性能

牌号	抗拉强度（MPa）	屈服强度（MPa）	断后伸长率（%）	硬度 HB/HV/HRB
TP347HFG	≥550	≥205	≥35（标距为 50mm，壁厚为 8mm；壁厚小于 8mm，断后伸长率递减）	≤192HB、≤200HV、≤90HRB

（三十九）NF709

NF709 是日本新日铁公司开发的 23Cr-25Ni-1.5Mo-Cb 新型奥氏体耐热不锈钢，专门用于制造超（超）临界锅炉的过热器和再热器，ASME A213 中被命名为 TP310MoCbN，其向火侧抗烟气腐蚀和内壁抗蒸汽氧化能力强。NF709 的化学成分和力学性能分别见表 7-75、表 7-76。

表 7-75 NF709 的化学成分

牌号	化学成分（质量分数，%）					
	C	Mn	Si	P	S	Cr
NF709	0.04～0.10	≤1.50	≤1.00	≤0.030	≤0.030	19.50～23.0
牌号	Mo	Ni	N	Ti	Nb	B
NF709	1.00～1.20	23.0～26.0	0.10～0.25	≤0.25	0.10～0.40	0.002～0.010

表 7-76 NF709 的力学性能

牌号	拉伸性能			硬度
	抗拉强度（MPa）	屈服强度（MPa）	断后伸长率（标距为50mm，%）	
NF709	≥640	≥640	≥30%	≤256HBW

（四十）WB36（15NiCuMoNi5-6-4）

WB36 是德国和日本生产的 Ni-Cu-Mo 低合金钢，主要用于壁温小于或等于 500℃ 的汽水管道等。由于钢中含有铜，因此提高了钢抗腐蚀性能。该钢具有较高的强度，室温抗拉强度可达 610MPa 以上，屈服强度小于或等于 440MPa，比 20g 钢高 40%，用于锅炉给水管道，可使管壁厚度减薄，从而有利于制造、安装、运行。通常含铜钢具有红脆性，但该钢加入了较多的 Ni，从而消除了红脆性。该钢焊接性良好，但不适合冷成形加工。WB36 的化学成分和力学性能分别见表 7-77、表 7-78。

表 7-77 WB36 的化学成分

牌号	化学成分（质量分数，%）					
	C	Mn	Si	P	S	Cr
WB36	≤0.17	0.80～1.20	0.25～0.50	≤0.025	≤0.020	≤0.30
牌号	Mo	Ni	Al	Cu	Nb	
WB36	0.25～0.50	1.00～1.30	≤0.050	0.50～0.80	0.015～0.045	

表 7-78 WB36 的力学性能

牌号	拉伸性能				冲击吸收能量（J，20℃）	
	抗拉强度（MPa）	屈服强度（MPa）	断后伸长率（标距为50mm，%）			
			纵向	横向	纵向	横向
WB36(15NiCuMoNi5-6-4)	610～780	≥440	≥19	≥17	≥40	≥27

（四十一）BHW35

BHW35 是德国钢号，用于高压、超高压及亚临界锅炉锅筒，属于屈服强度为 392MPa 级别强韧性配合良好的低合金钢。具有良好的组织稳定性、综合力学性能和工艺性能，正常组织为贝氏体＋铁素体，相应的国产牌号为 13MnNiMo54。BHW35 的化学成分和力学性能分别见表 7-79、表 7-80。

表 7-79　　　　　　　　　　　　　　　　　　BHW35 的化学成分

牌号	化学成分（质量分数,%）										
	C	Mn	Si	P	S	Cr	Ni	Mo	Nb	V	Cu
BHW35	0.15	1.00～1.60	0.15～0.50	≤0.025	≤0.025	0.20～0.40	0.60～1.00	0.20～0.40	0.005～0.020	—	—

表 7-80　　　　　　　　　　　　　　　　　　BHW35 的力学性能

板厚 d（mm）	下屈服强度（MPa）	抗拉强度（MPa）	断后伸长率（标距为 50mm,%）	冲击吸收能量（J, 20℃）
d≤100	≥390	570～740	≥18	≥31
100<d<125	≥385			
125≤d≤150	≥370			

（四十二）st45.8

st45.8 是德国引进的钢种，主要用于给水管道。st45.8 的化学成分和力学性能分别见表 7-81、表 7-82。

表 7-81　　　　　　　　　　　　　　　　　　st45.8 的化学成分

牌号	C	Mn	Si	S	P
st45.8	0.21	0.401.20	0.100.35	0.040	0.040

表 7-82　　　　　　　　　　　　　　　　　　st45.8 的力学性能

板厚 d（mm）	屈服强度（MPa）	抗拉强度（MPa）	断后伸长率（%）		冲击吸收能量（J, 20℃）
			纵向	横向	
d≤16	≥255	410～530			≥27
16<d<40	≥245		≥21	≥19	
d≥40	≥235				

参 考 文 献

［1］火力发电厂金属材料手册编委会．火力发电厂金属材料手册．北京：中国电力出版社，2001.
［2］宋林生．电厂金属材料．4版．北京：中国电力出版社，2013.
［3］汽轮机·锅炉·发电机金属材料手册编写组．汽轮机·锅炉·发电机金属材料手册．上海：上海人民出版社，1973.
［4］李春胜，黄德彬．金属材料手册．北京：化学工业出版社，2005.
［5］冶金工业部钢铁研究院．合金钢手册．北京：中国工业出版社，1971.
［6］陶曾毅．电厂金属材料．北京：水利电力出版社，1986.
［7］王英杰．金属材料及热处理．北京：航空工业出版社，2017.